EXPLORING
THE MULTIVERSE

EXTRA SPATIAL DIMENSION

《环球科学》杂志社 编

探寻多重宇宙

额 外 的 时 空 维 度

机械工业出版社
CHINA MACHINE PRESS

多重宇宙，这听上去像是一个科幻概念，但是深入思考这个问题，会给我们带来全新的格局和眼界。对宇宙学家而言，研究多重宇宙并不仅仅是为了猜测平行世界里某一历史事件是否有第二种结局，而是为了展开更为辽阔的想象，去描绘物理学基础发生改变之后的神秘图景，也希望有一天人类可以回答这个千百年来萦绕心头的问题：宇宙之外，究竟是什么呢？

图书在版编目（CIP）数据

探寻多重宇宙：额外的时空维度 /《环球科学》杂志社编.
— 北京：机械工业出版社，2019.6（2022.1重印）
ISBN 978-7-111-62719-7

Ⅰ.①探… Ⅱ.①环… Ⅲ.①宇宙学-研究 Ⅳ.①P159

中国版本图书馆CIP数据核字（2019）第090029号

机械工业出版社（北京市百万庄大街22号 邮政编码100037）
策划编辑：赵 屹 责任编辑：赵 屹 韩沐言
责任校对：黄兴伟 责任印制：孙 炜
北京利丰雅高长城印刷有限公司印刷

2022年1月第1版第4次印刷
169mm×239mm·15.75印张·3插页·301千字
标准书号：ISBN 978-7-111-62719-7
定价：99.00元

电话服务 网络服务
客服电话：010-88361066 机 工 官 网：www.cmpbook.com
010-88379833 机 工 官 博：weibo.com/cmp1952
010-68326294 金 书 网：www.golden-book.com
封底无防伪标均为盗版 机工教育服务网：www.cmpedu.com

前言

多重宇宙，这听上去像是一个科幻概念，但是深入思考这个问题，会给我们带来全新的格局和眼界。

对宇宙学家而言，研究多重宇宙并不仅仅是为了猜测平行世界里某一历史事件是否有第二种结局，而是为了展开更为辽阔的想象，去描绘物理学基础发生改变之后的神秘图景。

举个简单的例子。物理学中有一个精细结构常数 a，它指的是玻尔模型中处于基态的电子运动速度与光速的比值，计算公式为 $a=e^2/(2\varepsilon_0 hc)$，其中 e 是电子的电荷，ε_0 是真空介电常数，h 是普朗克常数，c 是真空中的光速。这个值约为 1/137。这个常数的值如果变小一点，恒星的聚变就无法产生碳元素，生命随之荡然无存；而如果它增大到 1/10，恒星聚变根本就不会发生，更别提之后一系列的天体物理过程了。

我们身处的宇宙就存续在这毫厘之间。

另一个精细的数值是引力常数。如果引力稍稍弱一些，在宇宙飞速的膨胀中物质将急剧扩散，星系就难以形成。有关引力，一个使我们困惑的问题是：为什么会存在引力、电磁力、弱相互作用力和强相互作用力这四种基本相互作用力呢？为什么不是三种或者五种呢？

你可能会想，这并不难回答啊，因为只有这些宇宙参数刚好被调整得这么精准，我们才有可能存在并思考这个问题。但这个回答并没有触及问题的本质，我们仍旧期待一个答案，一个宇宙之所以成为宇宙的答案。这个答案很可能就藏在你眼前的这本书里：我们的宇宙，并不是唯一。

有关多重宇宙的确切定义仍存在着争议。它可能指的是我们宇宙的另一部分，一个理论上可以到达的远方；也可能是视界之外一个和我们宇宙相同，却永远没有交集的泡泡。在我们宇宙之外的其他宇宙，它们的物理定律可能全然不同，那里也许会有生命的存在；又或者，它们存在于空间和时间之外，成为纯数学化的形象。

不管怎么说，今天我们可以在这里讨论这些问题，就称得上是科学的胜利。因为直到 20 世纪 20 年代，包括天文学家哈洛·沙普利（Harlow Shapley）在内的许多人还在争论银河系是否就是整个宇宙；1965 年发现宇宙微波背景之前，大爆炸理论从未被广泛接受。而今天，我们已经在讨论多重宇宙存在的可能性了。

当然，这些不断涌现的理论见解要交给时间和科学来检验，而我们也期待着，有一天人类可以回答这个千百年来萦绕心头的问题：宇宙之外，究竟是什么呢？

——《科学美国人》

目录
C O N T E N T S

前言

BASICS

007 第一章 **基础**

008 **量子力学一百年**
马克斯·泰格马克（Max Tegmark）
约翰·阿希巴尔德·惠勒（John Archibald Wheeler）

021 **超越时代的"平行世界"之父**
彼得·伯恩（Peter Byrne）

035 **弦理论编织的多重宇宙**
拉斐尔·布索（Raphael Bousso）
约瑟夫·波尔金斯基（Joseph Polchinski）

049 **布赖恩·格林：宇宙有唯一解吗**
乔治·马瑟（George Musser）

INTERPRETATION

059 第二章 **诠释**

061 **四个层次的多重宇宙**
马克斯·泰格马克（Max Tegmark）

079 **多重宇宙一定存在？**
马丁·里斯（Martin Rees）

088 **探寻多重宇宙的证据**
克利夫·伯吉斯（Cliff Burgess）
费尔南多·克韦多（Fernando Quevedo）

103 **多重宇宙有多少？**
乔治·马瑟（George Musser）

DIMENSION

109　第三章　维　度

110　**二维空间的量子引力**
史蒂文·卡里普（Steven Carlip）

123　**引力逃逸到高维空间?**
格奥尔基·德瓦利（Georgi Dvali）

137　**宇宙不是连续的吗?**
迈克尔·莫耶（Micheal Moyer）

DEBATE

149　第四章　争　议

150　**宇宙暴胀的核心漏洞**
保罗·斯坦哈特（Paul Steinhardt）

165　**开放暴胀：一个短命的暴胀理论**
马丁·A. 布赫（Martin A. Bucher）
戴维·N. 施佩格尔（David N. Spergel）

178　**多重宇宙是科学，还是科幻?**
亚历山大·维连金（Alexander Vilenkin）
马克斯·泰格马克（Max Tegmark）

187　**多重宇宙是一种量子态**
野村泰纪（Yasunori Nomura）

HYPOTHESIS

199　第五章　猜　想

200　**到宇宙之外寻找生命**
亚历杭德罗·詹金斯（Alejandro Jenkins）
吉拉德·佩雷斯（Gilad Perez）

214　**自我复制的宇宙**
安德烈·林德（Andrei Linde）

228　**暗宇宙里的隐秘生活**
冯孝仁（Jonathan Feng）
马克·特罗登（Mark Trodden）

240　**组装量子宇宙**
扬·安比约恩（Jan Ambjorn）
耶日·尤尔凯维奇（Jerzy Jurkiewicz）
雷娜塔·洛尔（Renate Loll）

量子力学、弦理论、多重宇宙等理论

有着密切关系，

这些理论的目标，

都是要探索宇宙的终极奥秘。

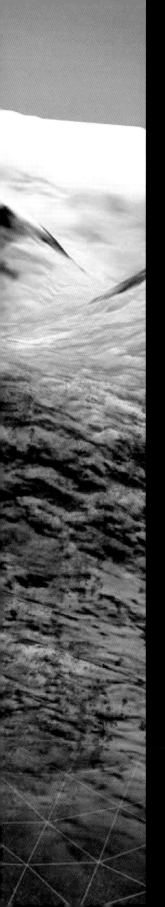

第一章 基础
BASICS

量子力学一百年

马克斯·泰格马克（Max Tegmark）

麻省理工学院物理系教授。当他在普林斯顿高等研究院做博士后时，曾与惠勒广泛深入地讨论量子力学。

约翰·阿希巴尔德·惠勒（John Archibald Wheeler）

著名物理学家、普林斯顿大学荣誉退休教授，他的学生名人辈出，例如诺贝尔物理学家奖得主查德·费曼和量子力学多世界诠释的创立者休·埃弗里特。

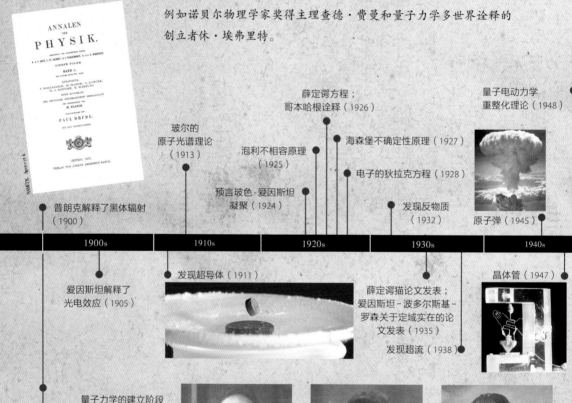

薛定谔方程；
哥本哈根诠释（1926）

量子电动力学
重整化理论（1948）

玻尔的
原子光谱理论
（1913）

海森堡不确定性原理（1927）

泡利不相容原理
（1925）

电子的狄拉克方程（1928）

预言玻色 - 爱因斯坦
凝聚（1924）

发现反物质
（1932）

普朗克解释了黑体辐射
（1900）

原子弹（1945）

| 1900s | 1910s | 1920s | 1930s | 1940s |

爱因斯坦解释了
光电效应（1905）

发现超导体（1911）

晶体管（1947）

薛定谔猫论文发表；
爱因斯坦 - 波多尔斯基 -
罗森关于定域实在的论
文发表（1935）

发现超流（1938）

量子力学的建立阶段为1900—1926年，右图列出的七位物理学家为之做出了开创性的贡献。在一个世纪的发展历程中，量子力学不仅极大深化了我们对自然的理解，而且为大量新技术奠定了基础。但量子理论本身仍有一些根本问题悬而未决。

马克斯·普朗克
（1858-1947）

阿尔伯特·爱因斯坦
（1879-1955）

尼尔斯·玻尔
（1885-1962）

精彩速览

- 量子力学掀起了一场物理学革命，不但深化了我们对自然界的认识，还为许多改变世界的新技术奠定了基础。
- 不过，对量子力学的主流诠释意味着自然定律具有内在的随机性，而且物理量从本来的随机状态到我们观测到的确定状态，存在一个怪异的突变。
- 新的诠释可以解决这个问题，但随之而来的是更加让人头晕目眩的无穷多个平行宇宙。不管怎样，真正理解量子力学的本质会让我们更接近终极理论。

"几年之内，物理学中所有重要常数都会被估算出来；⋯届时给科学工作者留下的唯一任务就是将这些常数测量得更为准确。"当我们带着过往成就的喧嚣踏入21世纪，这段感言也许听起来分外耳熟。实际上它来自詹姆斯·克拉克·麦克斯韦（James Clerk Maxwell）1871年在剑桥大学的就职演讲，表明了当时科学界的主流心态（尽管他本人对此并不赞同）。30年之后，1900年12月4日，马克斯·普朗克（Max Plank）发表了他的黑体辐射谱公式，打响了量子革命的第一枪。

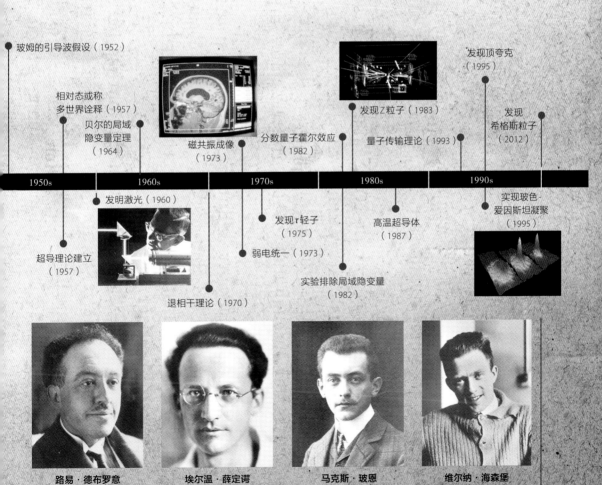

玻姆的引导波假设（1952）

相对态或称
多世界诠释（1957）

贝尔的局域
隐变量定理
（1964）

磁共振成像
（1973）

发现Z粒子（1983）

分数量子霍尔效应
（1982）

量子传输理论（1993）

发现顶夸克
（1995）

发现
希格斯粒子
（2012）

1950s	1960s	1970s	1980s	1990s

发明激光（1960）

发现τ轻子
（1975）

高温超导体
（1987）

实现玻色-
爱因斯坦凝聚
（1995）

超导理论建立
（1957）

弱电统一（1973）

退相干理论（1970）

实验排除局域隐变量
（1982）

路易·德布罗意
（1892-1987）

埃尔温·薛定谔
（1887-1961）

马克斯·玻恩
（1882-1970）

维尔纳·海森堡
（1901-1976）

本文回顾了过去100年间量子力学的发展历程，尤其是它让世人困惑的那一面，最后以围绕其结果的无休止争论作结尾，这些结果涉及了从量子计算到意识、平行宇宙和物理实在的本质等诸多话题。篇幅所限，我们不得不舍弃量子力学在科学和生活中令人惊奇的广泛应用。实际上，21世纪初美国国民生产总值的30%都来自基于量子力学的发明——从计算机芯片中的半导体到CD播放器中的激光，医院中磁共振成像等，不胜枚举。

科学家们在1871年那么乐观倒也有充分的理由。经典力学和电动力学不仅带动了工业革命，而且看起来它们的基本方程可以描述几乎所有物理体系。但是白璧之上仍有几处令人烦心的微瑕。例如，对于一个热到发光的物体，根据理论计算出来的光谱是不正确的。实际上，经典理论的计算结果被称为紫外灾难，因为按照这个计算，只要你瞄一眼你家的燃气灶，火焰发出的紫外线和X光就能烧瞎你的双眼。

氢原子疑难

在1900年的论文中，普朗克成功得到了正确的黑体辐射光谱，但是他的推导却包含一个非常奇怪的假设，以至于之后数年他自己都避之不及：物体辐射出的能量不是连续的，只能是固定的份量（文章中称之为量子，Quanta）。不过，这个假设却是极为成功的。1905年，爱因斯坦将这个想法又推进了一步，他假设辐射只能以特定份量，或者说以"光子（photon）"的形式传递能量，从而成功地解释了光电效应，今天我们所用的太阳能电池和数码相机、手机中的图像传感器都利用了这一过程。

到了1911年，物理学再度受挫。尽管欧内斯特·卢瑟福（Ernest Rutherford）令人信服地证明原子由带正电的核和绕核转动的电子构成，非常类似一个小型的太阳系，但是电动力学理论告诉我们，绕核转动的电子会不断向外辐射能量，只需十亿分之一秒就会盘旋着撞向原子核。然而，当时物理学家已经知道氢原子是极为稳定的，理论预言的氢原子寿命比实际要少40个数量级，如此巨大的差别堪称物理学史上最大的失败了。

1913年，来到英国曼彻斯特大学和卢瑟福一起工作的尼尔斯·玻尔（Niels Bohr）提供了一个可以解决上述疑难的方案，再次用到了量子的假设。他提出电子的角动量只能取特定数值，因此会被限制在一系列分立的轨道上。只有当电子从一个轨道跃迁到另一个能量更低的轨道时才会向外辐射能量，发射光子。由于原子的最内层轨道上的电子没有能量更低的轨道可以跃迁，所以稳定原子得以形成。

玻尔的理论还解释了氢原子的光谱现象是由于原子激发时发射出有特定频率的、不连续的光，因此得到的氢原子光谱是线状光谱。该理论同样适用于失去一个核外电子的氦离

一张倒下的扑克牌可以说就是一个量子谜团

按照量子力学，一张完美竖立起来的理想扑克牌会同时倒向两边，这被称为量子叠加。牌的量子波函数（图中蓝色曲线）会从竖立状态（图左）连续平滑地演化成最终的奇异叠加态（图右），使得牌看上去好像同时处于两种结局一般。现实中，这个实验当然无法真的实现，但类似现象已经用电子、原子甚至更大的物体反复得到了验证。如何理解这个叠加态，解释为何我们从未在宏观世界看到过这种现象，是深入量子力学核心的一个长期未解之谜。过去数十年间，物理学家陆续提出一些设想来解释这个谜团，其中包括针对波函数的哥本哈根诠释和多世界诠释，以及退相干理论。

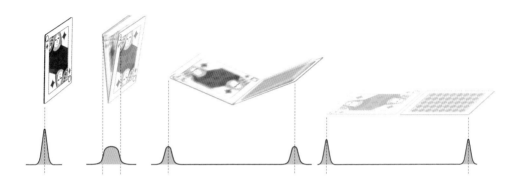

子。回到哥本哈根之后，玻尔收到卢瑟福的来信，敦促他发表自己的理论。玻尔回信说除非能解释所有元素的谱线，否则没人会相信他的理论。卢瑟福回复道："玻尔，你解释了氢原子和类氢原子的谱线，人们会相信其他元素也没问题的。

尽管量子理论初获胜利，但由于缺乏基本原理，当时的物理学家仍不知道如何理解这些奇怪而且看起来很随意的理论。1923 年，路易·德布罗意（Louis de Broglie）在其博士论文中给出了一个解释：电子和其他粒子都有波动性。这些波与琴弦一样，只能以特定的离散（量子化）频率振动。这个想法过于惊世骇俗，以至于答辩委员会要向其他物理学家求助。爱因斯坦在接受咨询时给出了肯定意见，于是论文被接收了。

1925 年 11 月，埃尔温·薛定谔（Erwin Shrödinger）就德布罗意的工作在苏黎世举办了一个讨论班，在他讲完之后，彼得·德拜（Peter Debye）问到，你说这些都是波，那波动方程是什么呢？薛定谔于是开始寻找相应的波动方程，这个后来以他名字命名的方程成了打开现代物理学众多领域的万能钥匙。差不多同时，马克斯·玻恩（Max Born）、帕斯夸尔·约当（Pascual Jordan）和维尔纳·海森堡（Werner Heisenberg）用矩阵写出了一个与之等价的方程。在数学基础得到了巩固后，量子理论开始突飞猛进。短短几年之内，物理学家就成功解释了大量测量结果，包括更复杂原子的光谱和化学反应的性质。

这一切意味着什么呢？薛定谔方程描述的名为"波函数"的量到底是什么？这个量子

力学的核心谜团直到今天仍然是一个极富争议的话题。

玻恩认识到波函数应该用概率来解释。当实验者测量一个电子的位置时，在每个区域发现该电子的概率都正比于电子波函数在此处的强度。这种解释意味着自然定律具有内禀的随机性。爱因斯坦对此深感忧虑，并用一句被后人频繁引用的名言表示了他对确定性宇宙的钟爱，"我不相信上帝是掷骰子的。"

薛定谔的猫

薛定谔同样对用概率解释心存疑虑。波函数可以描述不同态之间的叠加，这被称为态叠加原理。例如，一个电子可以处于几个不同位置的叠加态。薛定谔指出，如果像原子这样的微观物体可以处于这种奇怪的叠加态，那宏观物体应该也可以，因为宏观物体也是由原子构成的。他举了一个精巧的例子，就是那个著名的思想实验：在一个盒子里有一只猫，以及少量放射性物质，如果放射性物质衰变，就会触发某种邪恶装置杀死盒子里的猫，由于放射性物质时刻处于衰变和未衰变的叠加态，所以就会得到一只处于死活叠加态的猫。

第 13 页图展示了该思想实验的一个简化版本。你拿一张边缘锋利的扑克牌，将它完美地竖立在桌面上，按照经典物理，原则上它将永远保持竖立的平衡状态。但是按照薛定谔方程，无论你怎么保持它的平衡，它都将在几秒之内倒下来，而且会同时向两个方向倒下——既向左也向右，这张牌实际上处于这两种结果的叠加态。

如果你用一张真实的扑克牌来做这个思想实验，你肯定会发现经典物理是错的，牌很快就会倒下来。但是你永远只会看到它倒向某一个方向，要么向左要么向右，具体结果随机出现，绝对不会看到它像薛定谔方程告诉你的那样同时倒向左边和右边。这种矛盾实际上深植于一个伴随量子力学诞生，至今未能解决的谜题。

以玻尔和海森堡在 20 世纪 20 年代末进行的一系列讨论为基础，量子力学的哥本哈根诠释（The Copenhagen interpretation）诞生了，它试图通过赋予观测或者说测量以某种特殊性来解决上述问题。按照这种诠释，只要这张竖立的扑克牌没有被观测，它的波函数就依据薛定谔方程来演化，这种连续且平滑的演化在数学中被称为是"幺正"（Unitary）的，具有一些非常有趣的性质。幺正演化产生了牌向左倒和向右倒的叠加态。但是观测行为本身会导致波函数的突然变化，通常被称为塌缩（collapse）：观测者会看到牌处于某个确定的经典状态（要么面向上要么背向上），而且从观测那一刻起，波函数就只剩下了这个部分。哥本哈根诠释认为，大自然会从所有可能性中随机选择最终状态，概率则由波函数决定。

哥本哈根诠释提供了一份十分有效的指南，据此进行的计算与实验结果符合得非常好，

哥本哈根诠释

当量子叠加态被观测或测量时，我们会随机看到多个可能结果中的一个，概率则由波函数决定。如果某人打赌扑克牌将正面朝上倒下，当他首次观测时会有50%的概率很开心地赢得赌注。这种诠释因其务实性而长期被物理学家接受，尽管它要求的波函数突变，即"塌缩"，实际上违背了薛定谔方程。

基本思想： 观测者会看到一个随机确定的结果；这个结果出现的概率由波函数决定。

优点： 单一结果，与我们所见吻合

缺点： 需要波函数"塌缩"，但缺乏描述"塌缩"的相应方程。

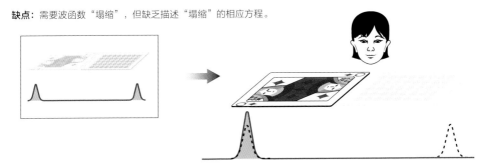

但物理学家仍心存疑虑：是不是应该有某种方程来描述这种塌缩何时发生，如何发生？很多物理学家将这种方程的缺失归结为量子力学本身的缺陷，认为它将很快被一个更为基本、能够描述塌缩的理论所取代。所以，大多数物理学家并没有深究量子力学方程的本质含义，而是采取"搁置争议，拿来计算"的态度，去积极地寻找它们激动人心的众多应用，或者用其来解决核物理中亟待梳理的各种问题。

这种追求实际的做法后来被证明是极为成功的。量子力学在诸多领域发挥了重要作用，例如预言反物质，理解放射性（带来了核能），解释半导体等材料的行为，解释超导性，描述光与物质（带来了激光）、电磁波与原子核的相互作用（带来了磁共振成像）等。量子力学的许多成功都与它的扩展版本——量子场论有关，后者不仅构筑起了基本粒子物理学的基石，也是现在诸多前沿实验的基础，例如中微子振荡、搜寻希格斯粒子和超对称性。

多世界

一直持续到 20 世纪 50 年代的高歌猛进毫无疑问地表明，量子力学绝不仅仅是一时的权宜之计。于是，在 50 年代中期，一个名为休·埃弗里特三世（Hugh Everett Ⅲ）的普林斯顿大学研究生决定在其博士论文中重新审视塌缩假设。埃弗里特将量子理论推广到极限，提出了以下问题：如果整个宇宙随时间的演化也是么正的，会怎么样？如果量子力学可以

用于描述宇宙，那么当前宇宙的状态就可由一个波函数来描述（当然是一个极端复杂的波函数）。在他看来，整个宇宙的波函数会以确定性的方式演化，不会给神秘的非么正塌缩或扔骰子的上帝留下任何空间。

按照埃弗里特的理论，微观状态的叠加会被迅速放大为错综复杂的宏观叠加态。我们竖在桌上的量子扑克牌的确会同时倒向两边，不仅如此，任何一个观察扑克牌的人也会进入两种精神状态的叠加态，每种状态都感知到一个特定结果。如果你押注扑克牌正面向上，你还会进入一个赌赢高兴和赌输沮丧的叠加态。埃弗里特的绝妙见解在于，在这种确定的但让人精神分裂的量子世界中，观测者看到的正是我们所熟悉的平淡无奇的经典现实。而最为重要的是，这个世界表面上还有服从正确概率规则的随机性。

埃弗里特理论的正式名称是量子力学的"相对态"构想（"Relative-State" Formulation of Quantum Mechanics），但更为人们熟知的名称则是量子力学的多世界诠释（Many-Worlds Interpretation of Quantum Mechanics），因为处于叠加态的每个观测者都会看到一个属于自己的世界。这种诠释通过抛弃塌缩假设简化了量子力学的底层理论，但所付出的代价则是必须承认对物理实在的所有平行认知都是同等真实的。

在接下来的近20年中，埃弗里特的工作几乎完全被无视了。很多物理学家仍然希望能发现一个更为深层的理论，让我们的世界得以保持某种经典性，免于出现宏观物体同时处于两地的怪异状态。但这种希望被接下来的一系列实验打得粉碎。

我们看到的量子随机性可否被粒子内部所携带的某种未知量，即隐变量取代？欧洲核子研究中心（CERN）的理论物理学家约翰·S.贝尔（John S.Bell）提出，若果真如此，就可以设计出一些特定的高难度实验，其测量结果必定与标准量子力学的预言不符。多年之后，技术的进步使得研究者终于得以进行这些实验，结果彻底消灭了隐变量存在的可能性。

1979年，本文作者惠勒提出了"延迟选择"实验。1984年，物理学家成功地完成了该实验，揭示了我们的世界还具有另一个偏离经典描述的量子性质：一个光子不仅可以同时身处两地，实验者甚至可以等它出发之后再选择让它分身两地还是居于一隅。

在最简单的双缝干涉实验中，光或电子穿过两条相隔很近的狭缝后会形成干涉图案，理查德·费曼（Richard Feynman）将其誉为所有量子效应之母，现在用更大的实验对象也可以实现双缝干涉：原子、小分子，乃至60个原子的巴基球（C60）。而维也纳的安东·蔡林格（Anton Zeilinger）团队在完成了巴基球干涉实验的壮举后，甚至还在考虑用病毒进行实验。简而言之，实验给出了最终裁决：量子世界的奇诡是真实的，无论我们喜欢与否。

量子监督——退相干

与过去数十年间的实验进展相伴的是理论研究的不断深入。埃弗里特的工作还有两个关键问题有待回答。首先，如果世界真的包含奇异的宏观叠加态，为何我们感受不到？

答案来自 1970 年海德堡大学的 H. 迪特尔·泽（H.Dieter Zeh）的一篇会议论文，他在文中提出，薛定谔方程本身起到了一种监督作用。由于一个理想的纯粹叠加态被称为是相干的（Coherence），这种监督作用后来被命名为退相干（Decoherence）。接下来的十年间，洛斯阿拉莫斯国家实验室的沃伊切赫·H. 祖雷克（Wojciech H.Zurek）、泽和其他人一起研究了退相干的细节，他们发现，相干叠加只有在完全屏蔽外部世界时才是稳定的。我们的量子扑克牌不断受到周围的空气分子和光子的撞击，通过这个过程，那些粒子可以刺探出牌是倒向左边还是右边，破坏（退相干）了原本的相干态使其无法被我们观测到。

多世界诠释

如果波函数从不塌缩，则根据薛定谔方程，观测扑克牌叠加态的观测者本身会进入两种可能结果的叠加：要么开心赢得赌注，要么沮丧输掉赌注。完整波函数（包括扑克牌和观测者）中的这两个部分别独立演化，看上去就像两个平行世界一般。如果实验重复很多次，绝大多数平行世界中的观测者会看到扑克牌一半时间是牌面向上倒下的。下图展示了如果进行让牌倒下4次所产生的16个平行世界。

基本思想： 在观测者看来叠加态就是同时存在的平行世界。

优点： 薛定谔方程永远有效，波函数从不塌缩。

缺点： 无穷无尽的平行世界过于疯狂，还有一些技术上的疑难。

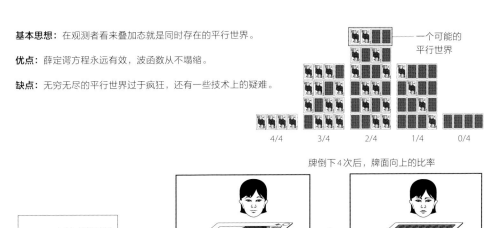

一个可能的平行世界

4/4　3/4　2/4　1/4　0/4

牌倒下4次后，牌面向上的比率

上述过程基本上相当于环境充当了观测者，导致波函数塌缩。假设你的朋友看着牌倒下但是不告诉你结果，那么按照哥本哈根诠释，他的观测已经让波函数塌缩至一个特定状态，因此你要描述扑克牌的话，就不能再说它处于量子叠加态，只能说你不知道观测结果。粗略地说，退相干计算表明，你不需要这样一个人类观测者（或者波函数塌缩）也可以得到差不多同样的结果，即便只有一个空气分子撞到牌上也足以引起退相干，微小相互作用会迅速地将叠加态彻底转变成经典态。

退相干解释了为何我们在周遭世界中看不到量子叠加，不是因为量子力学本质上对大于某个特殊尺度的物体无效，而是猫这种宏观物体几乎不可能隔绝外部环境，所以退相干不可避免。相反，微观物体则更容易孤立于环境，所以能更好地保持其量子性质。

埃弗里特理论中第二个未解决的问题更加微妙，但同样重要：什么机制决定了最终选出来的总是经典态？就我们的量子扑克牌而言，就是牌面向上或向下。从抽象量子态的角度看，这两个状态与无数种牌面向上和向下按不同比例叠加的状态相比，没什么特殊之处，那为何多世界会严格按照我们熟悉的向上向下两个状态分裂，而不会出现别的结果呢？退相干也能回答这个问题。计算表明，牌面向上和向下这样的经典态刚好对应最不易退相干的状态。也就是说，即便存在周围环境的相互作用，向上和向下这两个状态也不会受到任何扰动，但是这两者的任何叠加态都会被退相干。

退相干和人脑

物理学家习惯于将宇宙分成两部分来研究。例如，在热力学中，理论研究者会将某一个物体从其周围的物体（环境）中分离出来，后者通常提供温度、压力等一般条件。量子物理传统上也将量子体系和经典测量装置区分开。如果严格考虑么正性和退相干，那宇宙应当被分成三个部分，每个部分都由量子力学来描述，分别是被观测的物体、环境和观测者。

由环境和物体间相互作用导致的退相干保证了我们永远不会察觉到心理状态的量子叠加。不仅如此，我们的大脑与环境不可分割地交织在一起，因此放电神经元的退相干是不可避免的，而且几乎是立刻发生的。正如泽强调的，这些结论证明，物理学家此前坚持使用塌缩假设，务实地"搁置争议，拿来计算"是合理的，我们在计算概率的时候，完全可以认为波函数是在观测时塌缩的。尽管在埃弗里特的理论里波函数从来都不会塌缩，但退相干研究者通常都认为，退相干导致的效应与塌缩实质上没有区别。

退相干的发现，再加上展示量子奇异性的实验日益增多，令物理学家的看法发生了明显的转变。当初引入波函数塌缩最主要作用是解释为何实验能得到特定结果，而非奇怪的

退相干：如何从量子到经典

量子叠加态的不确定性（左图）与以扔硬币为典型例子（右图）的经典概率不确定性不同。用一种名为密度矩阵的数学工具可以区分出两者。量子扑克牌的波函数对应一个有4个尖峰的密度矩阵，其中两个峰代表牌面向上和向下每个结果出现的概率分别为50%，另两个峰意味着这两个结果依然能够，在原则上，相互影响。量子态仍然"相干"的。而扔硬币的密度矩阵只有前两个峰，通常意味着即便我们还没有看到最后结果，硬币也一定是要么面向上要么背向上。

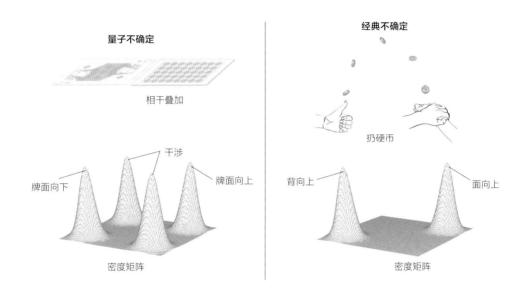

退相干理论指出，哪怕是与环境之间最微弱的相互作用，比如一个光子或一个空气分子撞击到扑克牌上，也会迅速让相干密度矩阵退化成一个在任何实际意义上都与扔硬币相类似的经典概率分布。薛定谔方程控制着整个退化过程。

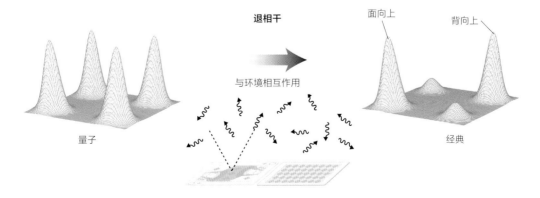

劈裂现实

为清楚起见，我们可以将宇宙分成三个部分：被观测的物体，环境，以及观测者的量子状态，或者叫主体。描述整个宇宙的薛定谔方程可以分成描述这三者内部动力学以及这三者间相互作用的分项。这些分项具有完全不同的效果。

描述物体动力学的项通常是最重要的，因此为了弄清物体的行为，物理学家一般总是先把其他项都忽略掉。对我们的量子扑克牌而言，它的动力学告诉我们它将进入同时向左倒和向右倒的叠加态。当我们的观测者去看这张牌时，主客间的相互作用将该叠加态扩展至她的心智状态，产生了一个她赢得赌注而欣喜和输掉赌注而沮丧的叠加态。但是，物体和环境间的相互作用（例如空气分子或光子不断撞击在牌上）会迅速使得这个叠加态退相干至无法观测的水平。

即使观测者能完全将扑克牌和环境分隔开来（例如在一个绝对零度的真空暗室内来进行实验），结果也不会有什么不同。当观测者去看那张牌时，她的视觉神经中至少有一个神经元会进入放电和不放电的叠加态，根据最近的计算，这个叠加态会在10^{-20}秒内退相干。如果我们大脑内神经放电的复杂模式与意识以及我们如何感知、如何思维有关，那神经元的退相干就保证了我们永远无法感知到心智的量子叠加状态。本质上，我们的大脑将主体与环境不可分割地交织起来，强制我们进行退相干。

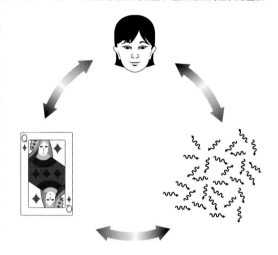

叠加状态。而现在，这个作用已经不复存在。不仅如此，因为无法提供一个可供检验的、预测这种神秘塌缩究竟何时发生的确定性方程，塌缩假设的处境异常尴尬。

1999 年 7 月，英国剑桥大学的伊萨克·牛顿数学科学研究所举办了一次量子计算会议，会上的非正式投票表明，物理学界的普遍看法已经发生了改变。在投票的 90 位物理学家中，仅有 8 位赞同波函数塌缩，有 30 位选择了"多世界或一致性历史（没有塌缩）"。（简要地说，一致性历史诠释是分析测量发生的次序，并将一系列可能结果集合整理成对观测者而言一致，即不自相矛盾的一段历史）

但尘埃仍未落定，多达 50 位投票者选择了"以上皆非或无法确定"。表述上的混乱可能是出现如此多不确定票的原因。例如，有 2 位物理学家说自己支持哥本哈根诠释，但结果发现自己并不赞同该诠释的具体内容，这种情况并不罕见。

投票结果清晰地表明，是时候更新量子力学教科书了。虽然这些教材在开头几章无一例外地都会将非么正塌缩列为量子力学的基本假设之一，投票却告诉我们今天很多物理学家——至少在蓬勃发展的量子计算领域——已经不再视之为理所当然。塌缩概念作为计算方法无疑仍是有效的，但附带一个说明，指出违反了薛定谔方程的塌缩可能并不是一个基本过程，应该能让那些刨根问底的学生少死很多脑细胞。

展望未来

量子力学的未来将会如何？还有哪些谜团未被解开？量子究竟从何而来？尽管在有关如何诠释量子力学的讨论中，总是会出现本体论和实在的终极本质等基本问题，但量子理论本身可能只是冰山一角。自然科学理论可以粗略地用分支树来进行归类，位于高处的理论原则上都可以由更为基本的理论推导出来，在接近树根处则是广义相对论和量子场论。往上第一批分支包括狭义相对论和量子力学，它们又分支出电磁学、经典力学、原子物理等。诸如计算机科学、心理学、医学这类专门学科则出现在树梢处。

所有这些理论都包含两个要素：数学方程和解释方程并将之与实验观测相联系的文字阐述。教科书中的量子力学一般都包括这两个要素：一些方程和三个用文字叙述的基本假设。在理论的每个层次上，都有新的概念（例如质子，原子，细胞再到组织）被引入进来，因为这些概念使用方便，可让我们无须回溯基本理论就可描述现象。大致说来，方程和描述的比例沿着理论分支树自下而上是逐渐降低的，对于医学和社会学这类应用性极强的学科而言，这个比例接近于零。与之相反，越基本的理论越高度数学化，而物理学家所烦恼的正是如何理解由数学编织而成的各种概念。

物理学的终极目标是寻找所谓的万物理论（Theory of Everything），也就是说，万事万物都可由这个理论推导出来。如果这样的理论存在，它肯定盘踞于分支树的最底部，意味着广义相对论和量子场论都可从中导出。物理学家知道分支树底部存在这样一个空白，因为我们还没有自洽的理论能囊括引力和量子力学，但我们的宇宙却二者兼有。

一个万物理论应当完全不包含任何概念，否则我们很可能需要借助更底层的理论来解释这些概念，从而永无尽头。换言之，万物理论应该是纯数学化的，不包含任何解释或假设。一个无限聪明的数学家应该可以据此推导出整个理论分支树，从方程得出宇宙的属性，由宇宙推知万物，包括宇宙中所有智慧对宇宙的感悟。

量子力学的前 100 年已经为我们带来了强大的技术，而且回答了很多问题。但物理学家又提出了新的问题，这些问题与麦克斯韦时代所面对的问题同样重要，它们探索的不仅是量子引力，还包括实在的终极本质。如果历史可以为鉴，那么 21 世纪必将充满惊喜。

超越时代的"平行世界"之父

彼得·伯恩（Peter Byrne）

美国加利福尼亚州北部的一位调查记者和科学作家。他正在撰写休·埃弗里特的长篇传记。

伯恩要感谢研究埃弗里特生平的第一位历史学家、俄罗斯科斯特罗马市的尤金·希霍夫采夫无私地分享研究资料；感谢美国物理协会的资金支持；感谢乔治·E.皮尤和肯尼思·福特（Kenneth Ford）的协助；还要感谢帮助审校本文科学内容的物理学家：斯蒂芬·申克、伦纳德·萨斯坎德（Leonard Susskind）、戴维·多伊奇、沃伊切赫·H.祖雷克、詹姆斯·B.哈特尔（James B.Hartle）、塞西尔·德威特－莫雷特（Cecile DeWitt-Morette）和马克斯·泰格马克。

精彩速览

- 50年前，休·埃弗里特提出了量子力学的多世界诠释：量子效应会分岔出无数宇宙分支，每个不同的事件都在一个不同的分支中上演。
- 这个听起来像是天方夜谭的理论，却是埃弗里特从量子力学基本数学原理中推导出来的。然而，当时大多数物理学家都不认可这一理论，为了减少争议，他被迫删除了博士论文的大部分内容。
- 心灰意冷的埃弗里特离开了物理学界，投身军方，从事应用数学及计算学的研究。他变得性格孤僻，而且嗜酒如命。
- 直到最近的几十年，他的理论才开始逐渐受到物理学界的重视。然而，他在51岁那年就早早离开了人世，没能看到这一天的到来。

休·埃弗里特（Hugh Everett Ⅲ）是一位才华横溢的数学家、一位打破传统的量子理论物理学家，后来还成了一位成功的国防项目承包商，他甚至有权获知美国最敏感的军事机密。他给物理学中的"真实"（reality）概念赋予了全新的定义，在全球核战争阴云密布之际，影响了世界历史的进程。对于科幻迷来说，他是一位深入人心的英雄：这个人开创了平行世界量子理论。然而对他的孩子们而言，他则是另外一个形象：一位冷酷无情的父亲、"餐桌旁的一件笨重摆设"。此外，他还是一个不折不扣的酒鬼，而且烟不离手，最终早早离开了人世。

这就是他一生的写照，至少在我们所处的这个宇宙分支里，这是他一生的真实写照。20世纪50年代中期，就读于美国普林斯顿大学的埃弗里特创立了多世界理论（Many-Worlds Theory）。假如这一理论正确的话，在数不尽的分支宇宙中，他的人生道路会出现无数不同的转折。

埃弗里特的颠覆性想法，打破了理论物理学在解释量子力学原理方面的僵局。虽然，直到今天，多世界理论也没有得到广泛认可，但他建立理论时采用的方法，却催生出量子退相干（Quantum Decoherence）的概念。对于量子力学的奇异随机性如何融入日常感受到的"真实"世界，量子退相干给出了一个现代理论解释。

埃弗里特的成就在物理学界和哲学界几乎无人不晓，但有关这一理论的故事和埃弗里特的生平却鲜为人知。我和俄罗斯历史学家尤金·希霍夫采夫（Eugene Shikhovtsev）等人检索了大量文献资料，还亲自采访了他的同事、朋友和儿子（一位摇滚音乐人），终于揭开了这位物理学家充满悲剧色彩的一生：才智过人，却怀才不遇，一蹶不振，最终英年早逝。

荒诞的量子力学

按照埃弗里特本人20多年后的回忆，他是在1954年的某个夜晚，"喝了一两杯雪利酒之后"，启程踏上这条科学探寻之路的。他和普林斯顿大学的同班同学查尔斯·米舍内尔（Charles Misner），以及一位名叫奥耶·彼得森（Aage Petersen）的访问学者（当时是尼尔斯·玻尔的助手）正在设想"量子力学所涉及的荒诞之事"。就在那时，埃弗里特产生了一个想法，并在随后的几个星期内把它发展成了一篇论文的草稿，这就是多世界理论的雏形。

这个想法的核心内容是，用理论本身的数学原理来解释量子力学方程在真实世界中的意义，而不必给那些数学原理附加任何解释性的假设条件。这位年轻人用这种方式，向当时的物理学界发起了挑战，重新思考了物理学的基本问题："真实"究竟是什么？

在坚持不懈的探寻过程中，埃弗里特大胆地对付起量子力学中最棘手的测量问题。从20世纪20年代起，这个难题就一直困扰着物理学家。总的来说，测量问题起因于一个矛盾——基本粒子（如电子和光子）在微观量子世界中发生相互作用的过程，与在宏观经典世界里测量它们所得的结果大相径庭。在量子世界里，一个或一团基本粒子可以处于某种叠加态（Superposition）中，即多种不同的状态相互叠加在一起。一个电子可以同时处在不同的位置、拥有不同的速度和自旋方向。然而，不论什么时候，只要科学家对某一性质进行精确测量，总会得到一个明确的结果——仅仅是叠加态中的某一种状态，而非所有状态之和。我们也从未见过宏观物体的不同状态发生叠加。这些测量问题都可以归结为一点：我们感知到的独一无二的世界，为什么会从一个多种不同状态相互叠加的量子世界中显现出来？这个过程又如何实现？

物理学家用数学上的波函数（Wave Function）来描述量子态。波函数可以被看作是一张清单，上面列出了一个量子叠加体系所有可能出现的状态，还标明了每种状态在我们测量该体系时成为检测结果的概率，不过最终出现哪种状态，似乎是随机决定的。尽管在我们看来，每种状态出现的概率不尽相同，但从波函数的角度出发，每种状态都同样"真实"。

薛定谔方程（Schrödinger equation）描述了一个量子体系的波函数如何随时间发生演化，并预言这一演化过程应该平滑连续，而且符合决定论（Determinism），即不含任何随机性。然而，人们用科学设备测量一个量子体系（比如一个电子）时出现的情况，却与这种优美的数学描述相矛盾。（那些科学设备本身也可被视为一个量子力学体系）在测量的瞬间，描述多种状态叠加的波函数似乎塌缩成了叠加态中的某一种状态，中断了波函数平滑的演化过程，产生了不连续间断。单一测量结果的出现，将其他可能的状态排除在了符合经典描述的"真实"世界之外。测量结果会选择哪种状态似乎是任意的，与测量前描述该量子体系的波函数所含的信息没有任何逻辑关系。平滑连续的薛定谔方程也推导不出波函数塌缩的数学描述。实际上，塌缩必须被当作一个基本假定，人为添加到方程之中，因为这个额外过程似乎会违背薛定谔方程。

量子力学理论的众多创立者，特别是玻尔、维尔纳·海森堡和约翰·冯·诺依曼（John von Neumann），当时都持相同观点——他们用量子力学的哥本哈根诠释来处理测量难题。哥本哈根诠释假定，量子世界中的动力学过程可以简化为经典的可观测现象，并且只有可观测现象才有意义。

这种方法赋予了外部观测者某种特权，将观测者置于经典世界之中，这个世界与被观测物体所处的量子世界截然不同。尽管无法解释什么原因将量子世界与经典世界区隔开来，但这并不妨碍哥本哈根学派利用量子力学取得巨大的技术成就。整整几代物理学家都接受了这样的教导：量子力学方程只在微观世界中发挥作用，在宏观世界中没有意义。对大多数物理学家而言，了解这些就足够了。

人人都有"分身"

埃弗里特的理论与哥本哈根学派的观点恰好相反，他把微观世界和宏观世界融为一体，通过这种方式来解释测量难题。他将观测者视为被观测体系不可或缺的一部分，引入了一个普适波函数（Universal Wave Function），将观测者和被观测物体联系起来，共同构成一个量子体系。他用量子力学描述宏观世界，认为宏观物体同样存在量子叠加。在他的理论中，波函数塌缩产生的不连续性不再必不可少，这与玻尔和海森堡的观点截然不同。

埃弗里特的基本理论可以归结为一个问题：如果波函数的连续演化没有因测量行为而被打断；如果薛定谔方程总是适用，并且适用于一切物体，包括被观测物体和观测者本身；如果叠加态中的所有状态始终是真实的——这样一个世界，在我们的眼中会是什么样子？

埃弗里特发现，根据这些假设，每当观测者与处在叠加态中的物体发生相互作用时，观测者的波函数就会分岔。相互叠加的每种状态都会产生一个分支，所有分支都被包含在普适波函数中。这个观测者在每个分支里都有一个"分身"，每个"分身"观察到叠加态中的一种状态成为测量结果。根据薛定谔方程的基本数学性质，这些分支一旦形成就无法再相互影响。因此，每一个分支都会各自独立地踏上一条不一样的未来之路。

考虑下面这个例子：一个人去测量一个两种状态叠加的粒子，比方说同时处于 A、B 两点的一个电子。在一个分支中，他会观察到电子出现在 A 点；而在另一个几乎一模一样的分支里，他的"分身"会看到同一个电子出现在 B 点。每个"分身"都认为自己是独一无二的，会观察到符合物理定律的种种可能性中，有一种变为了"现实"——然而从更全面的角度来看，每种情况都在不同的分支里发生着。

之所以要在上述例子中安排一位观测者，是为了更好地解释这样一个宇宙在我们眼中会是什么样子。事实上，不管有没有人类参与，波函数都会分岔。通常，只要物理体系之间发生相互作用，整个体系的总波函数就会有出现分岔的倾向。这些分支如何相互独立，每个分支又怎样呈现出我们所习惯的经典"真实"世界的模样，对这些问题的理解现在被归纳为所谓的"退相干理论"（Decoherence Theory）。这一理论已经成为现代标准量子理论的一部分而被广泛接受，不过并不是每个人都认同埃弗里特的观点，即每个分支都代表着一个真实存在的世界。

埃弗里特并不是第一位站出来指责波函数塌缩不合理的物理学家，但是他从量子力学方程出发，提出了一套数学上自洽的普适波函数理论，开辟出了全新的局面。多重宇宙的存在成了这一理论自然而然的推论，而不是毫无由来的断言。埃弗里特在那篇论文的脚注中写道："按照这个理论的观点，叠加态中的所有状态（所有'分支'）都是'真实'的，没有哪个状态比其他状态更加'真实'。"

包含上述所有想法的论文草稿，在量子物理学界引起了一场激烈的"幕后交锋"。直到 2002 年，巴西巴伊亚联邦大学（Federal University of Bahia）的科学史学家小奥利瓦尔·弗莱雷（Olival Freire, Jr.）才通过文献研究，揭露出这场交锋的真相。1956 年春天，埃弗里特在普林斯顿大学的导师约翰·阿希巴尔德·惠勒带着论文草稿前往哥本哈根，试图说服丹麦皇家文理学院（Royal Danish Academy of Sciences and Letters）发表这篇论文。他在写给埃弗里特的信里提到，他和玻尔、彼得森进行了"三轮漫长而激烈的讨论"。惠勒还向尼尔斯·玻尔研究所（Niels Bohr Institute）的其他几位物理学家介绍了埃弗里特的工作，其中就有亚历山大·W. 斯特恩（Alexander W.Stern）。

分裂

惠勒在信里给埃弗里特写道："你的完美波函数公式自然无人撼动。但我们所有人都觉得，真正的问题出在这么多公式后面所附的说明性文字上面。"比如，埃弗里特用人和炮弹发生"分裂"来描述公式所隐含的科学寓意，这让惠勒十分头痛。他在信里透露，埃弗里特这个理论的寓意，让哥本哈根的科学家们感到不安。斯特恩将埃弗里特的理论嗤之为"神学"，惠勒自己也不愿意挑战玻尔的权威。在写给斯特恩的一封措辞得当的长信里，惠勒做了详细说明，申辩说埃弗里特的理论是对量子力学主流解释（即哥本哈根诠释）的补充，而不是颠覆。

"我想我可以确信，这位非常出色、很有才干、善于独立思考的年轻人已经逐渐认识到，对测量难题的现有解释是正确和自洽的，尽管目前的论文草稿中还保留了少许过去对此持怀疑态度的痕迹。因此，为了避免任何可能引起的误解，我必须说明，埃弗里特的论文并不是有意要质疑对测量问题的现有解释，而是接受了现有解释，并且推而广之。"（原文特别对此加以强调）

埃弗里特对哥本哈根诠释的态度，应该和惠勒的说明完全相反。一年以后，埃弗里特在回应《现代物理评论》（Reviews of Modern Physics）编辑布赖斯·S. 德威特（Bryce S.DeWitt）的批评意见时写道："哥本哈根诠释的不完整性无可救药，因为它先验地依赖于经典物理学……还是一个将'真实'概念建立在宏观世界、否认微观世界真实性的哲学怪胎。"

就在惠勒去欧洲为埃弗里特的论文四处游说的时候，埃弗里特的学生延期服役资格即将到期。为了不被拉到新兵训练营里踢正步，他决定到五角大楼从事一份研究工作。他搬到了华盛顿特区，离开了理论物理学界，再也没有回来。

第二年，在和惠勒通了几次长途电话之后，埃弗里特心不甘情不愿地把论文删减到了原先长度的 1/4。1957 年 4 月，埃弗里特的论文评审委员会接受了论文删节版——里面没有再提到"分裂"二字。3个月后,《现代物理评论》发表了论文缩减版,题为《量子力学"相对状态"构想》('Relative State' Formulation of Quantum Mechanics)。在同一期杂志上,惠勒附了一篇文章,对他学生做出的发现大加赞赏。

论文发表后马上石沉大海,惠勒也逐渐撇清了自己与埃弗里特理论的关联,不过他仍和这位理论物理学家保持联系,鼓励他在量子力学方面多做一些研究,结果徒劳无功。在2006年的一次采访中,已经95岁高龄的惠勒回忆说:"没有人理睬他的理论,这让埃弗里特十分沮丧,也许还有点愤愤不平。真希望当时我能和他一起坚持这项研究。他提出的那些问题非常重要。"

核武器战略

普林斯顿大学终于授予了埃弗里特博士学位,此时他已在五角大楼工作了将近一年。他在那里接手的第一个项目是计算核战争中放射性沉降物可能导致的死亡率。不久,他就在五角大楼极具影响力的秘密机构——武器系统评估小组(Weapons Systems Evaluation Group,缩写为 WSEG)里升任数学组组长。埃弗里特给艾森豪威尔政府和肯尼迪政府的高官担任过顾问,提出了选择氢弹攻击目标的最好方法,还提出了配置轰炸机、潜艇、导弹三位一体的核攻击能力,最大程度提高核打击威力的最优化方案。

1960 年,他帮助撰写了 WSEG 第 50 号报告,这份报告至今仍属机密。按照埃弗里特的朋友——他在 WSEG 的同事乔治·E. 皮尤(George E.Pugh)的说法,WESE 第 50 号报告促成了后来几十年里美国一直奉行的军事战略,为这些战略提供了理论依据,其中就包括了所谓的"共同毁灭战略"(Mutually Assured Destruction)。WSEG 向核战争决策者们描绘了放射性沉降物在全球范围内可能导致的可怕后果,让他们确信维持一场永恒的对峙僵局是必要的,而不是如少数强硬派鼓吹的那样,应该向苏联等国家率先实施核打击。

关于埃弗里特理论的最后一轮交锋也发生在这一时期。1959 年春天,玻尔同意在哥本哈根与埃弗里特面谈。在6个星期的时间里,他们多次碰面,但毫无进展:玻尔没有改变立场,埃弗里特也没有重拾量子物理学研究。不过,这趟旅行不能说一无所获。一天下午,埃弗里特在他入住的厄斯特波特酒店(Hotel Osterport),一边喝着啤酒,一边在酒店信纸上,对数学界另一颗璀璨明珠——广义拉格朗日乘子法(Generalized Method of Lagrange Multipliers),进行了一项重要改进——这一成就终于让他赢回不少声望。这种方法又叫埃弗里特运算,简化了复杂运筹问题最优方案的设计过程:不论是部署核武器,还是安排准时制工业生产,甚至于规划校车行进路线以最大限度地减少种族歧视,这种方法都可以

027

测量问题

粒子的量子态如何与我们身边的经典世界发生联系，这是量子力学中尚未被完全理解的一道难题。

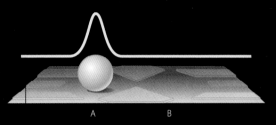

量子力学用数学上的波函数来描述粒子的状态。举例来说，表示一个粒子肯定处于A点（例如一个困在势阱之中的电子）的波函数，会在A点处出现一个尖峰，其他地方为零。

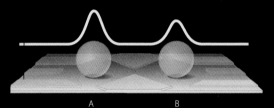

就像普通的波可以叠加一样，波函数也可以叠加在一起构成叠加态。这样的波函数表示粒子可以同时处在多个状态之中。每个尖峰的幅度代表对该体系进行测量时，相应的状态成为测量结果的概率。

考虑波函数的另一种方法是，列出每一种状态和它们对应的幅度。

位置	幅度	概率
A	0.8	64%
B	0.6	36%

但是，如果一个设备对处于这种叠加态中的粒子进行测量，总是会得到一个明确的结果——非A即B，似乎随机选取——而不是两种状态之和，这个粒子也不再处于叠加态中。我们从来没有见过处于叠加态中的宏观物体，比如一个棒球。

两种答案

　　哥本哈根诠释和休·埃弗里特的多世界诠释，为测量问题提供了两个截然不同的答案。（当然还有其他一些本文没有提到的假说）。

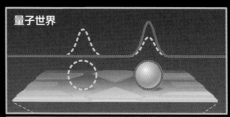

量子世界

经典世界

哥本哈根诠释

　　根据玻尔等人的观点，进行测量的仪器（和人）位于经典世界之中，这个世界有别于量子世界。当这样一个经典仪器测量一个叠加态时，会导致量子波函数随机塌缩到某一状态，同时其他状态全部消失。量子力学方程无法解释为何会发生这样的塌缩，塌缩必须作为一个单独的假设人为添加到量子理论之中。

多世界诠释

　　埃弗里特的革命性贡献是，在分析测量的过程中，把仪器（和人）看成是另一个量子体系，它们完全遵循量子力学的方程和原理。通过这样的分析，他得出结论：最终结果将是各种测量结果的叠加态，该叠加态中的每一个测量结果都像是独立分岔出去的一个分支宇宙。我们在宏观世界中无法察觉到这种叠加态，是因为每个分支宇宙中的"分身"，都只能感知自己所在的分支宇宙中的物体。

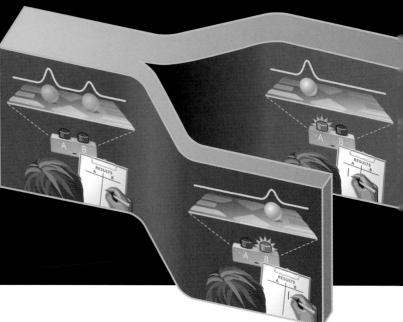

派上用场。

1964 年，埃弗里特、皮尤和 WSEG 的其他几位同事，共同创办了一家私营防务公司——兰布达公司（Lambda Corporation）。这家公司的业务包括设计反弹道导弹系统的数学模型和核战争电脑模拟程序——根据皮尤的说法，这套模拟程序被美国军方使用多年。埃弗里特热衷于利用贝叶斯方法（Bayes' Theorem）开发各类应用，这种数学方法可以把未来事件发生的概率与过去的经验联系起来。1971 年，埃弗里特设计出"贝叶斯机"（Bayesian machine）的雏形，这种计算机程序能从经验中吸取教训，排除一些不太可能出现的结果，从而简化决策过程——这一能力与人类的直觉非常相似。兰布达公司曾经与五角大楼签订合同，用贝叶斯方法设计开发用于追踪来袭弹道导弹飞行路线的技术。

1973 年，埃弗里特离开兰布达公司，与公司同事唐纳德·赖斯勒（Donald Reisler）一起创办了数据处理公司 DBS。DBS 研究武器应用，但是致力于分析政府补偿性计划带来的社会经济效应。赖斯勒回忆起他们第一次见面时的情景，埃弗里特"局促不安地"问他有没有读过他在 1957 年发表的论文。"我一下子就想了起来，还回答说：'噢，我的天，你就是那个埃弗里特，写出那篇疯狂论文的疯子！'我念研究生的时候就读过那篇论文，当时还嘲笑了一番，就随手丢在一边了。"他们后来成了很好的朋友，不过都同意再也不提多重宇宙了。

三杯马提尼

尽管埃弗里特的事业蒸蒸日上，他的生活却变得颓废不堪。朋友们都知道他喜欢喝酒，而且酗酒情况日益严重。赖斯勒回忆说，他的搭档总爱在午餐时喝上三杯马提尼，然后倒在办公室里睡到酒醒——不过他总有办法高效完成大量工作。

可是，他的享乐主义并非反映一种轻松愉快的生活态度。赖斯勒说："他是一个没有同情心的人。他用一种冷酷无情的逻辑来研究问题。公民权利在他看来毫无意义。"

埃弗里特以前在 WSEG 的同事约翰·Y. 巴里（John Y.Barry）还质疑他的道德操守。20 世纪 70 年代中期，巴里在摩根大通公司（J.P.Morgan）工作，他向老板推荐了埃弗里特，雇他利用贝叶斯方法开发一种预测股市走势的产品。据一些人说，埃弗里特成功了，但他拒绝把产品交给摩根大通。巴里评价说："这个有才气、有创意，却不可靠、不可信的酒鬼，利用了我们。"

埃弗里特是个以自我为中心的人。DBS 前雇员伊莱恩·蒋（Elaine Tsiang）说："他奉行一种极端的唯我主义（Solipsism）。尽管他努力让自己的（多世界）理论与其他的心理理论和意识论保持距离，但是很明显，（对他来说）我们所有人都存在于一个因他而出现的世界之中。"

就连对待他自己的孩子——伊丽莎白（Elizabeth）和马克（Mark），埃弗里特也漠不关心。

就在埃弗里特投身创业的时候，物理学界又开始艰难地审视起他那一度被忽略的理论。德威特的态度发生了180度大转变，成了这一理论最忠实的拥护者。1967年，他发表了一篇论文，提出了惠勒—德威特方程——一个量子引力理论应当满足的普适波函数。他在论文中赞赏了埃弗里特，因为埃弗里特证明了这种方法的必要性。随后，德威特和他的研究生尼尔·格雷厄姆（Neill Graham）编辑出版了一本物理学论文集，名为《量子力学的多世界诠释》（The Many-Worlds Interpretation of Quantum Mechanics），主要内容就是埃弗里特那篇未经删改的论文原稿。1976年，科幻杂志《类比》（Analog）上刊登的一篇小说，让"多世界"一词迅速在大众中普及流传开来。

然而，并非所有人都同意应当放弃哥本哈根诠释。美国康奈尔大学（Cornell University）的物理学家 N. 戴维·梅尔曼（N.David Mermin）声称，埃弗里特的诠释将波函数视为客观真实世界的一部分，而他认为波函数只不过是一种数学工具。他说："波函数只是为了帮助我们理解微观现象而人为创造出来的东西。我的观点和多世界诠释完全相反。量子力学是一种能让我们的观测前后一致的工具，说什么我们本身也在量子力学之中、量子力学必须作用于我们的感观，这都是无稽之谈。"

但是很多从事研究工作的物理学家认为，埃弗里特的理论应该被认真对待。

美国斯坦福大学的理论物理学家斯蒂芬·申克（Stephen Shenker）说："我在20世纪70年代末听到埃弗里特的诠释时，还以为这是在胡言乱语。现在，我认识的大多数认真考虑弦理论和量子宇宙学的人，都在用一种与埃弗里特的想法类似的思路来考虑一些问题。由于最近在量子计算领域取得的一些进展，这些问题已经不再只是纯理论之争了。"

美国洛斯阿拉莫斯国家实验室（Los Alamos National Laboratory）的沃伊切赫·H.祖雷克（Wojciech H.Zurek）是退相干理论的提出者之一，他评价说："埃弗里特的成就在于他坚持认为量子论应当是普适的；他坚信宇宙不该被一分为二，其中一半毫无由来地遵循经典物理定律，另一半却莫名其妙地接受量子力学的差遣。他给我们大家开创了一种使用量子理论的新方法，今天我们正在使用这种方法从整体上描述测量行为。"

美国普林斯顿高等研究院（Institute for Advanced Study in Princeton）的弦理论学家胡安·马尔达西那（Juan Maldacena）的看法，反映了物理学家们的普遍观点。他说："如果站在量子力学的角度来考虑埃弗里特的理论，我相信这是最合理的解释。但在日常生活中，我绝不相信这个理论。"

推导多世界理论

埃弗里特假设，世间万物都是量子体系，全部满足薛定谔方程。他仔细分析了量子测量仪器和观测者与叠加态量子物体发生相互作用的结果。为此，他考虑了一个"普适波函数"，把仪器、观测者和被观测物体的量子态全部概括在一起。三个量子态相乘得到了总量子态，如下图所示。

在上图描绘的量子态中，粒子在测量前百分之百位于A点。在没有发生叠加的情况下，薛定谔方程描述了总量子态演化为一个明确的最终量子态A的过程：粒子和设备之间的相互作用点亮了指示灯A。灯光传播到观测者眼中被他看到，于是他做了一个记录，表示指示灯A已经亮过（下图）。

如果粒子最初百分之百位于B点，总量子态也会经历类似的演化过程，变成明确的最终量子态B。对这一过程的描述是高度理想化的，不过这理想化不会对结论产生影响。

如果在测量前，粒子处于叠加态中，情况又会如何？在数学表达式中，叠加就是相加：

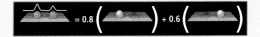

这个例子中的数字意味着，测量结果为A的概率是64%（0.64是0.8的平方），测量结果为B的概率是36%。

当上面的求和与被测量物体、仪器和观测者的初始总量子态整合在一起时，得到的结果就是前述两种观测结果本身的叠加：

（0.8 A + 0.6 B）×仪器×观测者 =0.8（A×仪器×观测者）+ 0.6（B×仪器×观测者）

由于薛定谔方程具有一种被称为"线性"（Linearity）的性质，叠加态的演化，就相当于叠加态的每种量子态各自演化，然后再相互叠加。因此，最后的总量子态就相当于最终量子态A和最终量子态B的叠加态。

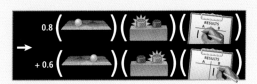

线性和量子态的所谓"正交性"（Orthogonality），可以保证随着时间的推移，波函数的这两部分永远不会相互影响。现在的"退相干理论"已经对这一点做出了更详细、更深入的解释。在分支A中，一位观测者百分之百确定自己看到指示灯A亮起，与测量前粒子百分之百位于A点的情况完全相同；分支B中也会出现类似的情况。28页中描绘宇宙分岔为两个分支、拥有不同历史进程的插图，表现的就是这个过程。这种分岔过程不是人为添加的，完全是数学推导的结果。

埃弗里特进一步证明，这种数学推导对更复杂的情况也同样有效，比如涉及多位观测者进行多次测量的情况。不过，在这个例子中，为什么分支A"发生"的概率是64%，分支B的概率是36%，这仍是一个悬而未决的难题，有待科学家作进一步的分析研究。

——格雷厄姆·P. 柯林斯（Graham P.Collins）

《科学美国人》编辑

1977 年，德威特和惠勒邀请埃弗里特到美国德克萨斯大学奥斯汀分校举办一场演讲，介绍他的多世界诠释。埃弗里特不喜欢当众演说，他穿着皱皱巴巴的黑色西装，在整个演讲过程中连续不断地抽烟。量子计算领域的奠基人之一、现在在英国牛津大学任职的戴维·多伊奇（David Deutsch）当时就在现场。（量子计算理论也是从埃弗里特的理论中获得灵感而建立起来的）在总结埃弗里特的贡献时，多伊奇说："埃弗里特超越了他的时代。他是拒绝抛弃客观解释的代表人物。为了寻求进展和突破，不论是物理学还是哲学，都逐渐放弃了它们的最初目的——解释这个世界，这带来了极大的损害。我们无可挽回地陷入了形式主义的泥沼，事物被视为无可解释的科学进步，真空则充斥着神秘主义、宗教信仰和各式各样的胡言乱语。埃弗里特之所以重要，是因为他挺身而出反对这种'进步'。"

在德克萨斯的那场演讲之后，惠勒曾经想让埃弗里特加盟位于美国加利福尼亚州的圣巴巴拉理论物理研究所（现卡弗里理论物理研究所）。据称，埃弗里特当时表示出了兴趣，但这一计划最终不了了之。

人生无常

1982 年 7 月 19 日，埃弗里特在睡梦中死去，年仅 51 岁。他的儿子马克还记得那天早上发现父亲尸体时的情景，当时他只有十几岁。摸着父亲冰冷的躯体，马克意识到，在他的印象里，以前从来没有接触过父亲。他对我说："当时，我不知道怎样面对父亲刚刚去世的事实。其实我跟他没有任何关系。"

不久以后，马克搬到了洛杉矶，成了一位成功的词曲作家、流行摇滚乐队 Eels 的主唱。他的许多歌曲都透出浓浓的悲伤之情——因为他父亲是一个冷酷无情、意志消沉的酒鬼。直到埃弗里特去世多年以后，马克才了解了他父亲的事业和成就。

1954年11月，玻尔（中）在普林斯顿大学与埃弗里特（右二）碰面。埃弗里特就是在那一年得到了最初的想法，后来整理出多世界理论的。玻尔从未接受这个理论。照片中的其他几位研究生分别是（从左到右）：查尔斯·米舍内尔（Charles Misner）、黑尔·F.特罗特（Hale F.Trotter）和戴维·K.哈里森（David K.Harrison）。

1982 年 6 月，在埃弗里特去世前一个月，马克的姐姐伊丽莎白企图自杀，这是她许多次自杀尝试中的第一次。马克发现她毫无知觉地倒在浴室地板上，及时把她送进了医院。他回忆说，那天晚上回到家已经很晚了，正在看报纸的父亲"抬头看了我一眼，然后说'我不知道她有这么悲伤'"。1996 年，伊丽莎白服用过量安眠药自杀身亡，她在钱包里留了一张纸条，说她要到另一个宇宙去找她父亲。

在 2005 年的一首名叫《孙辈们应该知道的事》（Things the Grandchildren Should Know）的歌里，马克写道："我从未真正理解／生活在自己的脑袋里面／他会有种什么样的感觉。"但他那位奉行唯我主义的父亲一定能够理解这种感觉。在那篇未经删改的论文末尾，埃弗里特总结说："只要我们承认，任何物理学理论实质上都只是一个模型，用来解释我们所感知到的世界，那么我们就必须断绝寻找所谓'正确理论'的所有希望……原因很简单，我们永远无法完整经历所有的体验。"

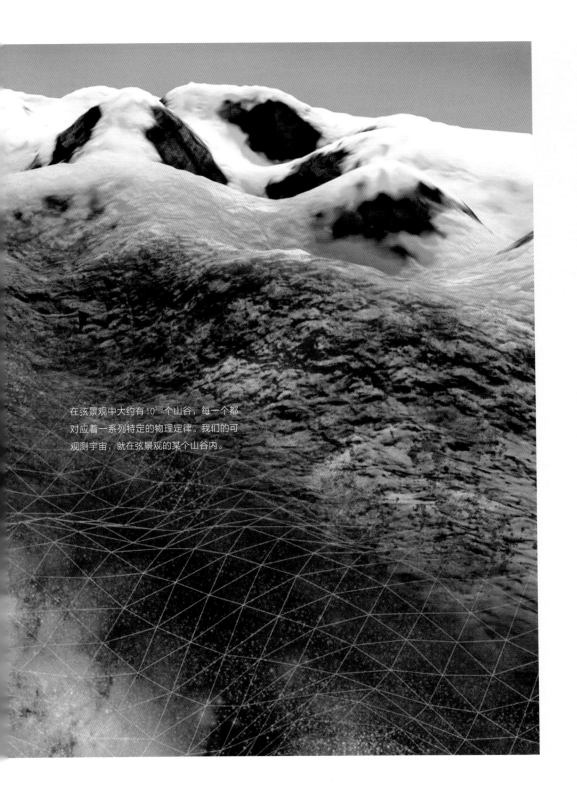

在弦景观中大约有10^{500}个山谷，每一个都对应着一系列特定的物理定律。我们的可观测宇宙，就在弦景观的某个山谷内。

弦理论编织的多重宇宙

拉斐尔·布索（Raphael Bousso）
约瑟夫·波尔金斯基（Joseph Polchinski）

拉斐尔·布索和约瑟夫·波尔金斯基的这篇文章始于在圣巴巴拉召开的一次关于弦理论对偶的研讨会。文章结合了布索在量子引力和暴胀宇宙学方面的知识和波尔奇斯基在弦理论方面的知识。布索当时是加利福尼亚大学伯克利分校的助理教授，他的研究方向主要是联系时空几何和信息的全息原理。波尔金斯基当时是加利福尼亚大学圣巴巴拉分校科维理理论物理研究所的教授，他第一个发现了膜在弦理论中的重要地位。

精彩速览

- 根据弦理论，我们看到的这个世界所遵循的物理定律，是由额外的空间维度"蜷曲"成微观尺度的方式决定的。
- 所有这些额外维蜷曲的方式共同构成了一个"弦理论景观"，其中的每一个"山谷"对应一系列稳定的物理定律。
- 我们的整个可观测宇宙，就在对应着弦理论景观某个山谷的空间区域内，而其中的物理定律恰好适宜生命的存在和演化。

根据爱因斯坦在1915年提出的广义相对论，引力源于时间和空间（二者合并为四维时空）的几何结构；任何有质量（或能量）的物体都会使时空弯曲。比如，在地球质量作用下，苹果树顶端的苹果的时间，要比在树下工作的物理学家的时间流逝得更快一些。苹果从树上落地，其实只是对时空弯曲的反应。这种时空弯曲使地球在轨道上绕着太阳转动，也使遥远的星系进一步离我们远去。这一惊人而美妙的想法已经被很多精确的实验证实。

用时空几何的弯曲来取代引力相互作用的理论取得了巨大的成功，科学家自然地想到，能否找到一种几何化的统一理论来解释自然界其他基本相互作用，乃至基本粒子的种类？对这个理论的追寻耗尽了爱因斯坦的后半生，而特别吸引他的是德国科学家西奥多·卡卢察（Theodor Kaluza）和瑞士科学家奥斯卡·克莱因（Oskar Klein）的工作。基于引力反映了四维时空的几何结构这个想法，他们进一步提出，电磁相互作用其实来自于一个额外的空间维度(即第五维)的几何结构，而这一维度因为太小目前无法被任何实验直接探测到。爱因斯坦对这个理论的追求以失败告终，因为当时的条件还不成熟。要想统一基本相互作用，首先要理解核力以及量子场论在基础物理中的关键作用，而物理学家直到 20 世纪 70 年代才弄明白这些。

时至今日，对统一理论的追寻已经成了理论物理的核心问题之一。而正如爱因斯坦预计的那样，几何概念在其中扮演了重要的角色。在弦理论这个最有希望统一量子力学、相对论和粒子物理的理论框架中，卡卢察和克莱因的想法重新受到重视和推广，并成为弦理论的基本特征之一。在弦理论以及 Kaluza-Klein 理论中，我们看到的物理定律是由这些额外的空间维度的形状和大小决定的。但又是什么决定了它们的形状呢？最近几年，理论和实验的一些进展提供了一个惊人而又充满争议的回答。如果正确，这一回答将极大地改变我们对宇宙的理解。

Kaluza-Klein 理论和弦

在 20 世纪早期，卡卢察和克莱因提出第五维度的概念时，物理学家只知道自然界两种基本的力：电磁力和引力。这两种力都与相互作用距离的平方成反比，所以物理学家自然地猜想，它们之间是不是有某种联系。卡卢察和克莱因想到，如果存在一个额外空间维度（简称"额外维"），从而使时空成为五维，爱因斯坦把引力几何化的理论或许可以把它们联系起来。

存在一个额外维的想法并没有看上去那么疯狂。因为如果额外维蜷曲成一个足够小的圈，那么我们最好的"显微镜"——能量最高的粒子加速器也无法看到它（见 37 页图）。不仅如此，从广义相对论中我们已经知道，空间并不是绝对的，而是会扭曲和演化的。比如我们今天可以看到的三个空间维度一直在膨胀，在遥远的过去它们的尺度都很小，所以如果还有额外维没有膨胀，到今天都保持微观的尺度，似乎也可以理解。

尽管我们无法直接观测到额外维，它仍然可能有重要的、非直接的效应可以被我们观测到。如果有一个额外维，用广义相对论可以直接描述整个五维时空的几何结构，这一结

额外维：弦和细管

在Kaluza-Klein理论和弦理论中，都有一个假说，即在我们能感受到的三维空间外还有额外空间维度。为了形象地描述这些尺度很小的额外维，我们可以想象一个由很长很细的管组成的空间。从远处看，这个细管就像一维的线，但如果放大到一定的程度，就可以看到它是圆柱形的。线上的每个零维的点，其实是管上的一个一维圆圈。在原始的Kaluza-Klein理论中，我们熟悉的时空中的每个点其实就对应着这样一个尺度很小的圆圈。

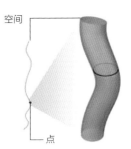

空间

点

弦理论预言，所有的点状粒子，其实都是尺度很小的弦。不仅如此，它还预言存在与一维的弦类似，但可以有各种不同维度的"膜"（图中用绿色表示）。对于有端点的弦（称为开弦，图中用蓝色表示），其端点必须终结在某个膜上。而闭合圈那样的弦（称为闭弦，图中用红色表示）则没有这样的限制。

弦理论也包含了Kaluza-Klein理论。这里我们的图景仍然是看上去像线，但其实是很细的管组成的空间。这个细管有一维的膜穿过，而且里面充满了可以（多次）缠绕细管的弦。在低放大率的情况下，这些弦看上去像点状粒子，而额外维和上面的膜则是完全看不到的。

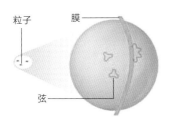

粒子　膜

弦

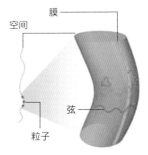

膜

空间

弦

粒子

构可以分为三部分：大尺度四维时空的形状、小尺度额外维和四维时空之间的角度，以及额外维蜷曲的周长。四维时空由通常的四维广义相对论描述，其中每一点上，额外维的角度和周长都有特定取值，就像是两个在时空中每一点都有取值的场。令人惊讶的是，角度场模拟了四维时空中的电磁场，即该角度场满足的方程和电磁场满足的（麦克斯韦）方程组完全相同。另一方面，周长场决定了电磁力和引力之间的相对强度。因此，从五维引力理论出发，我们得到了四维时空中的引力和电磁力理论。

存在额外维的可能性，在追求广义相对论和量子力学统一的过程中，也已经起到了关键的作用。在目前最领先的弦理论中，基本粒子其实是一维物体，即很小的、振荡的弦。弦的尺度接近普朗克尺度，即 10^{-33} 厘米（比原子核直径的一百亿亿分之一还要小）。因此，从任何比普朗克尺度大得多的尺度上看，弦都完全像一个点。

为了使弦理论的方程在数学上自洽，弦必须在十维的时空中振动，这也意味着存在额外的六个空间维度，因为尺度太小还无法被探测到。和一维的弦类似，时空中还存在各种维度的"膜"。在原始的 Kaluza-Klein 理论中，普通粒子的波函数可以充满额外维，因此粒子本身必然扩散到所有额外维。与之不同的是，弦可以被限制在某个膜上面；而且弦理论中也可以有所谓的通量，即由"场线"表示的力场，正如经典电磁学中可由"场线"表示的电磁力一样。

总的来说，弦理论中额外维的图景比 Kaluza-Klein 理论要复杂一些，但背后的数学结构更加统一和完备。Kaluza-Klein 理论的中心思想并没有变，即我们看到的物理定律取决于隐藏的额外维的几何结构。

太多的解？

关键问题：什么决定了额外维的几何结构？广义相对论的答案是时空几何必须满足爱因斯坦场方程——用普林斯顿大学的约翰·惠勒的话说，物质告诉时空如何弯曲，时空告诉物质如何运动。但爱因斯坦场方程的解不唯一，因此存在大量可能的时空几何。五维的 Kaluza-Klein 理论为这种不唯一性提供了一个简单例子。蜷曲的额外维的周长原则上可取任意的值：在没有物质的情况下，平坦四维时空，加上一个任意周长的圆圈，都是爱因斯坦场方程的解（在有物质的情况下，类似的场方程也存在多个解）。

在弦理论中，我们有多个（六个）额外维，从而有多得多的可调参数。一个额外维只能以圆圈的方式蜷曲起来；但当存在多个额外维时，它们可以以各种不同的形状蜷曲（更准确地说，有不同的"拓扑"），例如一个球面，一个多纳圈，两个粘在一起的多纳圈，等等。每个多纳圈（即一个"把手"）都有各自的长度和周长，从而为额外维搭配出大量不同的几何结构。除了这些"把手"还有其他参数，例如膜所在的位置以及绕着每个多纳圈的"通量"数目等（见40页图）。

尽管如此，这些不同解的贡献有很大的差别：由于额外维中的通量、膜以及空间曲率都会贡献能量，每个解都有相应的势能。我们把该能量称为真空能，因为这是在大尺度的四维时空中完全没有物质和场的情况下，时空本身的能量。正如一个放在斜坡上的球会向着最低处滚动下去，额外维的几何结构也会向着真空能最小的方向演化。

为了理解真空能最小化这一过程的后果，我们先考虑一个参数，即隐藏的额外维的总大小。我们可以画出真空能随着这一参数变化的曲线，44页上面图显示了这样一个曲线的例子。在额外维很小的情况下，真空能很大，所以在图的左边，曲线是从比较高的位置开始的。从左向右，真空能先后到达过三个山谷，每个都比前一个能量更小。最终，在图的右边，曲线慢慢下降到一个常数。图中最左边山谷的真空能数值是大于0的，中间山谷的真空能恰为0，而最右边山谷的真空能小于0。

隐藏的额外维的几何结构如何演化还取决于初始条件，即"球"一开始处于曲线的哪个位置。如果演化开始于最后一个顶峰的右边，球会一直滚到无穷远，也就是说额外维的尺度会无限增加（因此将不再是隐藏的）。否则的话它会停止在某个山谷的最底部，隐藏的额外维尺度会调整到使能量最低的值。这三个局部的最低点分别对应真空能为正、为零和为负的情况。我们宇宙的额外维尺度没有随时间变化，否则的话我们会看到自然基本常数随时间变化。因此我们的宇宙肯定正处于某个山谷的底部，而且应该是处于一个真空能稍大于零的山谷。

因为额外维的几何结构有多个参数，我们应该把刚才这个真空能曲线看成某个复杂的高维"山脉"的一个切面。斯坦福大学的伦纳德·萨斯坎德（Leonard Susskind）把这个"山脉"称为弦理论的"景观"（见44页下面的图）。这个高维的景观的各个最小值——即球最终停留的谷底，对应于时空几何的稳定位形（包括膜和通量的位形），我们将这些位形称为稳定真空。

一张现实中的地形景观图只有两个独立方向（南北和东西），我们只能画出二维的景观。而弦理论的景观要复杂得多，有很多（数百个）独立的方向。我们不应该把弦理论景观的维度和空间的维度混淆起来；每个独立方向量度的不是物理空间中的某个位置，而是时空几何的某个方面，比如"把手"的个数或者膜的数目等。

目前我们还不能完整地描绘整个弦理论的景观。计算一个真空态的能量是个困难的问题，而且通常需要做某种适当的近似。近年来理论物理学家开始取得了一些进展，特别是在 2003 年，斯坦福大学的沙米特·卡奇鲁（Shamit Kachru）、雷纳塔·考洛什（Renata Kallosh）和安德烈·林德（Andrei Linde），以及印度塔塔基础科学研究院（Tata Institute of Fundamental Research）的萨迪普·特里维迪（Sadip Trivedi）发现了很有说服力的证据，证明弦理论景观确实存在山谷，在这些山谷中我们宇宙的基本性质是稳定的。

我们还无法确定有多少稳定的真空——即有多少个山谷可以让"球"停住，但这个数字很有可能是无比巨大的。有研究表明，可以有带 500 个左右"把手"的解，把手数目不会比这个数字大太多。对每个把手，可以有一定数目的通量线绕着它；这个数目不会太大，否则它们会导致真空不稳定，正如我们图上曲线的最右边部分一样。如果我们假设每个把手可以有 0~9 条可能的通量线（10 种可能），那么总共 500 个把手对应 10^{500} 种可能的位形。即使每个把手只有 0 或 1 条可能的通量线，也有大约 2^{500}（大约 10^{150}）种可能性。

除了影响真空的能量外，这些解中的每一个，都会在我们四维的宏观世界导致完全不同的现象：定义我们世界有哪些种类的粒子和相互作用，以及它们有怎样的质量和强度。尽管弦理论可能提供了唯一的基本定律，我们在宏观世界中看到的物理定律仍然会依赖于额外维的几何结构。

真空状态：隐藏的空间

弦理论方程的任何一个解都代表了时间和空间的一个位形，这个位形包括隐藏维度的排列方式，还有与之相关的膜（绿色）和通量线（也称力线，橙色）。弦理论预言我们的世界有六个额外维，所以在我们熟悉的三维空间中的每个点中都隐藏着一个六维的空间，或者说流形（Manifold，可以看作是37页插图里的圆圈的六维推广）。在三维空间看到的物理定律取决于这个六维流形的尺度和结构：有多少个多纳圈一样的把手、每个把手的长度和周长、膜的数量和位置，以及围绕每个多纳圈的通量线的数目。

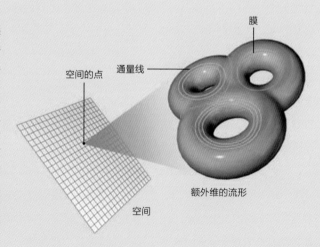

膜

通量线

空间的点

额外维的流形

空间

很多物理学家都希望，物理学最终可以解释为何宇宙要有这样一些特定的基本定律。但即使这个愿望成为现实，仍然有很多关于弦理论景观的深刻问题需要回答。哪一个稳定真空描述了我们的宇宙？为什么自然选择了这一个特定的真空而不是别的？其他稳定的解是否只是纯粹数学上的可能性，而永远不可能成为物理现实？如果弦理论是正确的，似乎它无法实现最终的"民主"：尽管理论上有大量的可能的世界，最终在所有可能之中却只挑出了对应我们现实世界的那一个。

是否必须要在弦理论景观中挑出一个特殊解呢？根据两个重要的想法，我们在2000年提出了一个完全不同的图景。第一个想法是，我们的世界不必永远处于一个弦理论解（或者说额外维的位形），因为有罕见但可以发生的量子过程允许额外维从一种位形跃迁到另一种。第二个想法是，根据作为弦理论一部分的爱因斯坦的广义相对论，宇宙可以演化得足够快，从而允许多个不同位形共存于不同的"子宇宙"中，而这些子宇宙每个都足够大，以至于在其中无法观测到其他宇宙。在这个图景里，为何真实存在的唯有我们世界对应的那个特定真空的谜团，就不存在了。不仅如此，我们进一步提出，这个想法还可以解决另一个重大的自然谜题。

景观中的一条路径

正如前面提到的，每个稳定的真空都可以由"把手"的个数、膜和通量的数目来描述。但现在我们要考虑到，这些要素都是可以被创造和毁灭的，因此在一段时间的稳定期之后，我们的世界可以跃迁到一个完全不同的位形。在弦理论景观里，一个通量线的消失（衰变），或者其他形式的拓扑改变是穿过"山脉"进入更低的一个山谷的量子跃迁。

这样的后果是，随着时间的演化，不同的真空都可以依次存在。假设我们一开始的例子里的500个把手每个都有9个通量，一个接一个，这4500个通量会按照量子力学预言的某种顺序依次衰变，直至所有通量都用完。我们从景观中较高的山谷出发，经过一系列随机的跃迁，经过了4500个越来越低的山谷。我们在弦理论景观中看到了一系列不同的风景，但对于10^{500}种可能的真空来说，这一过程只经过了极小的一部分。似乎大多数真空连个露脸的机会都没有。

但其实我们忽略了其中的一个关键部分：真空能对宇宙演化的重要作用。我们知道，通常物质（比如我们的恒星和星系）会让宇宙的膨胀减缓，甚至最终导致其重新塌缩。但正的真空能则像是反引力一样：根据爱因斯坦场方程，它会导致我们的三维空间以越来越快的速度膨胀。当隐藏维通过量子效应跃迁到一个新位形时，这一加速膨胀会产生重要而令人意外的效果。

由于三维空间中的每个点都隐藏着一个六维空间，而这个六维空间对应着弦理论景观中的一个点。当这个六维空间跃迁到一个新位形的时候，这个跃迁并不是在三维空间中的所有地方同时发生的。跃迁首先在三维空间中的某个点发生，而这个新的、能量更低的位形周围形成了一个泡泡，这个泡泡迅速膨胀（见46页图）。如果三维空间没有在膨胀的话，这个迅速膨胀的泡泡会最终占据空间中的每个点。但是，旧的区域也在膨胀，而且有可能比这个新的泡泡膨胀得更快。

大家都是赢家：旧的和新的区域都增大了，所以新的区域永远不会完全毁掉旧的区域。根据爱因斯坦的理论，时空几何结构是动态变化的，因此这样的情况完全可能出现。广义相对论不是一个零和游戏：空间构造的扩张使得旧和新的真空都有更多空间被创造出来。类似的过程在新真空"变老"的时候也会发生。当新真空开始衰变的时候，它并不会彻底消失，而是在内部形成另一个真空能量更低的、不断膨胀的泡泡。

由于旧的区域也在增长，最终真空会在另一个地方发生衰变，而跃迁到弦理论景观中另一个附近的山谷。这个过程会继续发生无数次，以所有可能的方式衰变，而相距足够远的区域会在不同的把手上失去通量。因此，宇宙不再只是经历了单个衰变的序列，而是经历了所有可能的序列，最终的结果是成为泡泡套着泡泡的多重宇宙。这个结果和麻省理工学院的艾伦·古斯（Alan Guth），塔夫茨大学（Tufts University）的亚历山大·维连金（Alexander Vilenkin）以及林德的永恒暴胀理论得到的结果很类似。

我们提出的这个图景可以比喻成有无数个探险者去探索图景中每种可能的路径，从而经过了所有的山谷。每个探险者代表宇宙中的一个点，而它们互相远离。每条探索的路径代表了宇宙中这个点经历的一系列真空。只要该探险者在图景中开始的点足够高，实际上所有的山谷都会被探索到。事实上，每个山谷都会被来自更高处山谷的每条可能路径穿过无穷次。这个"瀑布"一般的下降过程只有到"海平面"才停止——即当真空能变为负的时候。负的真空能对应的时空几何结构不允许这种无穷膨胀和泡泡继续形成。与之相反，一个局部的"大塌缩"将会发生，就像黑洞内部的过程一样。

在每个泡泡里，一个在足够低的能量下做实验的观察者（正如我们一样）将会看到一个有自己特定物理定律的四维宇宙。观察者无法获取来自其泡泡之外的信息，因为泡泡之间的空间膨胀太快，以至于光速也无法跑赢它。观察者之所以只能看到自己这个真空对应的物理定律，是因为看得不够远。在我们这个图景里，我们宇宙的起源（即宇宙大爆炸的开始）不过是我们附近某个位置最近发生的一次真空跃迁，而如今这一泡泡已经膨胀到几百亿光年的大小了。遥远未来的某一天（遥远到我们应该不需要担心），宇宙的这个部分可能会经历又一次跃迁的过程。

真空能危机

我们刚刚描述的这个图景解释了弦理论景观中不同的稳定真空是怎样在宇宙中的不同位置出现，从而形成了无数个"子宇宙"的。这一结果也许将解释理论物理中最重要也是最难解决的问题之一——真空能问题。对爱因斯坦来说，我们刚刚说的真空能其实只是广义相对论场方程中大小任意的一项，即所谓的"宇宙学常数"——为了与他所相信的宇宙静止这一观念一致，他曾经在方程里加了这一项。为了得到静止宇宙，爱因斯坦要求宇宙学常数是一个特定的正值，但当后来的观测证明宇宙在膨胀之后，他又抛弃了这一想法。

有了量子场论之后，曾经被认为是虚空的空间（即真空）变成了热闹的地方：这里充满不断产生和湮灭的虚粒子和场，而且每个虚粒子和场都带有正或负的能量。基于量子场论的一个很简单的计算表明，这些虚粒子的能量达到了一个极高的能量密度：大约每立方厘米 10^{94} 克，即每普朗克体积（普朗克长度的 3 次方）有一个普朗克质量。我们把这个能量密度叫作 Λ_p。这一计算结果被称为物理学史上最著名的错误预言，因为实验观测很早就告诉我们真空能肯定不会超过 $10^{-120}\Lambda_p$。理论物理因此陷入了一个巨大的危机。

为什么理论和实验之间会存在巨大分歧？过去几十年，搞清楚这个问题一直是理论物理的中心目标之一，但物理学家提出的无数个解决方案中没有一个得到广泛接受。很多方案都假设真空能是严格为零的——考虑到我们要得到一个小数点后面至少有 120 个零的数字，这显然是一个很合理的假设。因此我们的任务就是要解释物理学为何能得到一个严格为零的真空能。很多尝试都基于一个设想，即真空能可以将自己调整为零，但目前并没有令人信服的解释告诉我们这一调整如何发生，以及为何结果很接近零。

本文作者在 2000 年发表的一篇文章中提出了一个解释，我们利用了弦理论大量的解和其宇宙学意义，并把它们与德克萨斯大学奥斯汀分校的史蒂文·温伯格（Steven Weinberg）在 1987 年提出的一个想法结合起来。

首先考虑弦理论的大量解。真空能可以看成是这些解在弦理论景观中对应的点的海拔。海拔的范围可以从最高点对应的 Λ_p 一直到最低点对应的 $-\Lambda_p$。假设弦理论景观一共有 10^{500} 处山谷，它们的海拔可以是这两个极端值之间的任意值。如果我们把这些解画出来，并用纵轴代表它们的海拔，那这些山谷在纵轴方向的平均间隔就该是 $10^{-500}\Lambda_p$。因此，我们会看到很多解的真空能是在 $0\sim10^{-120}\Lambda_p$ 之间的，尽管它们只占总量的很少一部分。这一结果解释了怎样能得到很接近零的真空能。

弦理论的景观：真空能的地形图

当我们把每个可能的弦理论解作为描述六维流形参数的函数画出来时，我们就自然地把弦理论景观形象化了。如果我们只考虑一个参数作变量（比如流形的总尺度），那这个景观就形成了一条曲线。在这幅图里，有三个特定尺度（都是普朗克长度这个量级的）对应的真空能处在谷底，也就是曲线的极小值。额外维的流形会调整其尺度，从而自然地处在这三个极小值之一，就好像一个球从斜坡滚到谷底一样（在这个例子里，球也可能会"滚"到曲线最右边的无穷远处）。

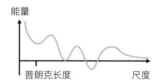

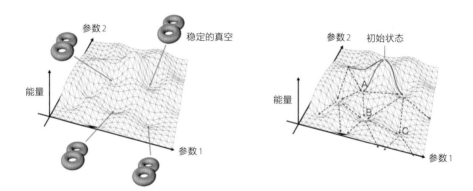

真正的弦理论景观反映了额外维流形所有的参数，因此形成了一个维度非常多的"地形图"。这个地形图只画出了依赖于两个变化参数的真空能。额外维流形依然会倾向于处在某个谷底（对应一个稳定的弦理论解，或者说稳定的真空）。换句话说，一旦流形处于谷底了，它就倾向于长时间停留在那里。图中蓝色的部分表示小于零的真空能。

但是，量子效应允许一个流形在某个时刻突然改变状态——即通过量子跃迁穿过中间的山脉，抵附近一个更低的山谷。图中红色箭头显示了宇宙中某个区域可能怎样演化：从一个比较高的山顶开始，滚到附近一个谷底（真空A），然后最终跃迁到另一个更低的谷底（真空B），以此类推。宇宙的不同区域会在景观中走随机的不同路线。这个结果就像是无数个探险者在整个景观中探索，从而经过了所有可能的山谷（蓝色箭头）。

　　这个想法并不是全新的。早在1984年，已故的苏联物理学家安德烈·萨哈罗夫（Andrei Sakharov）就提出，额外维的复杂几何结构也许可以使真空能的取值处于实验观测范围内。另外一些研究者也提出过一些似乎不依赖于弦理论的解释。

　　至此，我们就解释了宇宙演化是怎样实现弦理论景观中绝大部分稳定解的，其结果是一个很复杂的、有大量泡泡的宇宙，泡泡对应的真空能可以取遍所有可能的值（包括很接近零的那些）。但问题是，我们的宇宙处在其中哪个泡泡里？为何我们宇宙的真空能如此接近于零？这里我们就需要借助温伯格的想法了。当然这里有概率的因素，但因为很多地方是完全不适宜生命存在的，所以我们没有"生活"在那些地方并不是一件奇怪的事情。这其实是一套我们很熟悉的逻辑了，就像一个人不太可能出生在南极或者马里亚纳海沟或者没有空气的月球上。与之相反，我们发现我们生活在太阳系中这一极小的、适合生命生存的部分。同样的道理，只有很小的一部分稳定真空是适于生命存在的。宇宙中那些有比较大的、正的真空能的区域会发生极其剧烈的膨胀，与之相比，超新星爆发简直可以用平静一词来形容。而有较大的、负的真空能的区域会以很快的速度消失在一次宇宙塌缩中。如果我们所在的泡泡的真空能大于 $10^{-118}\Lambda_P$ 或者小于 $-10^{-120}\Lambda_P$，我们将不可能存在，正如我们不会存在于温度太高的金星或者重力太大的木星上一样。这种逻辑通常被称为人择（Anthropic）原理。

　　弦理论景观中有大量的山谷是处在适宜范围内的（海平面向上或向下不超过一根头发丝直径的范围）。因为我们这样的生命存在，我们所在的泡泡的真空能很小并不奇怪。但我们同样也没有任何理由期待它刚好是零。大概有 10^{380} 种稳定真空是在适宜范围内的，但只有极小一部分的真空能会严格为零。如果稳定真空的分布是完全随机的，那么90%的稳定真空分布于能量在 $0.1\times10^{-118}\sim1\times10^{-118}\Lambda_P$ 这一范围内。所以如果弦理论景观这个图景是正确的，我们应该会观测到非零的真空能，而且其数值很可能不比 $10^{-118}\Lambda_P$ 小太多。

　　对遥远的超新星的观测表明，可观测到的宇宙正在加速膨胀——这是实验物理历史上最令人震惊的发现之一，也是我们的宇宙具有正的真空能的重要证据。从宇宙加速膨胀的速率可以推出，真空能的数值大约就是 $10^{-120}\Lambda_P$——这一数值足够小，以至于其他实验无法探测到；但又足够大，可以符合人择原理的解释。

　　因此，弦理论的图景似乎解决了物理学的真空能危机，但这一解释也有一些令人不安的后果。爱因斯坦曾经问过，上帝在创造宇宙的时候是否有选择的余地，还是说宇宙的定律已经完全由一些最基本的原理确定了。作为物理学家，我们也许期待的是后一种情况。尽管我们还没有完全理解弦理论背后的基本原理，但似乎这些原理是完全确定且不可避免的——因为其背后的数学不允许我们有任何选择。但是，我们所能看到的这个世界的物理

多重宇宙：现实的泡泡

稳定真空可能跃迁到另一个真空，意味着在最大的尺度上，我们的宇宙可能有个全新的图景。

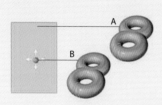

从一个稳定真空跃迁到另一个稳定真空，并不同时发生在宇宙中的每个地方。它可能在宇宙中某个随机位置发生，从而产生一个不断膨胀的"泡泡"（箭头），其中的空间具有新的稳定真空。在这个例子里，蓝色区域对应的是真空A，其额外维流形是个有两个把手的"多纳圈"，而且两个把手上分别有两条和四条通量线。当真空A的四条通量线中的一条衰变时，真空A就跃迁到真空B，导致真空B对应的红色区域产生。对应于额外维的不同流形，这两个区域会有不同类型的基本粒子和相互作用，因此有不同的物理定律。

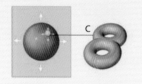

红色区域增长很快，可能会达到数十亿光年的尺度。最终在红色区域里会发生另一次跃迁，这次是那两条通量线中的一条衰变了。这次跃迁产生了绿色区域，对应的是真空 C，这个区域也会有自己的基本粒子和相互作用。

因为量子跃迁是个随机的过程，宇宙中相隔足够远的位置是以不同的真空序列衰变的。因此，真空的跃迁最终会遍历整个弦理论景观；每个可能的稳定真空都会在宇宙的很多不同位置出现。

绿色区域也增长得很快，但永远不会赶上红色区域。类似的，红色区域也永远不会取代一开始的蓝色区域。

整个宇宙就可以看作是一团"泡沫"，里面是膨胀的泡泡套着膨胀的泡泡，每个泡泡都有自己的物理定律。只有极少的泡泡适合于星系和生命这样的复杂系统产生。我们的可观测宇宙只是某个这样的泡泡中比较小的一个区域。

可观测宇宙

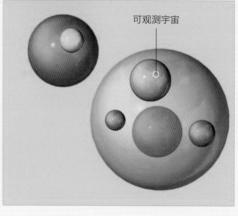

定律并不是基本原理，而是取决于有无数种选择的额外维几何结构。我们所看到的一切并不是必然存在的，它只是依赖于我们居住在某一特定泡泡里这样一个事实。

除了可以自然地给出很小但非零的真空能之外，弦理论景观能否给出其他预言呢？要回答这个问题，我们需要对稳定真空的能量分布有更深的理解，而这也是一个涉及多个研究前沿的很热门的领域。不仅如此，目前我们还没能找到一个特定的稳定真空，它的物理定律和我们这个四维时空里的完全一致。总的来说，弦理论景观基本上还是个没怎么被探索的领域。在这个问题上，物理实验可能会给我们提供帮助。也许某天，我们能够直接在加速器上看到弦、黑洞或者 Kaluza-Klein 理论里的新粒子，从而直接看到高维的物理定律。又或许我们可以直接通过天文观测，看到宇宙学尺度上的弦，这些弦有可能在宇宙大爆炸开始时就被创造出来，一直随宇宙膨胀而变大。

我们给出的这整个图景其实是很不确定的。目前我们还没有一个可以与广义相对论媲美的、精确而完整的弦理论体系。广义相对论拥有建立在已经得到充分理解的物理定律之上的精确方程；而对于弦理论，目前我们还不清楚它的精确方程，还有可能尚未被发现的某些重要物理定律。如果搞清楚了这些，我们这里讲的弦理论景观，包括形成泡泡的机制，可能会完全改变，甚至被推翻。在实验方面，从宇宙学观测的结果来看，非零的真空能几乎是一个确定的结论了，但我们也知道，宇宙学的数据是"善变"的，所以也许还会有令人惊奇的新发现。当然，也许其他理论也能解释一个非零而又极小的真空能，现在就停止寻找，显然为时过早。但同样，我们也不能完全排除弦理论景观图景——也许我们真的身处一个丰富多变的宇宙中的一个宜居角落。

布赖恩·格林：
宇宙有唯一解吗

乔治·马瑟（George Musser）

精彩速览

- 就像对大众普及弦理论一样，弦理论研究本身也需要从多个角度看待问题，正是这种方式让物理学家把五种弦理论统一起来。
- 弦理论是由许多小点子汇聚而成的，这个领域还在等待真正的突破性进展。全息原理在弦理论中已经有了明确的实例，它可能成为寻找弦理论根本原理的关键基石。
- 弦理论的最终目标是理解空间和时间的来源，物理学家希望能根据弦理论的根本原理确定出特定的方程，并从中得出一个代表现实世界的唯一解，但解也有可能并不唯一。

过去一谈到弦理论，每个人都感到头昏脑涨。就算是弦理论专家也因这个理论的复杂性而烦恼不已，其他物理学家则嘲笑它不能给出可供实验检验的预测；普通人更是对它一无所知。科学家难以向外界说明为什么弦理论如此激动人心——为什么它有可能实现爱因斯坦的终极统一理论梦想，为什么它有助于我们深入理解"宇宙为何存在"这样深奥的问题。不过，从20世纪90年代中期开始，弦理论开始在概念上整合起来，而且出现了一些可检验（尽管还是定性的）预测。外界对弦理论的关注也随之升温。2003年7月，伍迪·艾伦（Woody Allen）在《纽约客》的专栏以嘲弄的口吻提到了弦理论——也许这是第一次有人用"卡拉比—丘空间"理论来谈论办公室恋情。

谈到弦理论的普及，恐怕没有人能比得上布赖恩·格林（Brian Greene）。他是哥伦比亚大学的物理学教授，也是弦理论研究的主力。他出版的《宇宙的琴弦》（The Elegant Universe）一书曾在《纽约时报》的畅销书排行榜上名列第四，并入围了普利策奖的最终评选，他后来还曾担任美国公共电视网新星（Nova）系列纪录片的主持人。在格林完成了一本关于空间和时间本质的书后，《科学美国人》编辑乔治·马瑟（George Musser）与他一同品尝细弦一样的意大利面并聊了聊弦理论。

《科学美国人》：有时，我们的读者在听到"弦理论"或"宇宙学"时，他们会两手一摊说："我永远也搞不懂它。"

格林：我的确遇到过很多在刚接触弦理论或者宇宙学等概念时就心生恐惧的人，但我和许多人聊过后发现，人们普遍对这些概念深感兴趣，因此，比起其他更容易理解的学科，人们愿意在这方面多花点心思。

《科学美国人》：我注意到在《宇宙的琴弦》一书中，你在很多地方先是扼要介绍物理概念，然后才开始详细描述。

格林：我发现这个法子很管用，尤其是对于那些比较难懂的章节。这给了读者选择权：如果你只需要简要的说明，没问题，你完全可以跳过后面比较难的部分；如果你不满足，你可以继续读下去。我喜欢用多种方式来说明问题。因为我认为，当你遇到抽象的概念时，你需要更多的方式来了解它们。从科学的角度来看，如果你死守一条路不放，那么你在研究上获得突破的能力就会受到影响。我就是这样理解突破性的：大家都从这个方向看问题，而你却从后面看过来。不同的思路往往可以发现全新的东西。

《科学美国人》：能不能给我们提供一些这种"走后门"的例子？

格林：嗯，最好的例子也许是爱德华·维腾（Edward Witten）的突破。维腾就是走上山顶后往下看，看到了其他人看不到的那些关联，因而把此前研究者认为完全不同的五种弦理论统一起来了。其实那些东西都是现成的，他只不过是换了一个视角，就"砰"地一下把它们全装进去了。这就是天才。

对我而言，这说明了何谓一个基本的发现。从某种意义上说，是宇宙在引导我们走向真理，因为正是这些真理在支配着我们所看到的一切。如果我们受控于我们所看到的事物，那么我们就会被引导到同一个方向。因此，实现突破与否，往往就取决于一点洞察力，可能是对真相的洞察力，也可能是对数学规律的洞察力，看是否能够将事物以不同的方式结合起来。

《科学美国人》：如果没有这些天才发挥作用，你认为我们还会有这些发现吗？

格林：嗯，这很难说。就弦理论而言，我认为会的，因为谜题中的各个部分正一点一点变得清晰起来。也许会晚 5 年或 10 年，但我认为这些结果还是会出现。不过对于广义相对论，我就不知道了。广义相对论实在是一个大飞跃，是重新思考空间、时间和引力的里程碑。假如没有爱因斯坦，我真不知道它会在什么时候以何种方式出现。

《科学美国人》：在弦理论研究中，你认为是否存在类似的大飞跃？

格林：我觉得我们还在等待这样一种大飞跃的出现。弦理论由许多小点子汇聚而成，许多人都做出了贡献，这样才慢慢构建起了宏伟的理论大厦。但是，高居这个大厦顶端的究竟是怎么样的理论？我们现在还不得而知。一旦有一天我们真的搞清楚了，我相信它将成为闪耀的灯塔，照亮整个大厦，而且还将解答那些尚未解决的关键问题。

《科学美国人》：在相对论里，有等效原理和广义协方差来承担灯塔的角色。在标准模型中，这个灯塔是规范不变性。在《宇宙的琴弦》里，你认为全息原理可能成为弦理论的灯塔，对这个问题你现在怎么看？

格林：嗯，过去一些年里，全息原理变得越发重要和可信了。想当初，在 20 世纪 90 年代中期全息原理的理论刚刚提出不久时，支持这一理论的观点还相当抽象和模糊，全部是基于黑洞的特性：黑洞的熵取决于其表面积。因此，黑洞的自由度也许就存储在它的表面上；那么，这或许对所有具有视界的区域都成立；也许对宇宙视界也是成立的；也许我们所在宇宙区域的自由度实际上同样位于远方的边界上。这些奇异的想法真是棒极了，但是支持这些想法的证据实在是太少了。

然而胡安·马尔达西那的工作改变了这一切。他发现，弦理论中也有一个全息原理的明确实例，"体"（我们视为真实时空的区域）之内的物理定律完全等效于其边界上的物理定律。两套定律都可以真实地描述发生在我们周围的一切，这一点上二者毫无区别，但是具体的解释细节却可能存在着极大的不同。其中一套定律也许在五维上生效，而另一套却只适用于四维。所以即使是维数也不是确定的了，因为可以找到另外一套准确反映你所观察的物理世界的描述。

对我来说，这意味着过去那些抽象的理论现在已经是有形的了；也让我开始相信这些抽象的理论。即使弦理论的细节将来发生了变化，我和很多其他人（虽然不是所有人）一样，还是认为全息原理的理论仍将成立，并将一直指引我们。全息原理是否就是那个灯塔，我不知道。我觉得它不是，但我认为它极有可能成为我们寻找弦理论根本原理的一块关键基石。它跳出了理论的细节，并告诉我们，这是一个同时拥有量子力学和引力的世界所具有的一般特性。

《科学美国人》：让我们来谈谈圈量子引力理论和其他一些理论。你总是说弦理论是唯一的量子引力理论，你现在还这么认为吗？

格林：呃，我认为弦理论是目前最有趣的理论。平心而论，近来圈量子引力阵营取得了重大进展。但我还是觉得它有很多非常基本的问题没有得到解答，或者说答案还不能令我满意。但它的确是个有可能成功的理论，有那么多极有天赋的人从事这项研究，这很好。我希望，我们终究是在发展同一套理论，只是所采取的角度不同而已，这也是李·斯莫林（Lee Smolin）的主张。在通往量子力学的路上，我们走我们的，他们走他们的，两条路完全有可能在某个地方相会。因为事实证明，他们的许多长处正是我们的短处，而我们的优势则是他们的弱点。

弦理论的一个弱点是所谓的背景依赖（background-dependent）。我们必须事先设定一个弦赖以运动的时空。而真正的量子引力理论，按理说应该能从基本方程中导出这样一个时空。他们（圈量子引力研究者）的理论中的确有一种"背景独立"的数学结构，从中可以自然地推导出时空的存在。从另一方面讲，我们（弦理论研究者）可以在大尺度上直接和爱因斯坦广义相对论连接起来。我们可以从弦理论的方程中看到这一点，而他们要与普通的引力相连接就很困难。因此很自然地，我们希望把两边的长处结合起来。

《科学美国人》：在这方面有什么进展吗？

格林：很缓慢。很少有人同时精通两边的理论。两个体系都太庞大，就算你在自己从事的理论上花一辈子时间，竭尽你的每一分每一秒，也仍然无法知道这个体系的所有进展。但现在已经有不少人在沿着这个方向前进，按照这种思路考虑问题，也出现了一些结合两个领域的学术会议。

《科学美国人》：如果真的存在这种"背景依赖"，那么要如何才能真正深刻地理解时间和空间呢？

格林：嗯，我们可以逐步解决这个难题。比如说，虽然我们还不能脱离背景依赖，但我们还是发现了镜像对称性这样的性质，也就是说两种时空可以有相同的一套物理定律。我们也发现了时空的拓扑变化——空间以我们过去无法想象的方式演化。我们还发现微观世界中起决定作用的可能是非对易几何，在那里坐标不再是实数，坐标之间的乘积取决于乘操作的顺序（乘操作是研究物理时常用的一种操作）。这就是说，我们可以获得许多线索。关于时空的本质到底是怎么一回事，你会隐约在这里看见一点，在那里又看见一点。但是

根据全息原理，我们视为真实时空的区域，可能只是这个区域边界的投影。

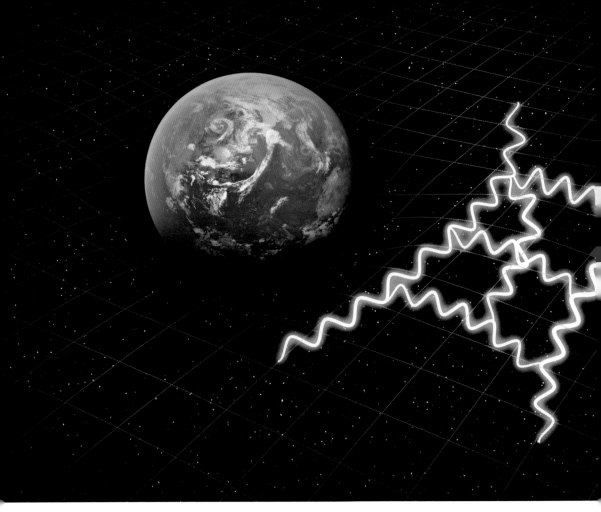

圈量子引力理论是不同于弦理论的另一条追寻量子引力理论的道路。图片来源：斯坦福国家加速器实验室

我认为，如果没有"背景独立"的数学结构，将很难把这些线索拼凑成一个整体。

《科学美国人》：镜像对称性真是太深奥了，它居然把时空几何和物理定律割裂开来，可过去这两者的联系一直是爱因斯坦理论的核心。

格林：你说的没错。但是我们并没有把二者完全分割开来。镜像对称只是告诉你遗漏了事情的另一半。几何和物理是紧密相连的，但它是二对一的关系。真正联系在一起的不是物理与几何，而是物理与几何—几何，至于你愿意使用哪一套几何是你自己的事情。有时候使用某一套几何能让你获得更深入的认识。这里我们又一次看到，可以用不同的方式来看同一个物理系统：两套几何学对应同一套物理定律。研究者发现，对于某些物理和几何系统来说，只使用一套几何学无法回答很多数学上的问题。而在引入镜像对称之后，那些深奥无比的问题一下子变得很简单了。

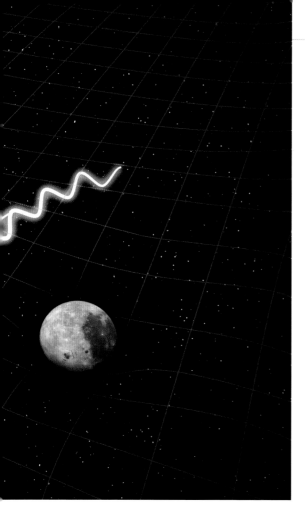

《科学美国人》：你能描述一下非对易几何吗？

格林：从笛卡尔时代开始，我们就知道用坐标的形式来标记点是非常有用的。这些你在中学时就该学过，比如用经度和纬度来标记地球，用直角坐标系的 X、Y 和 Z 来标记三维空间等等。我们过去总是想当然地把这些坐标值看成是普通的数，它们的一个特性是，当它们彼此相乘时，乘积和操作的顺序并无关系：3×5 等于 5×3。现在我们发现的是，在非常小的尺度上用坐标来标记空间时，坐标值就不再是 3 和 5 这样乘积与操作顺序无关的普通数了。这时的坐标值就变成了乘积取决于乘操作顺序的一种数了。

其实这并没有什么新鲜的，很久以前我们就知道有个数学概念叫作矩阵。显而易见，矩阵的乘积取决于乘操作的顺序。假设 A 和 B 表示两个矩阵，那么 $A \times B$ 和 $B \times A$ 并不相当。而弦理论表明，应该把用单个数字标记的点换成用矩阵描述的几何物体。在大尺度上，这些矩阵变得越来越对角化，而对角矩阵恰恰具有乘法可交换的特性。如果 A 和 B 都是对角矩阵的话，那么它们乘的顺序就无所谓了。但随着我们进入微观世界，这些矩阵的非对角线元素随着尺度缩小而逐渐变大，它们开始起到重要的作用。

非对易几何是几何学中一个全新的门类。有些人为之奋斗多年却没有想到将它应用到物理学之中。法国数学家阿兰·科纳（Alain Connes）有本很厚的著作，名为《非对易几何》。欧几里得、高斯和黎曼等伟大的几何学家的研究都是在对易几何学的框架内进行的，而现在，科纳等人正开始建立起非对易几何这一新的框架。

《科学美国人》：我实在是理解不了这个，或许它本来就是难以理解的：居然要用矩阵或某种非纯粹数来标记一个点。这到底是什么意思？

格林：应该这样来看这个问题：本来就不该有点这个概念。点其实只是一种近似。如果真的存在一点，你就应该能用一个数来标示它。现在问题是，在足够小的尺度上，点这种近似的概念就太不准确了，它已经不再适用了。当我们在几何学中讨论点时，其实我们所说的是物体如何在点之间运动。我们真正关心的是这些物体的运动。这些运动看起来远非往复滑动那么简单。所有这些运动都应该用矩阵来表示。因此我们不应该用物体运动时经过的点来标记它，而应该用自由度的矩阵来表示运动。

《科学美国人》：你现在是如何看待人择原理和多重宇宙等概念的？在《宇宙的琴弦》中，你在讨论弦理论的解释能力是否达到某种极限时曾谈到过这些问题。

格林：我和很多人一样，一直对人择原理这样的想法很不满意。最主要的原因是，在科学史上的任何一个时刻，你都可以说："好，就到此为止了，我们再也无法前进了，那些悬而未决的问题的最终答案就是，'事情本该如此，如果不是这样的话，我们就不会在这里问这个问题。'"这好像是一种逃避行为。也许这样讲不太恰当，这也不一定是在逃避，但我觉得这样有点危险，也许再辛勤工作 5 年，我们就能回答那些未解的难题，而不必只是强调说："它们本来就这样。"所以我的顾虑是：科学家不能因为有了这样的退路就停止努力。

不过你也知道，人择原理确实比过去更进步了。现在已经有了一些具体的方案，里面牵涉到多重宇宙，那些宇宙各自具有不同的性质，我们之所以生活在这个宇宙中，是因为它的性质恰恰适合我们，我们之所以不在其他宇宙中，是因为我们在那里无法生存。这种理论不再仅仅是个思辨游戏了。

《科学美国人》：弦理论以及一般的现代物理学，似乎都趋向于这样一种逻辑：理论必定是这样的，因为再无他路可走。一方面，这与"人择"的方向相反；但是另一方面，理论还是有弹性的，可引导你转向"人择"的方向。

格林：这种弹性是否存在还不好说。它可能是由于我们缺乏全面理解而造成的假象。不过以我目前所了解的来推断，弦理论确实可以导出许多不同的宇宙。我们的宇宙可能只是其中之一，而且不见得有多么特殊。所以，你说的没错，这与追求一个绝对的、没有任何变化余地的目标是相矛盾的。

《科学美国人》：如果还有研究生打算进入这个领域，你如何在方向上引导他们？

格林：嗯，我想大的问题就是我们刚才谈到的那些。我们是否能理解空间和时间的来源？我们能不能够搞清楚弦理论或 M 理论的根本原理？我们能否证明，这个根本原理能导出一个独特的理论，而这个独特理论的独特解就是我们所知的这个世界？有没有可能借助天文观测或加速器来验证这些思想？

　　甚至，我们能不能回过头来，了解为什么量子力学必然是我们所知世界不可缺少的一部分？任何可能成功的理论在深层次上都得依赖一些东西，比如时间、空间、量子力学等，这其中有哪些是真正关键的，有哪些是省略后仍能得出与我们世界相类似的结果？

　　物理学是否有可能走另一条路，虽然完全不同，但却能够解释所有实验？我不知道，但是我觉得这是个很有意思的问题。从数据和数学逻辑出发，有多少我们相信的东西是真正基本的、唯一可能的结论？又有多少有着其他可能性，而我们不过是恰好发现了其中之一而已？别的行星上的生物会不会有与我们完全不同的物理定律，而那里的物理学与我们一样成功？

宇宙之外到底是什么样子?

虽然目前科学家还没有观测到与多重宇宙有关的直接证据,

但是通过一些理论的推测与计算,

科学家也勾勒出了多重宇宙的大致形象。

第二章 诠

INTERPRETATION

释

四个层次的多重宇宙

马克斯·泰格马克（Max Tegmark）

精彩速览

- 平行宇宙的想法近乎科幻，但科学家却发现，只要假设宇宙空间无限大，我们就可以在一定的距离外，发现一个与我们平行的世界。
- 不仅如此，根据目前流行的永恒混沌暴胀理论预测，在更大的尺度上，还存在一种像泡泡一样的多重宇宙。
- 如果连基本的物理定律都可以完全不一样的话，我们还可以推出更高级的一种多重宇宙，它完全是抽象的，数理化的，甚至无法用具体的图像来表达。

如果说你在看这篇文章的时候，还有另一个你也在做同样的事，你会相信吗？而且另一个你也住在一颗和地球一样的行星上。这个人无论外表、思维还是生活习惯，都和你一模一样。也许，另一个你放下了这本书，而你会继续读下去。

存在"另一个你"的想法太不可思议了，但是，看来我们不得不接受这种观点，因为它得到了天文学观测数据的有力支持。现在，最简单也最流行的宇宙学模型预测，在距离地球 10^{1028} 米的星系里，住着"另一个你"。虽然这个距离比天文数字还大，但绝不会影响"另一个你"存在的真实性。这样的估计甚至用不到深奥的近代物理学，只需假设空间无限大（或至少是足够大），而且物质在其中均匀分布（就像所观察到的），就可以根据基本概率推导出来。在无限大的空间中，概率再小的事件，也一定会发生。这样的宇宙中可能包含了无数个适合居住的行星，其中包含无数个地球，上面住着外貌、名字和记忆都与你不谋而合的人，他们一生做出的选择，正和你在地球上做出的选择的排列组合完全重合。

你或许永远也见不到这些"另一个你"。你所能观察到的最远距离，只有宇宙大爆炸后近 140 亿年来光经过的距离。目前，我们可以看到距离地球最远的天体大概离我们 4×10^{26} 米。这个距离决定了"可观测到的宇宙大小"，也就是所谓的"哈勃球""视界体积"或者"我们的宇宙"。类似地，"另一个你"所处的宇宙，也是以他们各自的行星为中心向外延伸的一大片区域。这种解释是平行宇宙最简单也是最直接的例子，我们各自所处的宇宙仅仅是一个涵盖范围更大的"多重宇宙"（Multiverse）中的一部分。

按照这个"宇宙"定义，人们或许会认为，多重宇宙永远只是一个玄学概念。然而，物理学之所以区别于玄学，就在于理论能否通过实验验证，而它本身是否怪异或是否含有观测不到的物体则不应该是关注的焦点。在科学史上，物理学的边界不断扩张，一些曾经属于玄学的抽象概念（例如圆形的地球、不可见的电磁波、高速运动下时间变慢、量子叠加态、弯曲空间以及黑洞等等）早已纳入了物理学的范畴。近年来，多重宇宙的概念也开始跻身这个范畴内。存在多重宇宙的证据不仅包含相对论和量子力学这些经过充分验证的理论，它本身还满足两项对经验科学的判断标准：第一它能做出预测，第二它能够被证伪。目前，在科学家讨论平行宇宙时，已经涉及多达四个不同的层次了，所以关键不在于多重宇宙存在与否，而在于它到底有多少层。

第一个层次：我们的宇宙视界之外

包含众多"另一个你"的平行宇宙可能共同构成了第一层多重宇宙。这是争议最少的一类。有些我们暂时观察不到，但只要换一个观测点或稍加等待就可以看到的事物，比如逐渐出现在地平线上的航船，我们是可以接受它们存在的。在我们所处宇宙视界之外的天体，也属于类似的情况。随着时间的推移，从更遥远的地方发射的光将到达地球，因此可观测宇宙每年都会向外扩大 1 光年。也许在见到"另一个你"之前，你的生命早已经完结了，

第一层次的多重宇宙

最简单的一种平行宇宙。因为距离我们太遥远而无法看到的空间区域。我们能够观察到的最远距离是4.4×10²⁶米，也就是460亿光年。这是大爆炸以来光传播的最远距离。（这个距离比140亿光年还远，因为它被宇宙膨胀拉长了）每一个第一层平行宇宙都与我们的宇宙基本相同，所有的差异都是源自物质初始条件的不同。

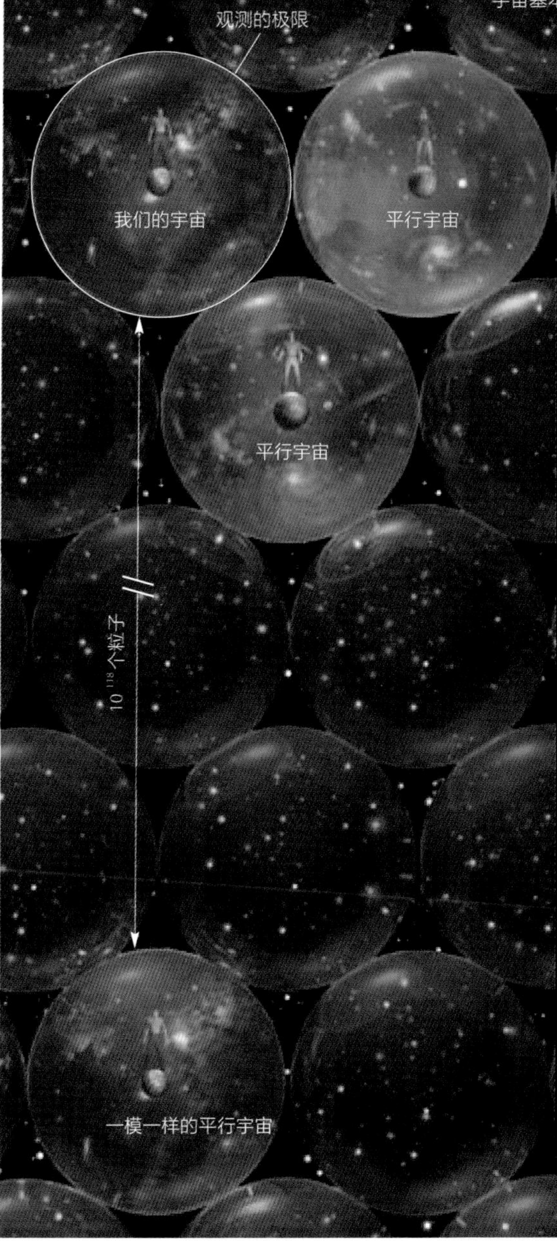

观测的极限

我们的宇宙

平行宇宙

平行宇宙

10¹¹⁸个粒子

一模一样的平行宇宙

多远才能出现一个完全一样的宇宙

简化后的例子

想象有一种二维的小宇宙，它的空间仅能容纳4个粒子。在这样的宇宙中，物质共有2⁴即16种可能的排列方式。如果这样的宇宙超过16个，那么它的物质排列方式必定会重复出现。在这个例子中，距离另一个最近宇宙的距离，约为每个宇宙直径的4倍左右。

4个粒子

2⁴种排列方式

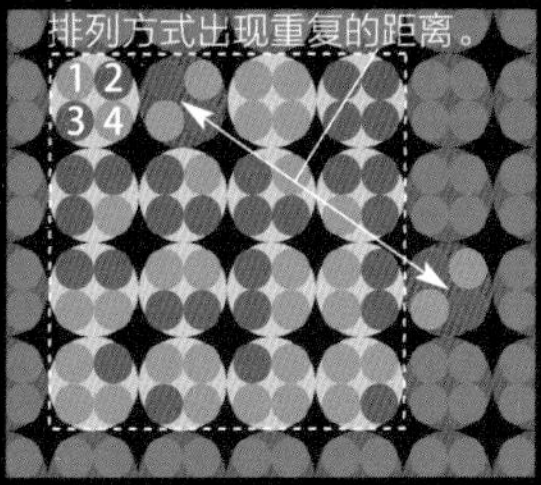

排列方式出现重复的距离

①②
③④

我们的宇宙

用同样的理论也可以讨论我们的宇宙。这个宇宙的空间可以容纳$10^{10^{115}}$个亚原子粒子。因此可能达到的排列方式有$2^{10^{118}}$种，或者大约有$10^{10^{118}}$种。把这个数字乘以宇宙的直径，就能得到最近的相同宇宙之间的平均距离：$10^{10^{118}}$米。

2×10^{-13}米

10¹¹⁸个粒子

2$^{10^{118}}$种排列方式

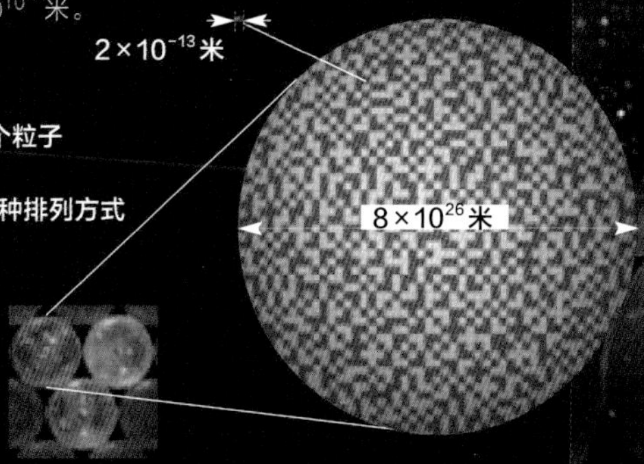

8×10^{26}米

但在理论上，如果宇宙的膨胀方式肯配合，有一天，你的子孙后代就可以用足够强大的望远镜观察到他们。

第一层多重宇宙听起来似乎是显而易见的。空间怎么可能不是无限的呢？难道我们会在什么地方碰到一块牌子，上面写着空间到此为止，小心裂缝？如果真是如此，那裂缝另一边又是什么？事实上，爱因斯坦的引力论已经对这种直觉认识提出了质疑。如果空间的曲率是正的，或者具有寻常的拓扑结构（即连通性），那么它就可以是有限的。宇宙如果呈球形、甜甜圈或麻花形状，它就可以是有限但没有边界的。借助宇宙微波背景辐射，科学家可以对这些模型进行精确的检测。然而，迄今为止这些有限宇宙的模型并没有获得证据支持，反而无限宇宙的模型符合观测数据，而其他有限宇宙的模型，即使没被否定，也被加上了十分严格的限制。

当然，还存在另一种可能：空间是无限的，但物质却集中在我们周围的有限区域内，这就是在历史上曾流行一时的岛宇宙（Island Universe）模型。这种模型的一个变种则认为，大尺度上物质将逐渐变稀薄，形成分形图样。在这两种情况下，第一层多重宇宙中的几乎所有宇宙，都将是空寂没有生气的。但是，近年，天文学家对三维星系分布及宇宙微波背景辐射的观测分析却显示，尺度越大物质的分布越均匀，在大于 10^{24} 米的尺度上就没什么结构可言了。如果按这种情况外推，在我们可观测宇宙之外的空间，会有众多星系、恒星及行星存在。

生活在第一层平行宇宙中的观测者，有着与我们一样的物理定律，只是初始条件不一样。根据现有的理论，大爆炸早期的某些物理过程会使物质的分布具有一定的随机性，产生所有概率不为零的分布方式。宇宙学家认为，我们这个宇宙是有代表性的（至少在有观测者的宇宙中很有代表性）：它的物质分布几乎完全均匀，初始密度涨落为十万分之一。根据这一假说，我们可以估算出离你最近的"另一个你"在距地球 $10^{10^{28}}$ 米的地方。在距地球 $10^{10^{92}}$ 米的地方，应该有一个半径为 100 光年的球形区域与地球所处的球形区域完全相同，因此我们在下一个世纪将会经历的一切，也将与那边的"另一个地球"完全一样。而在 $10^{10^{128}}$ 米远的地方，则存在一个与我们的哈勃球一模一样的哈勃球。

上面涉及数字的讨论只是非常保守的估计，它们仅仅是通过计算一个哈勃球在温度不高于 $10^8 K$ 的情况下能够拥有的所有量子状态而推导出的。如何计算？科学家需要确定在上述温度下，一个哈勃球最多能容纳多少质子——答案为 10^{118} 个。事实上每个质子既可能存在，也可能不存在，这样所有的质子就有 $2^{10^{118}}$ 种可能的组合方式。如果一个盒子容纳了这样多个哈勃球，那它就穷尽上述的所有可能性。这些哈勃球如果真的在一个盒子里，那盒子的直径大约是 $10^{10^{118}}$ 米。在这个范围外，这些盒子里的宇宙（包括我们的宇宙）必将会重复出现。利用热力学或量子引力理论，对宇宙全部信息含量进行估计，也可以导出类似的结果。

行星形成及生物演化的过程，会使"另一个你"出现的概率增加，与最近的"另一个你"的距离可能比上述数字预测的要小得多。天文学家猜测，在我们这个哈勃球内，适合居住的行星至少有 10^{20} 颗，其中可能有很多与地球环境类似。

天文学家常常利用第一层多重宇宙模型评估现代宇宙学的理论，不过这种方法极少得到明确的阐述。我们来看看宇宙学家是如何利用宇宙微波背景辐射排除有限的球形宇宙模型的。宇宙微波背景辐射分布图中，热斑和冷斑具有与空间曲率相关的特征尺度，而观测到的斑点看起来太小了，与球形宇宙所预言的大小并不一致。不过，我们的结论必须具有统计上的严密性。不同的哈勃球，斑点的平均大小也不同，且这种差异是随机的。因此，或许我们的宇宙在愚弄我们——它可能是球形的，但碰巧其斑点尺寸却异常得小。当宇宙学家宣称他们以 99.9% 的置信度排除球形宇宙模型时，他们实际上是说，如果这个模型成立，那么每 1000 个哈勃球中，具有我们所观测到的那样小的斑点的，平均还不到 1 个。

由此可以认为，即使我们无法看到其他宇宙，多重宇宙理论仍是可以检验并且可以证伪的。关键是要预测平行宇宙的分布形式，并且在此基础上得出一个概率分布，或数学家所称的"测度"。我们的宇宙应该是最可能出现的宇宙之一。如果不是这样（也就是说，如果多重宇宙理论认为我们居住在一个发生概率很低的宇宙中），那么这个理论就有麻烦了。下面我们将讨论，测度问题是如何变得非常棘手的。

第二个层次：暴胀形成的泡泡

第一层次的多重宇宙已经显得太大，不好接受了。此时，你不妨试着想象一个由无穷多第一层多重宇宙结构组成的集合。它们或许有各自不同的时空维度和不同的物理常数。目前流行的永恒混沌暴胀理论预测，在更大的尺度上，是存在无数第一层多重宇宙的，它们合起来构成了第二层多重宇宙。

暴胀理论是在大爆炸理论上发展来的，它解决了大爆炸理论的一些遗留问题，例如，宇宙为何如此之大，又如此均匀和平坦。如果我们假设空间在很久之前经历过一次极其迅速的膨胀，那么这几个问题，还有其他的一些问题，就全部都迎刃而解了。

有许多的基本粒子理论都预测空间经历过这样的膨胀，而且所有已知证据也都支持这种观点。"永恒混沌"这个词形容的是极大尺度之下发生的情况，整个空间目前仍在膨胀，而且将永远不停地膨胀下去，但空间的某些区域会停止膨胀，从而形成一个个泡泡，就像发面时，面团里的气泡一样。这样的泡泡就会涌现出无穷多个，每一个泡泡都是第一层多重宇宙的胚胎：无限大的空间中，充满了由驱动暴胀的能量场激发出的物质。

即使我们能以光速前行，也永远不可能达到这些泡泡。也就是说，这些泡泡与地球的距离比无穷远还远。因为我们的泡泡与邻近泡泡之间的空间还在高速膨胀，膨胀的速度超过了我们穿越时空所能达到的速度。你的后代也永远看不到在第二层多重宇宙中的另一个他了。基于同样的原理，如果宇宙正如当前观测结果显示的那样在加速膨胀，那么他可能连第一层多重宇宙中的另一个他都无法看到。

第二层多重宇宙的多样性远远超过了第一层多重宇宙，泡泡之间不仅初始条件不相同，甚至某些似乎应该恒定不变的自然特征也都不同。如今，物理学界流行的看法是，时空的维数，基本粒子的特性，以及许多其他所谓的物理常数，并不是物理定律固有的，而是一类被称为"对称破坏"的过程所产生的结果，例如，理论物理学家认为，我们宇宙的空间维度可能曾经有九维，每个维度的地位都一样。在宇宙史的早期，这些维度中有三维参与了宇宙膨胀，结果就变成了我们今天所观察到的三维空间，其余六维现在都无法观测到了。这可能是因为它们仍然非常微小，蜷曲成甜甜圈状的拓扑结构，也可能是因为所有物质都被约束在了九维空间的三维表面上（称为"膜"）上。

这样各维之间的初始对称性就被破坏了。驱动混沌暴胀的量子涨落在不同的泡泡中，可能造成不同的对称破坏，有的可能变成四维空间，有的可能只有两代，而不是三代夸克，还有些泡泡的宇宙学常数可能比我们宇宙的还大。

形成第二层多重宇宙的另外一个途径，或许是宇宙诞生和毁灭的循环。在科学的范畴内，这种观念最初是物理学家理查德·C.托曼（Richard C.Tolman）在 1930 年引入的，而美国普林斯顿大学的保罗·斯坦哈特（Paul Steinhardt）与英国剑桥大学的尼尔·G.图罗克（Neil G.Turok）后来又对它做了进一步的改进。这两位科学家的方案及相关的模型含有第二个三维膜，与我们所在的三维膜平行，在高维空间中两张膜只是稍分开了一些。

这样的平行宇宙并不是真正的独立宇宙，它与我们所在的宇宙存在着相互作用。但这些膜所创造的宇宙（无论是过去、现在和未来）的集合，会形成多重宇宙。可以证明，它的多样性与混沌暴胀所产生的多重宇宙差不多。加拿大滑铁卢圆周理论物理研究所的李·斯莫林还提出了另外一种多重宇宙，也具有与第二层多重宇宙类似的多样性，但是，这个多重宇宙理论是基于黑洞而不是膜物理来产生新宇宙的。

虽然我们不能与其他第二层平行宇宙相互作用，但是宇宙学家还是能够间接推断它们的存在。而它们的存在，也可以解释我们宇宙中部分令人费解的巧合。举个例子，假如你住进一家酒店，酒店给你的房间号是 1992，而这正好又是你出生的年份，于是你会想，哎呀真巧！其实，仔细想想，你就会发现这不值得大惊小怪。酒店有数百间客房，如果分配给你了另一间房，房间号码又对你没有特殊意义，你根本不会觉得这有什么。这个例子可以说明，即便你对酒店一无所知，你也可以推测出存在其他房间，从而解释房号的巧合。

还有一个更能说明问题的例子：太阳的质量。恒星的质量决定了它的亮度，根据基本的物理学，我们可以计算出，只有当太阳的质量落在 1.6×10^{30}~2.4×10^{30} 千克这个狭小的范围之内时，才有可能出现我们所知的地球生命。否则地球的气候要么比现在的火星还冷，要么比现在的金星还热。而天文学家测得的太阳质量恰好为 2.0×10^{30} 千克。

乍看起来，适宜生命存在的理论太阳质量值与太阳实际质量值恰好相符这件事纯属走运。恒星的质量通常为 10^{29}~10^{32} 千克，如果太阳质量是随机的，那么要恰好处在适宜生命存在的范围内可是概率极小的。不过正如酒店的例子一样，我们可以假设存在一个集合（在这个例子里是大量的行星系），再加上选择效应（我们必定会发现自己生活在某个适合生存的行星上），来解释这种表面上的巧合。这种与观测者有关的选择效应称为"人择原理"。虽然"人择原理"经常受到批评，容易引发争议，但仍有众多物理学家认为在检验基本理论时不能忽略这类选择效应。

均匀的宇宙

宇宙学观测数据支持这种观点：在我们这个可观测的宇宙范围之外，空间仍然在不断延续。威尔金森微波各向异性探测器（WMAP）观测了宇宙微波背景辐射的涨落（左图）。最强涨落的宽度大概只超过了半度，这表明（通过几何学法则运算）空间是非常大，甚至是无限的（中图）。不过，部分宇宙学家认为，这条曲线图最左边那个与理论不符的点正是空间有限的证据。此外，WMAP和2度视场星系红移巡天（2dFGRS）发现，从大尺度来看，空间中物质是均匀分布的（右图）。这表明其他宇宙看起来与我们的宇宙基本相仿。

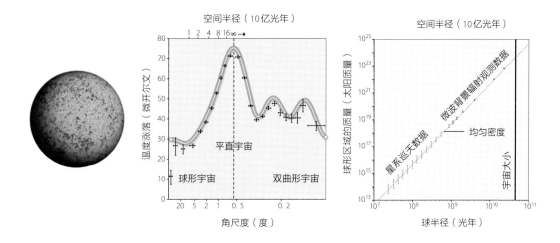

第二层次的多重宇宙

宇宙暴胀理论揭示了另外一类比较复杂的平行宇宙。这个平行宇宙的设想是：我们这一层次的多重宇宙（我们的宇宙加上相邻的空间）是一个泡泡，漂浮在一个更大却几乎空无一物的空间中。这个空间中还有其他的泡泡，但与我们的泡泡没有联系，这些泡泡像云中的雨滴一样凝结成核，在成核过程中，量子场的变化给了每个泡泡不同的特性。

暴胀中的空间

平行的第一层次的多重宇宙

我们的宇宙

我们第一层次的
多重宇宙

平行的第一层次
的多重宇宙

泡泡的成核过程

一种名为暴胀子的量子场使空间迅速膨胀。在大部分的空间中，随机涨落能防止这个场的衰变。但是在某些区域，场的强度还是会减弱从而使膨胀放慢，这些区域就变成了所谓的泡泡。

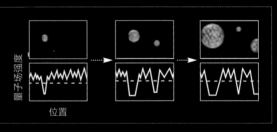

量子场强度

位置

证据

宇宙学家通过仔细研究我们宇宙的性质，推断有第二个层次的平行宇宙的存在。包括各种自然力的强度（右图），以及可观测的时空维度的数目等性质，都是在我们的宇宙诞生期间由随机过程决定的，而它们恰好具有适合生命存在的数值。这意味着具有其他数值的宇宙也会存在。

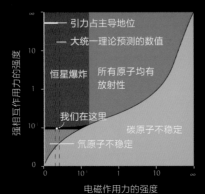

引力占主导地位
大统一理论预测的数值
恒星爆炸
所有原子均有放射性
我们在这里
碳原子不稳定
氢原子不稳定

强相互作用力的强度

电磁作用力的强度

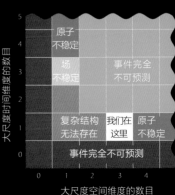

原子不稳定
场不稳定
事件完全不可预测
复杂结构无法存在
我们在这里
原子不稳定
事件完全不可预测

大尺度时间维度的数目

大尺度空间维度的数目

从酒店和行星系统引申出来的观点，也可以用在理解平行宇宙上。通过对称破坏形成的物理常数中，即便不是全部，也有大部分看起来都会让人觉得"恰到好处"。它们的数值哪怕只改变很小一点，就可能会产生一个性质完全不同的宇宙，而在这样的宇宙中多半就没有我们了。如果质子的质量比现在大 0.2%，它们就会衰变成中子，从而使原子失去稳定性。如果电磁力的强度比现在弱 4%，就不会有氢原子和普通的恒星了。如果弱相互作用比现在弱得多，氢原子也会不复存在，但如果它比现在强得多，那么就不会有超新星爆发把重元素散布到广阔的星际空间中。如果宇宙学常数比现在大得多，宇宙就会在星系形成前把自己给吹散了。

虽然物理学家对这种 "精细调节"的程度还有争议，但这些例子已经在暗示，有可能存在物理常数与我们不同的平行宇宙。第二层多重宇宙理论预言，物理学家永远也无法通过第一性原理来确定这些常数的值。他们只能计算这些值的概率分布，而在做这项计算时，也应该把选择效应考虑进去。这样，结果就能既符合我们存在这个事实，同时又具有普遍性。

第三个层次：量子多重世界

第一和第二层多重宇宙包含了距离遥远的平行世界，甚至远到了超出天文学家的观测范围。不过，下一个层次的多重宇宙就在你身边。这种概念源自量子力学的多世界诠释，一个虽然广为人知，但却饱受争议的理论。多世界诠释认为，随机的量子过程会使宇宙分裂成多重宇宙，而每一重只代表其中一种可能的结果。

原子世界不服从经典的牛顿力学定律，20 世纪初问世的量子力学则对原子世界的规律给出了圆满的解释，从此一场物理学的革命也拉开了序幕。尽管理论取得了显著的成功，但对于量子力学的真正物理意义，物理学家依然争论不休。量子力学理论不用粒子的位置和速度之类的经典术语来描述宇宙的状态，而是用一个被称为波函数的数学概念。根据薛定谔方程，状态演化的方式具有数学家所说的幺正性。这意味着波函数的改变相当于在一个抽象的无限维空间（称为希尔伯特空间）中旋转。虽然量子力学常常被描述为本质上具有随机与不确定性，但波函数却按一种确定的方式演化，不存在任何随机或不确定性。

棘手的问题在于如何把这个波函数与我们的观测结果联系起来。许多正常的波函数导致的却是与直觉相矛盾的情况，例如，一只猫在所谓的叠加态中，可以同时既是死的又是活的。20 世纪 20 年代，物理学家提出了一种假设来解释这类问题：每当有人观察，波函数便塌缩成某个确定的经典结果。这种假设是硬加上去的，优点在于可以解释观测结果，但它却把一个优美、幺正的理论变得笨拙难看了。一般算在量子力学头上的内在随机性，其实正是这个外加假设的后果。

近年来，许多物理学家已经放弃了这种观点，转而接受休·埃弗里特在1957年提出的一个观点。当时埃弗里特还是美国普林斯顿大学的研究生，他证明塌缩假设并不是必要的。事实上，没有外加假设的量子理论并不会导致任何矛盾。虽然它预言一个经典的现实会逐步分裂成许多这类现实的叠加，但观测者主观上对这种分裂的体验只是一些随机性，而概率本身则与传统的塌缩假设完全相同。经典世界的这种叠加，就是第三层多重宇宙。

60多年来，埃弗里特的多重世界诠释令物理学界内外困惑不已。不过，如果把两种看待物理学理论的角度区分开，这个诠释就比较容易领会了：一种是物理学家研究数学方程式时采取的外部视角，就像是一只鸟从高处俯瞰地面；另一种是观测者在方程式所描述的世界中采取的内部视角，则像是生活在地面上的青蛙。

从鸟的角度看，第三层多重宇宙很单纯，只有一个波函数。这个波函数以确定的方式随时间平滑地演化，不会发生任何分裂或者平行并存现象。这个不断演化的波函数所描述的抽象量子世界，包含了数量庞大的平行经典故事线，不断地分开又融合，同时还有许多无法用经典物理学描述的量子现象。而从青蛙的角度看，观测者只能察觉到全部事实中极小的一部分。他可以看到自己的第一层宇宙，但退相干（Decoherence）过程（与波函数的塌缩相仿，却保持么正）会让他无法看第三层多重宇宙的"另一个自己"。

每当观测者被问及一个问题，做出一项决定或给出一个答案时，他们大脑中的量子效应就会产生一个包含所有可能结果的叠加态，例如"继续读这本书"和"放下这本书"等。从鸟的角度来看，"做决定"这个行动会使一个人分裂成多重分身：一个继续阅读，另一个放下书。但是从青蛙的角度来看，每个这样的分身都不能意识到其他分身的存在，在他看来，世界的分裂只是某种随机性：继续读或者不读，各有一定的概率。

尽管这听起来很奇怪，但完全相同的情况甚至也能出现在第一层次的多重宇宙中。显然，你已经决定继续读这本书，但在某个遥远星系中的"另一个你"却在读了第一段之后，就把这本书放下了。第一和第三层多重宇宙的唯一差别在于，你的分身位于何处。在第一层多重宇宙中，他们住在同一个三维空间里的另一个地方，而在第三层多重宇宙里，他们则住在无限多维的希尔伯特空间的另一个量子分支上。

第三层多重宇宙的存在，依赖于一个关键的假设：波函数随时间的演化是么正的。迄今为止，实验上还没有碰到任何违背么正性的情况。过去几十年中，科学家开始试验越来越大的系统，包括C60巴基球分子和数千米长的光纤等，结果全都证实了这种么正性。在理论研究领域，退相干的发现为么正性提供了更加充实的证据。有些研究量子引力的理论物理学家曾对么正性提出过质疑，其中有一个理由是：蒸发的黑洞可能会破坏信息，而这从量子力学的观点来看"其他地方"可以具有全新的解释，因此预测存在大量的平行宇宙。这些宇宙位于其他地方，但不是通常意义上的空间和地点，而是在一个所有可能状态都叠加在一起的抽象空间中。在量子力学范畴里，世界可能存在的每一种状态，都对应着一个不同的宇宙。平行宇宙的存在可以通过实验（比如光的干涉和量子计算等）感受到。

量子骰子

想象一个随机性完全量子化的理想骰子，当你掷出它时，它看起来是随机地显示了某一个点数。然而量子力学却预测它将同时显示所有的点数，为了调和这个相互矛盾的观点，科学家推断骰子在不同宇宙中显示出了不同的点数，在这六个宇宙中，其中一个骰子显示一点，另一个显示两点，依此类推……由于我们被限制在其中一个宇宙中，因此我们只能看到完整量子现实中的一部分。

遍历性

根据遍历性原理，量子平行宇宙与其他形式较为平凡的平行宇宙是等价的，一个量子宇宙会随时间分裂成多重宇宙（下图左），不过这些新的宇宙与已经存在于空间其他地方的平行宇宙（例如其他的第一层宇宙）并没有什么不同（下图右），关键是，无论何种类型的平行宇宙，都包含了所有可能的事件的不同发展方式。

时间的本质

大多数人认为时间是一种描述变化的方式，在某一时刻，物质具有某种排列，而过了一会儿它就变成另一种排列（下图左）。多重宇宙的概念提供了一种全新的观点，如果各个平行宇宙包含所有可能的物质排列顺序（下图右），那么时间就只是一种将这些宇宙排列成序列的方式。这些宇宙本身是静止的，变化只是幻觉，一种有趣的幻觉。

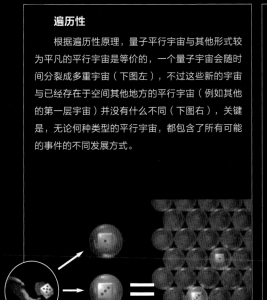

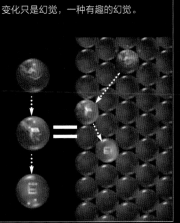

是一个非幺正的过程。但是弦理论最近取得的一项突破性进展（称为 AdS/CFT 对偶）表明，即使量子引力也具有幺正性。如果真的是这样，黑洞就不会破坏信息，只是把信息传送到另外的地方了。

如果物理学是幺正的话，那么关于量子涨落在大爆炸之初如何起作用的标准图景就必须修改。这些量子涨落不是随机地产生初始条件，而是产生所有可能性的量子叠加态，让这些初始条件同时并存。然后退相干使得这些初始条件在各个独立的量子分支内呈现出经典的行为。问题的关键在于，某个哈勃球内不同量子分支上的结果分布（第三层多重宇宙），与单个量子分支上不同哈勃球的结果分布（第一层多重宇宙）是完全相同的。在统计力学中，量子涨落的这种性质称为遍历性。

同样的推理也适用于第二层多重宇宙。对称破坏的过程不会产生唯一的结果，而是产生所有可能结果的叠加。因此，如果物理常数、时空维数等可以在第三层多重宇宙的不同量子分支间以不同的值存在，那么这些性质也可以在第二层多重宇宙之间有所不同。

换句话说，第三层并未在第一层和第二层之外增加什么新东西，只是在同一个宇宙中有了更多不可分辨的分身而已：同样的故事线一次次地在其他量子分支上反复上演。因此，只要发现同样宏大但争议较少的多重宇宙（第一和第二层），围绕埃弗里特理论的火爆争论看来就可以圆满收场了。

很明显，这些结果具有深远的意义，而物理学家才刚开始探索它们。例如，回想一个常常被科学家谈及的问题：宇宙的数目是否会随时间呈指数增长？出人意料的是，答案是否定的。从鸟的角度来看，当然只有一个量子宇宙，而从青蛙的角度来看，重要的是在某一给定时刻有几个可分辨的宇宙，也就是有几个显然不同的哈勃球。想象把行星随便移动到一个新的位置，想象一下你和另一个人结婚等等，这些都是截然不同的宇宙。在量子层次上，温度低于 10^8K 的宇宙有 $10^{10^{118}}$ 个。这虽然是一个大得难以想象的数字，但仍然是有限大的。

从青蛙的角度来看，波函数的演化对应的是永无休止的变化，也就是不停地从这 $10^{10^{118}}$ 个宇宙中的一个跳到另一个。现在你在宇宙 A，读这段话，转眼间，你又到了宇宙 B，在那里读下一段话。换言之，宇宙 B 中有一个同宇宙 A 中一模一样的观测者，只是多了一段瞬间的记忆而已。所有可能性在每时每刻都存在，时间的流逝只是观测者眼中的假象。格雷格·伊根（Greg Egan）在 1994 年推出的科幻小说《置换城市》（Permutation City）中首次探讨了这种观点，而英国牛津大学的物理学家戴维·多伊奇、独立物理学家朱利安·巴伯尔（Julian Barbour）等人随后在这方面做了进一步的工作。因此，多重宇宙对于认识时间的本质可能具有至关重要的意义。

第四个层次：其他的数学结构

第一层、第二层和第三层多重宇宙的初始条件和物理常数可以变化，但支配自然界的基本定律还是相同的。为什么要到此为止呢？为什么不允许物理定律本身也变化呢？如果一个宇宙只服从经典物理学而没有量子效应，那么情况将如何？如果时间是离散的而不是连续的，情况又将如何？一个宇宙如果仅仅是空无一物的十二面体那又会怎么样？实际上，在第四层多重宇宙中，所有这些另类怪胎都是存在的。

这样一个多重宇宙很可能不是科学家在喝了啤酒后的胡思乱想，因为抽象推理世界与观测到的现实世界之间存在密切的对应关系。方程式（以及更广泛的数学结构，如数、向量与几何物体）对世界的描述非常逼真。物理学家尤金·P.威格纳（Eugene P.Wigner）在1959年的一次著名演讲中说："数学在自然科学中的用处之大，几乎已经到了不可思议的地步。"反言之，数学结构也具有惊人的真实感。它满足客观存在的关键性判断标准：无论谁来研究，它都不变。一条定理是对的就是对的，无论它是被人证明，还是被计算机乃至智慧的海豚所证明。会思考的外星文明也会发现与我们一样的数学结构。因此，数学家通常说他们是"发现"而不是"创造"了数学结构。

要认识数学与物理学之间的对应关系，有两种言之有理但却截然相反的模式，这两方的论辩可以追溯到柏拉图和亚里士多德时代。亚里士多德的模式认为，物理实在是最根本的，而数学语言只不过是一种有用的近似描述。柏拉图的模式则认为，数学结构才是真正实在的，而观察者永远不能完美地认知它。换言之，这两种模式对哪种视角（观测者的青蛙视角，或者物理定律的鸟视角）更为基本的问题，产生了截然相反的意见。亚里士多德模式倾向于青蛙的视角，而柏拉图模式则倾向于鸟的视角。

在很小的时候，我们根本没有听说过数学，灌输到我们头脑里的都是亚里士多德模式。柏拉图模式则是后来通过数学接受的。当代的理论物理学家多半都信奉柏拉图模式，认为数学能够完美地描述宇宙，因为宇宙本质上就是数学的。因此所有的物理学问题推到极致都成了数学问题：只要一位数学家拥有无限的智慧和资源，原则上可以计算青蛙视角下的世界。也就是说，他能计算出宇宙中具有自我意识的观测者有哪些，他们能认识到什么，以及他们用什么语言向彼此描述各自的认识。

数学结构是一种抽象的、不可变的实体，超越时空之外。如果历史是一部电影，那么数学结构对应的并不是某一格画面，而是整个胶卷。比如，想象一下由点状粒子在三维空间中运动构成的世界。在四维时空中（鸟的视角），这些粒子的轨迹仿佛一团纠结的面条。如果青蛙看到一个粒子匀速运动，那么鸟看到的就是一根未煮过的直面条。如果青蛙看到的是一对互相环绕的粒子，那么鸟看到的就是两根螺旋缠绕在一起的面条。对青蛙来说，世界是由牛顿的运动与引力定律来描述的；对鸟来说，世界则是用面条的几何（一种数学结构）来描述的。至于青蛙本身，也只不过是一把较粗的面条，其中存在着极为复杂的交错纠缠，对应的是一群存储和处理信息的粒子。当然，我们的宇宙比这个例子要复杂得多，如果真的有一种确切的数学结构，科学家也还不知道它具体对应的是哪一种。

柏拉图模式提出了一个问题：宇宙为何是这个样子？但对于信奉亚里士多德模式的人来说，这个问题毫无意义，宇宙就是如此，没有道理可讲，可是柏拉图主义者总是禁不住要想，宇宙为何不能是另一个样子，如果宇宙本质上是数学的，那为什么在如此众多的数学结构中只有一种被挑选出来描述宇宙呢？看来客观实在的核心就具有最基本的不对称性。

第四个层次的多重宇宙

最后的这一类平行宇宙，开启了所有的可能性。在这种理论中，不同宇宙不仅是位置、宇宙性质或量子态不同，连物理定律都不同。这些宇宙存在于空间和时间之外，几乎不可能用图形来表示。充其量，我们只能以支配这些宇宙的物理定律为对象，像静止的雕塑一般抽象地思考一下它们的数学结构。例如，考虑一个简单的宇宙：用牛顿运动定律支配地球、月亮和太阳。在一位客观的观测者看来，这个宇宙看起来像是一个圆圈（地球随时间划出的轨道）被一条带子（围绕地球运转的月球）缠绕着。你还能看到一些其他的形状，它们则表示其他可能的物理定律（如右下图中的 a b c d）。这种图景可以解决与物理学基础有关的许多问题。

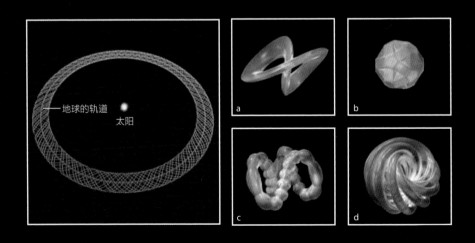

地球的轨道
太阳

a

b

c

d

　　为了解决这个问题，我认为应该保持完整的数学上的对称性，也就是说，所有数学结构在物理上都是存在的，每一种数学结构对应于一个平行宇宙，这个多重宇宙的各个组成部分并不存在于同一个空间中，而是存在于空间与时间之外。而且，它们中大多数也许完全没有观测者。这个假说可以视为一种激进的柏拉图主义，主张的是柏拉图模式中的数学观念，或者美国圣何塞州立大学数学家鲁迪·拉克（Rudy Rucker）所谓的"心境"。这一观点与英国剑桥大学的宇宙学家 D. 巴罗（D.Barrow）所说的"天空中的 π"，已故哈佛大学哲学家罗伯特·诺齐克（Robert Nozick）所说的"丰富性原理"，以及已故的普林斯顿大学哲学家 K·刘易斯（K.Lewis）的"模态实在论"有着异曲同工之妙。第四层多重宇宙可以说是多重宇宙的顶层，因为任何一种自洽的基本物理理论，都能够表示为某种数学结构。

　　第四层多重宇宙假说做出的预测是可以检验的，与第二层相仿，它包含了一个集合（即它包含一个数学结构）以及选择效应。随着数学家继续对数学结构进行分类，他们应该发现，描述我们宇宙结构的正是与我们的观测相符的最一般结构。类似的，我们将来的观测也应该是不违背我们过去观测的最一般的观测结果，而我们过去的观测应当是不违背我们存在的最一般的观测结果的。

　　将"一般性"的意义量化是一个严肃的问题，这方面的研究现在才刚刚开始，不过数学结构有一个惊人并且令人鼓舞的特征：使我们宇宙保持简洁和秩序的，是对称性和不变性，这两个特性很可能是普遍存在的，符合的多，例外的少。数据结构在建构时就倾向于包含这些特性，即使真想消除它们，也得另外引入某些复杂的定理。

奥卡姆剃刀

　　因此，平行宇宙的科学理论提出了一种四层结构：层次越高，其中的宇宙与我们自己这个宇宙的差异就越大。这些平行宇宙可能具有不同的初始条件（第一层）、不同的物理常数和基本粒子（第二层）或不同的物理定律（第四层）。具有讽刺意味的是，第三层多重宇宙在过去数十年中遭受的攻击反而最猛烈，尽管它是唯一没有引入具有全新性质宇宙的理论。

　　未来 10 年，对宇宙微波背景辐射和大尺度物质分布的宇宙学测量将获得显著的进步，这可以帮助科学家更准确地测定空间的曲率和拓扑结构，从而证明或推翻关于第一层多重宇宙的假说。这些测量还可以检验永恒混沌暴胀理论，从而有助于确定第二层多重宇宙假说的真伪。天体物理学和高能物理学的进展，应该也会进一步弄清物理常数"精细调节"

的程度，据此放宽或加强第二层多重宇宙的条件。

如果当前建造量子计算机的努力获得成功，那么这种计算机将使第三层多重宇宙假说获得更有力的证据，因为它们实质上就是利用第三层多重宇宙的平行性来做平行计算。实验物理学家也在寻找违反么正性的证据，如果找到，可以否认第三层多重宇宙存在的可能。最后，统一广义相对论和量子场论（当代物理学的重大挑战）的努力，无论成败都将影响我们对第四层多重宇宙假说的看法。要么我们会发现一个与我们的宇宙完全吻合的数学结构，要么我们将撞上数学有效性的极限，从而不得不放弃第四层多重宇宙假说。

那么你会相信平行的宇宙吗？反对它们的主要论点有两个，一是认为它们纯属多余，二是认为它们过分怪异。第一个论点声称，多重宇宙理论很容易被"奥卡姆剃刀"（Occam's razor，一条哲学法则，主张如果对某事物有两种可能的解释，其中一种比另一种简单，则应该选择简单的解释）剃掉，因为多重宇宙理论假定了我们永远无法观测到的世界。自然界何必如此浪费与纵容，出现这么丰富多样的无穷世界呢？然而，我们也可以让这一论点反过来支持多重宇宙理论。自然界究竟浪费了什么呢？肯定不会是空间、质量和原子，这三者在公认的第一层多重宇宙中就已经有无限多了，即使自然界再弄出些这类东西，又有什么关系呢？真正的问题在于简单性可能会降低。对平行宇宙持怀疑态度的人担心，为了标示所有看不见的世界，需要有许多信息。

但是整个集合常常比其中的某一组成部分要简单得多。我们可以用演算法信息含量（Algorithmic Information Content）这一概念，对该原则作一种更加形式化的表述。粗略地说，某个数字的演算法信息含量，就是产生这个数字的电脑程序的最短长度。例如，考虑一个所有整数的集合，究竟是整个集合简单呢，还是其中的某个数字简单？你多半会以为单个数字要简单。然而整个集合可以用一个极简单的电脑程序产生，而单个数字所需要的程序却可能长得惊人。因此，整个集合实际上是比较简单的。

与此相仿，爱因斯坦场方程的所有解的集合比某一特定解要简单。前者只用几个方程描述，而后者却需要规定有关某一超曲面的大量初始数据。由此得到的启示是，当我们把某一集合的所有组成部分作为一个整体考虑时，这样的整体往往具有内在的对称性和简单性，但当我们把注意力放到集合的某一特定元素时，对称性和简单性便会因此消失，于是复杂程度就增加了。

在这个意义上，我们可以说层次越高的多重宇宙其实越简单。从我们的宇宙走到第一层多重宇宙，就省去了规定初始条件这一步，升级到第二层时，又省去了规定物理常数的需要，到了第四层，干脆就什么都用不着规定了。之所以会觉得越来越复杂，完全是观测者的主观体验在作怪，因为他们是从青蛙的角度来观测的。从鸟的角度来看，多重宇宙是简单得不能再简单了。

　　至于认为多重宇宙理论过分古怪的说法，主要是美学而不是科学问题，并且只在亚里士多德的世界观里才有意义。请问你以为这类理论该给人什么感觉？当我们提出一个有关真实性的本质这样深奥的问题时，难道我们不期待一个听起来很玄妙的答案吗？进化使我们具备了日常物理的直觉型知识，这种知识对于人类远祖的生存具有重要意义，而一旦越出了日常生活的范围，我们就要有接受离奇古怪事情的心理准备。

　　所有四个层次的多重宇宙都具备一个共同特征——那些最简单或者也可以说是最优美的理论，天生就包含了平行宇宙概念。而要否定那些宇宙的存在，我们就必须塞进一些没有实验依据的过程，以及特置的假定：如有限空间、波函数塌缩以及本体上的不对称等等，来把理论复杂化。这样看来，到底是哪一种选择会比较浪费而不优美？是让这些宇宙存在，还是我们去大费口舌？或许我们会逐渐习惯这个宇宙的种种古怪行径，并发现它的古怪正是它的魅力之一。

多重宇宙一定存在？

马丁·里斯（Martin Rees）
曾在剑桥大学天文系和萨塞克斯大学任教，是英国皇家协会的研究教授。他曾获得了英国皇家天文学家荣誉奖。他的研究领域主要包括黑洞、星系形成与高能天体物理。

精彩速览

- 宇宙学家还不能确定，宇宙中到底有多少暗物质。而宇宙会永恒地膨胀，还是改变现有加速膨胀的状态最终塌缩却取决于宇宙中暗物质的总量，以及它们产生的引力。
- 为了揭示这个秘密，宇宙学家必须通过改善或者优化现有的观测来确定宇宙在大爆炸仅仅1秒后的某些特征，包括膨胀率、密度涨落的大小以及普通原子、暗物质与辐射各自所占比例等。

对宇宙的探索是人类20世纪的一大杰出成就。直到20世纪20年代，我们才意识到，银河系是由上千亿颗恒星组成的，它仅仅是宇宙中数百万个星系中的一个。随着研究不断深入，我们已经可以将整个太阳系放在一个更宏大的背景下来讨论了，可以追溯组成太阳系的物质的起源到宇宙大爆炸的那一刻。如果我们能够有幸发现外星智慧生物，也许能跟他们分享（或许也是唯一能分享）的话题，就是我们共有的，对这个孕育了我们的宇宙的好奇。

利用在地面和太空轨道上架设的天文台，天文学家可以清晰地看到宇宙的过去和宇宙演化的证据。比如，哈勃太空望远镜就为我们提供了一系列非凡的宇宙影像，它为我们展示了星系遥远和辉煌的过去：弥散的发光气体球，点缀着质量巨大、燃烧迅速的蓝色恒星。这些恒星能将宇宙大爆炸产生的氢原子转化为更重的原子，当恒星死亡后，又会为星系提供构成行星和生命所需的"种子"——碳、氧、铁等等。为了生产元素周期表中的元素，"造物主"并不需要特意设置92个不同的"按钮"，它只需要让星系成为一个巨大的"生态系统"就可以了。恒星能够不断地循环演化，"制造"出原子量更高的元素。其实人类自己也是由"星尘"组成的，或者用一种不太浪漫的说法来解释——组成人类的原材料，是点亮恒星的核燃料留下的残渣。

对于宇宙诞生之初的环境，天文学也有所了解。通过观测"宇宙微波背景辐射"（宇宙大爆炸时的余晖，可以使星系间的空间温度比原本偏高），人们可以了解前星系时代宇宙的模样，同时，它还可以告诉我们，整个宇宙曾经比恒星的中心区域还要热。现在，科学家们已经可以利用实验数据计算宇宙大爆炸后的几分钟内发生了怎样的核合成反应。理论预估的结果（包括氢、氘与氦的比例）也与天文学家观测到的结果吻合得很好。因此实验计算是支持"宇宙大爆炸"理论的。

乍看上去，即便是现在，想彻底了解宇宙的奥秘也显得傲慢而不成熟。不过，宇宙学家已经逐步取得了一些实质性的进展。这可能是因为事物的研究难度取决于它自身的复杂度，而不是尺度大小。要知道一颗恒星比一只昆虫简单多了，恒星内部以及宇宙早期时的高温已经将所有的物质分解为最简单、最基本的成分了。而对于研究树木、蝴蝶与大脑的生物学家来说，挑战更加艰巨。

随着宇宙学研究的不断深入，新的谜团显现出来，并带来了更有挑战性的问题，如何解决这些全新的问题，是天文学家在接下来的工作中的首要任务。例如，为什么我们的宇宙是由现在这些成分组成的？又是什么驱动着宇宙从一个异常致密的点，一直膨胀到现在这么广阔无垠的？这些问题的答案将引导我们超越熟知的物理学，甚至需要对时间和空间有全新的认识。为了真正理解宇宙的历史，科学家必须发现极大尺度上的"宇宙王国"与极小尺度上的"量子世界"之间的深奥联系。

说起来有些惭愧，天文学家到现在也没有完全搞清我们的宇宙是由什么组成的。所有能够发出可供我们观测的辐射的物体（比如恒星、类星体、星系）仅仅是宇宙物质的一小部分。在宇宙中，有很大一部分物质是隐藏起来的，我们对它们仍然缺乏了解。大多数宇宙学家相信，"暗物质"是宇宙大爆炸时期遗留的弱相互作用粒子组成的。但"暗物质"也可能是其他更诡异的物质。无论如何，宇宙显然是由某种不同于普通物质的特殊物质主宰的，星系、恒星与行星不过是些添头。在未来的一段时间中，搜寻暗物质的工作（科学家主要通过地下的精密实验探测这些难以捉摸的粒子）可能会有明显的进展。如果我们能成功认识这些隐藏起来的物质，回报也会非常丰厚：它们不仅能够告诉我们宇宙是由什么组成的，同时还有可能揭示新的基本粒子。

现在，宇宙学家还不能确定，宇宙中到底有多少暗物质。而我们宇宙的最终命运（会永恒地膨胀还是改变现有加速膨胀的状态最终塌缩），却取决于宇宙中暗物质的总量，以及它们产生的引力。宇宙学家计算出了能让宇宙在未来某个时刻停止膨胀的临界物质密度值，当前的数据表明，宇宙中的物质含量只有这个临界值的30%。宇宙学家用 Ω 表示观测到的物质密度与宇宙临界物质密度的比值，现在看来 Ω 等于0.3。另外，对遥远的 Ia 型超新星的观测表明，宇宙是在加速膨胀，而不是减速膨胀的。这说明，我们的宇宙更有可能是永恒膨胀的。一些天文学家认为，这是在宇宙学尺度上存在额外排斥力的有力证据，这也是爱因斯坦所说的宇宙学常数。现在，宇宙加速膨胀也成了科学界的共识，2011 年的诺贝尔物理学奖就颁给了在这个领域有突出贡献的科学家。不过，提供了排斥力的"暗能量（dark energy）"究竟是什么还有待探讨，如果真的能弄清楚它的本质，物理学家也许可以更深入地了解潜藏在真空中的能量。

科学家的研究也可能聚焦在宇宙大尺度结构的演化上。如果有一个人问："用一句话形容从大爆炸以后，宇宙是如何演化的？"你最好做一个深呼吸，告诉他："大爆炸后，引力放大了宇宙原初物质密度分布的不均匀性，建立了新的结构，并放大了不同结构间的温度差——而这刚好是形成我们周围复杂结构的前提（我们自己也是其中的一部分）。"现在，天文学家可以通过计算机模拟宇宙的演化，了解宇宙 100 多亿年的演化历史中的细节了。接下来，他们能在计算机模拟中以更高的真实性重现宇宙的演化，并把模拟的结果与望远镜的观测结果直接对比。

从牛顿所处的时代开始，宇宙结构的问题就令天文学家十分着迷。牛顿本人也对为何所有行星都以同样的方向、在同一轨道平面内围绕太阳运动感到十分好奇。在 1704 年的作品《光学》（Opticks）中，他写道："盲目的命运不会使所有的行星以共同的方式围绕某一共同的中心运动。"牛顿相信，行星体系中如此奇妙的一致性，一定有一种神秘的力量在主导。

现在天文学家已经知道，太阳系中的行星轨道之所以在同一个平面内，与太阳系本身的演化历史有关。太阳系从一个气体和尘埃组成的旋转圆盘演化而来的，所以从中诞生的行星几乎位于同一个平面。实际上，我们已经把知识的边界拓展到比这更久远的过去了。宇宙学家已经可以粗略地勾勒出宇宙从大爆炸后一秒直至现在的整段历史了。然而从概念下图为我们宇宙从大爆炸开始演化至今的时间线。在宇宙诞生的初期——暴胀时期，宇宙以一种惊人的速率膨胀。在这之后的大概三分钟，粒子与辐射组成的等离子体冷却到足够低的温度，允许简单原子核的形成；在这之后大约30万年，氢原子与氦原子开始形成。初代恒星与星系大约在10亿年后出现。宇宙最终的命运——究竟是永远膨胀还是会重新塌缩回来，至今未知，尽管当前的证据更倾向于永恒的膨胀。

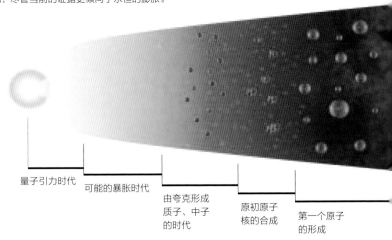

量子引力时代　　可能的暴胀时代　　由夸克形成质子、中子的时代　　原初原子核的合成　　第一个原子的形成

上来说，我们只比牛顿好一点点。对事件因果链的理解可以促使我们跨越到更遥远的过去，但我们仍旧会遇到绊脚石，就像牛顿曾经遇到的一样。对宇宙学家而言最大的疑问是宇宙大爆炸后一毫秒内发生事件，此时的宇宙极其微小，温度极高而且非常致密。在这种状态下，我们熟知的物理定律对当时发生的事情，或许只能给出一些不太可靠的指导。

为了揭示这个秘密，宇宙学家首先必须通过改善和优化现有的观测，来确定宇宙在大爆炸仅仅一秒后的某些特征：它的膨胀率、密度涨落的大小以及普通原子、暗物质与辐射各自所占比例。不仅如此，为了理解这个宇宙为什么会出现我们能观察到的特征，还必须进一步追溯宇宙的源头，在宇宙大爆炸的最初几分之一毫秒时，都发生了什么。

要实现这个目标，物理学家还需要在理论上取得新的进展。物理学家必须找到一种能够统御宇宙的理论，它需要把宏观尺度相互作用的爱因斯坦广义相对论，与极微观尺度上相互作用的量子力学统一起来。这个大统一理论，有助于解释宇宙大爆炸最初的重要时刻都发生了什么。而此时，整个宇宙的大小被挤到了一个比原子还小的空间里。

天文学是一门"观测为王"的学科，对现在的宇宙学，这一点同样适用。而在1965年之前，

再塌缩

永恒膨胀

10亿年
第一代恒星、
星系和类星
体出现

100到150亿年，现代星系出现

很多推测都悬而未决，因为观测设备还跟不上。现在，很多宇宙学上长期存在的疑问得以解决，都要归功于新型望远镜的使用。

夏威夷莫纳克亚山上的两个凯克望远镜比以往的望远镜更加灵敏，因此可以观测到光线更弱的天体。更令人印象深刻的是位于智利北部的甚大望远镜。建设完成后，它已经成为世界上最出色的观测设备之一了。天文学家还可以借助钱德拉 X 射线天文望远镜以及一些地面上的射电阵列。未来，下一代空间望远镜（詹姆斯韦伯太空望远镜）也将为观测带来巨大的进步，它将配备观测能力远超哈勃望远镜的设备。

在 2050 年前，我们很有可能建造大型的空间天文台，或者在月球背面建立观测阵列。这些观测阵列的灵敏度与成像能力将远远超过我们现在用到的任何仪器。新的望远镜将指向黑洞或者其他恒星系统中的行星。它们还可以提供宇宙在不同阶段的演化切片，我们甚至可以用这些设备回溯宇宙"第一缕曙光"，那是宇宙大爆炸后，在快速膨胀的残骸中凝聚形成的第一代恒星或者类星体发出的光。此外，有些天文台还可以用一种完全不同的方式观测宇宙，它们能够探测引力波，让科学家了解宇宙时空结构本身的振动。

在未来，这些仪器将获取海量的观测数据，因此，整个数据的处理和分析过程更需要使用一些自动化的手段。天文学家会把注意力集中在处理过的统计结果中，通过分析观测数据，他们可以发现正在寻找的目标。比如，在其他恒星系统中非常类似地球的行星。除此以外，研究人员也会注意一些极端的天体，这些极端天体可能包含了某些未知的物理过程，或者为发现新的物理现象提供线索。比如伽马射线暴，它可以在几秒钟内释放出相当于 10 亿个星系才能释放出的能量。在不远的未来，天文学家会逐渐将天空作为"宇宙级实验室"，在这里，他们可以探测一些无法在地球模拟的极端现象。

另外，数据处理自动化以后还有一个好处。以前，天文观测的数据信息都只能被一部分"特权"研究人员查看，现在，很多数据都已经向公众开放了。以后，任何人都可以了解和下载从探测器上收集到的详细数据。世界各地的天文爱好者们也可以利用这些数据和图谱，检验自己的灵感，搜寻新的规律，或者探索非同寻常的天体。

多重宇宙的暗示

在宇宙学家看来，宇宙像一块"错综复杂的挂毯"。这块 挂毯是从大爆炸后最初那一微秒决定的初始条件演化成的。我们观察到的复杂结构和现象，也都是从简单的物理定律发展的。如果没有这些简单的基本定律，我们也不会存在。然而，简单的定律并不一定会发展出复杂的结果。比如在数学的分形领域中，就有一个典型的例子：芒德布罗集（Mandelbrot Set），一种由简单算法编码的无穷深结构，但其他表面上与之类似的算法却只能产生非常单调的图样。

如果当时我们的宇宙没有以某种特殊的速率膨胀，它可能不会形成我们现在能看到的复杂结构。如果在宇宙大爆炸时，产生的原初密度扰动比现在更小，我们的宇宙会一直保持黑暗并且单调，不会产生星系，也没有发光的恒星。除此之外，要形成具有复杂结构的宇宙，还需要其他条件。如果我们的宇宙不止有三个空间维度，行星就不会围绕恒星的轨道稳定地运动。如果引力作用更强，可能会压垮各种生物（包括人类）；同时恒星会更小，寿命也会更短。如果原子核间的作用力比现在小几个百分点，那么可能只有氢原子会稳定存在，我们铺满整个页面的元素周期表也会消失不见。没有丰富的化学元素，也就意味着不会出现生命。从另一个角度来讲，如果原子核间的力更强一些，氢原子本身也可能会消失不见。

我们的宇宙调节得是如此精细，如同有某种神秘的力量在操控一样。一些科学家认为，这种巧合并不是巧合，因为如果没有这种巧合，我们人类也就不会出现。（以上说法就是广为人知的人择原理）。然而，也存在其他的解释，宇宙并不是唯一的，在更大的空间尺度上，可能存在着许许多多的宇宙。其中只要所有参数都适宜，就会出现像我们一样的智慧生命。未来我们或许会发现，我们所处的宇宙，只是诸多宇宙中的一个。因此，从表面上看，我们的宇宙似乎被精细地调节过，但实质上，这可能只是一种一点也不意外的巧合。

或许，连我们宇宙的大爆炸也不是唯一的。这种猜测以戏剧性的方式扩大了我们眼中的现实这个概念。我们宇宙的整段历史不过是一出大戏上的一段插曲，属于无穷多宇宙中的其中一个。在无穷多的宇宙中，有些宇宙可能与我们相似，但更多的宇宙可能会面临"一出生便夭折"的命运。它们将会在短暂的出现后迅速塌缩，或者统御那个宇宙的基本定律并不允许产生复杂的"结果"。

一些宇宙学家，比如斯坦福大学的安德烈·林德与塔夫茨大学的亚历山大·维连金已经向人们展示了如何根据某些数学上的假设，在理论上导出多重宇宙。但是，在我们真正理解——而不是猜测——大爆炸之初极端状态下的物理定律之前，多宇宙理论依然处于可疑的边缘地带。我们一直期待的统一理论会出现吗？它能决定各种基本粒子的质量和各种基本力的强度吗？或者从某种程度上来说，不同物理性质只是我们的宇宙在冷却时产生的意外结果？又或者说，如果多重宇宙真实存在，是不是存在更深层次的统御所有宇宙的定律？

这些话题可能显得有些神秘，但是，在有关宇宙学的争论中，多重宇宙思想已经影响到我们对各方观点的看法了。一些理论学家倾向于认为宇宙是 极致简单的，这需要 Ω 等于 1（这意味着宇宙拥有刚好使其自身膨胀停止的物质密度）。他们对实际观察到的宇宙感到不开心，因为宇宙没有那么致密，需要添加额外的复杂性（如宇宙学常数）。或许我们可以从 17 世纪天文学家开普勒与伽利略的故事中学到一些东西。在发现行星的轨道是椭圆形时，他们也感到难过，因为他们原本认为行星的轨道应当是更简单、更美丽的圆形。之后，牛顿却用简洁的万有引力公式，成功解释了各种类型的行星轨道。如果伽利略在世

的话，他一定会欣然接受椭圆轨道的。

同样，假如包含宇宙学常数的低密度宇宙看起来很丑陋，这或许是因为我们的视野有限。就好像地球围绕太阳运行的轨道只是少数具有孕育生命条件的轨道之一。而我们的宇宙也很可能只是数目巨大的宇宙集合中，少数可以孕育生命的成员之一。

新的挑战

在 21 世纪，科学家正将人类的知识储备向更宏大，更微小和更复杂三个方向扩展。宇宙学包含了以上三种前沿。未来，科研人员会专注于敲定宇宙学中各个基本常数的值，比如密度常量 Ω 等，同时也会深入研究暗物质究竟是什么。也许宇宙的一切都能纳入标准理论的框架，我们不仅能敲定宇宙中普通原子与暗物质的含量，还能敲定宇宙学常数与宇宙原初密度扰动。如果这些都能在未来实现，我们就会像历史上的科学家逐渐认识太阳与地球的尺寸和形状一样，逐步认识我们所处的宇宙。从另一个角度来讲，我们宇宙也可能实际上太过复杂，以致不能纳入现有标准理论的框架。有的科学家可能会认为前一种可能性更为理想；而另一些科学家则更愿意居住在一个复杂且极具挑战性的宇宙中。

　　不仅如此，理论物理学家还需要阐明宇宙最初阶段的极端物理定律。如果能够成功，我们就能知道是否存在多重宇宙，以及我们所处的宇宙表现出的某些独有属性究竟是纯粹的巧合，还是更深层次定律的必然结果。现在，我们的认识仍然存在很多局限，不过，物理学家也许有朝一日会发现一个支配自然界一切事物的统一理论，但他们可能永远无法告诉我们，究竟是什么创造了这些理论，又是什么让这些理论具现化为现实宇宙的。

　　宇宙学不仅仅是基础科学，它同时也是最宏大的环境科学。在过去的 100 亿~150 亿年间，一团炽热的火球，是如何演化成现在这个具有星系、恒星与行星的复杂宇宙的？我们所居住的地球（或许还有其他行星），是如何把原子组装成能够反思自身起源的智慧生命的？这些问题是新千年的挑战，回答这些问题的过程，或许永无止境。

探寻多重宇宙的证据

克利夫·伯吉斯（Cliff Burgess）

费尔南多·克韦多（Fernando Quevedo）

克利夫·伯吉斯和费尔南多·克韦多相识于20世纪80年代初，当时他们都是著名物理学家史蒂文·温伯格的研究生。从那时起他们就开始合作研究，课题大都是关于如何把弦理论与可观测的物理学联系起来。伯吉斯是加拿大圆周研究所（Perimeter Institute，位于安大略省沃特卢市）研究员，加拿大麦克马斯特大学（McMaster University，位于汉密尔顿市）教授，也是2005年度加拿大国会基拉姆奖（Killam Fellowship）获得者。克韦多是英国剑桥大学教授，古根海姆奖（Guggenheim Fellowship）获得者。他还为他的祖国危地马拉的科学发展做出了积极贡献。

精彩速览

- 弦理论是自然界基本理论最有力的候选者，但是缺乏决定性的实验证据；宇宙暴胀则是描述宇宙最初时刻的主流模型，但是缺乏合乎基础物理的理论解释。也许弦理论和暴胀可以结合起来，解决彼此的问题。

- 弦理论认为空间拥有更高的维数，宇宙也不止一个。如果两个平行宇宙彼此碰撞，或者更高维度的空间改变几何形状，我们宇宙中的空间也许就会受到驱策，发生加速膨胀。

如果说，宇宙学家在直径460亿光年、包含上千万亿亿颗恒星的宇宙中还会有幽闭恐惧症般的感觉，你相信吗？ 21世纪的宇宙学正涌现出越来越多的新观念，其中之一就是，已知的宇宙（即我们所能看到的万事万物）可能仅仅是整个空间中极其微小的一部分。作为种种宇宙学理论的副产品，各种各样的平行宇宙（Parallel Universes）构成了庞大的多重宇宙。但是，我们直接观测到多重宇宙中其他宇宙的希望十分渺茫，因为它们不是离我们太远，就是由于种种原因与我们的宇宙彼此分离。

当宇宙穿越额外空间维度时（图中的过山车代表各个宇宙，铁轨代表弯曲的额外空间维度），它们也许会膨胀，从而解释多个宇宙谜题。

不过，尽管一些平行宇宙与我们彼此分离，它们依然能够影响我们的宇宙，这样我们就能探测到它们造成的效应。那些宇宙是有可能存在的，弦理论（String Theory，描述自然界基本法则的主流候选理论）使宇宙学家们留意到了这一点。虽然弦理论中的弦尺度非常小，但操控它们性质的基本原理却预言宇宙中存在着几种尺度较大的薄膜状物体，后者被简称为"膜"（Brane）。具体地说，我们所处的宇宙本身可能就是一张处于九维空间中的三维膜。天文学家现在的一些观测结果，可能恰恰来源于较高维空间的形状改变，或者我们的宇宙与其他宇宙之间的碰撞。

近年来，弦理论一直经受着各种各样的批评，其中大部分都超出了本文讨论的范围。不过有一种批评与本文有关，那就是弦理论还没有被实验验证，这种担忧是合乎逻辑的。不过，这种批评并不仅仅针对弦理论，描述极小尺度的物理理论本来就很难通过实验加以验证。所有描述自然界基本法则的候选理论，包括圈量子引力理论（Loop Quantum Gravity）在内，都会遭遇同样的问题。弦理论学家们一直在寻找用实验检验弦理论的方法。弦理论是否可以解释宇宙中尚未被解释的现象，特别是解释宇宙膨胀速度随时间的改变，是一个很有希望的研究方向。

宇宙早期的疯狂暴胀

1998 年前，科学家宣布，在某种被称作"暗能量"的未知成分的驱动下，宇宙的膨胀速度正在不断加快。大多数宇宙学家认为，宇宙还经历过一个速度更快的加速膨胀阶段，这个阶段被称为暴胀（Inflation），发生在宇宙诞生之初，那时连原子都还没有形成，更别提星系了。早期的暴胀阶段结束后不久，宇宙的温度比目前地球上能够观测到的最高温度还高十亿倍以上。宇宙学家和粒子物理学家在共同努力，希望寻找到能够描述如此高温度的物理学基本法则。来自不同领域的灵感相互碰撞，促使科学家从弦理论出发，对早期宇宙展开全新的思考。

暴胀概念的提出，是为了解释一系列简单却令人困惑的观测事实，其中许多都涉及宇宙微波背景辐射（Cosmic Microwave Background Radiation，缩写为 CMBR），即炽热的早期宇宙留存至今的遗迹。比如，宇宙微波背景辐射表明，早期宇宙近乎完美均匀——这一点非常奇怪，因为没有哪种常见的物理过程（比如流体的流动），来得及让早期宇宙中的物质变得如此均匀。在 20 世纪 80 年代初，艾伦·古斯发现，一段极为迅速的膨胀时期能够解释这种均匀性。这样一段加速膨胀时期能够稀释原先存在的任何物质，抹平不同区域之间的密度差异。

我们的宇宙在哪里

按照弦理论的观点，我们的可观测宇宙只是一个更广阔空间的一小部分，这个空间拥有更高的维度，我们能直接看到的只有三维。其他的空间维度可能尺度极小（或者因为别的原因难以进入），以一种古怪的形状蜷缩成一团，这种形状被称为卡拉比—丘成桐空间（简称卡—丘空间）。我们的可观测宇宙也许位于一张膜上。这张膜可能位于卡—丘空间突出的尖刺顶端（物理学家把这种尖刺称作颈），也可能是类似茶壶把手部位上缠绕着的一张膜的一部分。

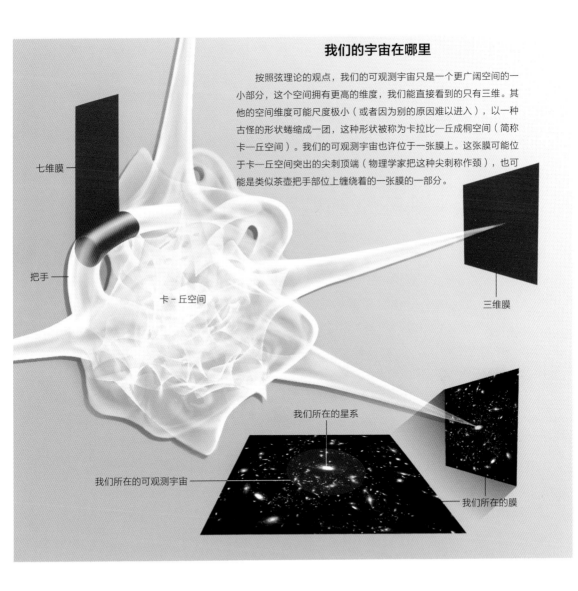

七维膜

把手

卡 - 丘空间

三维膜

我们所在的星系

我们所在的可观测宇宙

我们所在的膜

同等重要的是，暴胀并没有使宇宙变得完全均匀。由于亚原子尺度上固有的量子统计学定律，暴胀期间空间能量密度会有所涨落。暴胀就像一台巨大的复印机，将小尺度上的量子扰动放大到了天文学尺度，产生了后来宇宙演化时期可以预言的物质密度扰动，以及星系等结构。

宇宙微波背景辐射的观测与暴胀理论的预言惊人符合。观测数据的支持使暴胀理论成了解释宇宙极早期行为的主流理论。欧洲空间局（European Space Agency，ESA）的普朗克（Planck）卫星，能够为暴胀理论寻找更加确凿的证据。

但是，物理定律真的能够产生这样的暴胀吗？这就是整个暴胀理论中含糊不清的地方。如何才能让充斥着正常物质的宇宙加速膨胀，这是一个众所周知的难题。宇宙的加速膨胀需要一种能量性质非常特殊的成分：它的能量密度必须是正值；就算宇宙在急剧膨胀，能量密度也必须基本保持不变，不能随之下降；为了让暴胀能够结束，这种成分的能量密度还必须在暴胀末期突然下降。

初看起来，任何成分的能量密度似乎都不可能保持不变，因为空间的膨胀会稀释这种成分。但一种被称为标量场（Scalar Field）的特殊能量来源可以避免这种稀释。你可以把标量场想象成一种充斥在空间各处的极端简单的物质成分，好比一团气体，但是标量场的性质和你见过的任何气体都不一样。它更类似于我们熟悉的电磁场和引力场，只是标量场更加简单，只需要一个数值（即场强）就可以描述，该数值还可以随空间位置的不同而发生变化。相比之下，磁场是一种矢量场（Vector Field），除了场强以外，在空间的每个位置还要指明一个方向，才能完全描述磁场的性质。天气预报为这两种场都提供了例子：温度和气压是标量场，而风速则是矢量场。

很明显，驱动暴胀的标量场［即暴胀子（Inflaton）场］使宇宙的加速膨胀持续了一段时间，接着又戛然而止。这个动力学过程很像游乐场中过山车的开始阶段。暴胀子场就像"过山车"，先沿一个平缓的斜坡缓慢滑行。（这里的缓慢是一个相对概念，对人类来说，这个过程还是非常迅速的）接着，过山车陡然下降，将势能转化为动能，最终转化为热量。从理论上证明这一过程并非易事。物理学家过去25年来提出过很多建议，但没有一种具有足够的说服力。暴胀过程很可能涉及极端高能量下的物理过程，对此我们一无所知，因此构建暴胀理论模型的探索步履艰难。

我们的宇宙是张膜？

20世纪80年代，暴胀理论逐渐获得人们的承认。与此同时，探索同一未知领域的另一条独立线索——弦理论，也在不断取得进展。弦理论认为，亚原子粒子其实都是微小的一维物体，就像微缩版的橡皮筋。一些弦形成闭合的圈，我们称之为闭弦（Closed String）；另一些弦是有着两个端点的线段，我们称之为开弦（Open String）。

弦理论用开弦和闭弦的各种不同的振动状态来描述所有目前已经发现的基本粒子，还预言了许多尚未被发现的粒子。弦理论与其他基本粒子理论不同，它的最大优点在于，它可以把自身和引力有机地结合在一起。换句话说，引力不是在构造弦理论的时候假设的，而是在弦理论中自然产生的。

如果弦理论正确的话，空间就会和表面看上去的模样大不相同。具体说来，弦理论预言空间正好是九维的（如果把时间也包括进来，那么时空就有十维），除了通常的长、宽、高三维以外，还多出了六个维度。我们看不见这些额外的维度。它们有可能非常小，我们无法进入这些维度，所以才感觉不到它们的存在。这就好比马路上有一条裂缝，为二维的路面增加了第三个维度（深度）。但是如果裂缝非常小，你也许永远不会注意到它。即便是弦理论专家也很难形象地想象九维空间，但是物理学史告诉我们，世界的本性可能确实超越我们的直观想象。

尽管弦理论以"弦"为名，但弦理论并不仅仅是关于弦的理论，还包括另一种被称为狄利克雷膜（Dirichlet brane）的物体，简称D膜（D-brane）。D膜是漂浮在空间中的巨大的"表面"。它们就像光滑的捕蝇纸：开弦的端点可以在D膜上移动，但是不能离开D膜。电子、质子这样的亚原子粒子可能就是粘在D膜上的开弦。只有少数几种其他粒子，比如引力子（Graviton，传播引力的粒子），可以在额外维度中自由移动，它们必须是闭弦。这种差异为我们提供了看不到额外维度的另一条理由：我们的实验设备可能都是由被粘在膜上的粒子构成的。如果确实如此的话，未来的设备也许可以用引力子来探测额外的维度。

D膜的空间维数可以任意取值，最高是九维。零维的D膜（D0膜）是一种特殊的粒子，D1膜是一种特殊的弦（与弦理论中最基本的那种弦不同），D2膜是一种薄膜状或墙壁状的物体，D3膜则是具有长、宽、高的三维物体，以此类推。我们能够观测到的整个宇宙可能就束缚在一张D3膜上——我们称之为膜世界（brane world）。也许其他的地方还飘浮着其他的膜世界，对于束缚在膜上的物质来说，一张膜就是一个宇宙。膜可以在额外维度中运动，因此它们的行为就像粒子一样，可以运动、碰撞、湮灭，甚至构成一个"行星系统"，让一张膜绕着另一张膜旋转。

尽管这些概念听起来很刺激，但它们必须面对实验的严格检验。在这方面，弦理论很令人失望，因为尽管已经研究了20多年，目前仍然没有任何实验能够检验弦理论。科学家一直想从弦理论中得出一个预言，只要用实验检验这个预言，就能明确告诉我们世界是否由弦构成。然而事实证明，想找到这样的确凿证据非常困难。就连日内瓦附近欧洲核子研究中心（CERN）的大型强子对撞机（Large Hadron Collider，缩写为 LHC），可能也没有足够的威力来检验弦理论。

感知隐藏的空间维度

让我们回到暴胀理论。如果暴胀发生时能量足够高，弦理论效应十分显著的话，暴胀也许就能提供一种检验弦理论的方法——这正是弦理论专家孜孜以求的目标。过去几年来，物理学家开始研究弦理论能不能解释暴胀。遗憾的是，这件事情说起来容易做起来难。

更具体地讲，物理学家正在检验弦理论预言的标量场能不能具备如下两个性质：第一，标量场的势能必须很大，是正值，而且近乎常数，这样才能驱动暴胀的发生；第二，标量场的势能必须能够突然转化为动能，才能使暴胀结束。

弦理论的一个好处是，弦理论中从来也不缺少标量场。对于我们这些被囚禁于三维空间的人来说，这些标量场无疑是一种安慰奖：尽管我们不能进入额外维度，但我们仍能以标量场的形式，间接感知额外维度。这就好比乘坐一架被遮住了所有窗户的飞机，虽然我们看不到第三个维度（高度），但是可以通过耳膜的不适感受到第三维产生的效应。在这个例子里，气压（这是一种标量场）的变化是感知飞机飞行高度的间接途径。

气压代表着我们头上大气的重量，弦理论中的标量场又代表什么呢？在弦理论中，一些标量场代表不可见空间维度的大小或形状。用数学上的几何术语来说，这些标量场被称作模场（Moduli Field）。其他一些标量场代表膜世界之间的距离。举例来说，如果我们所在的 D3 膜接近另一张 D3 膜，由于 D3 膜凹凸不平，在三维空间的不同地点，两张膜之间的距离会稍有不同，标量场也就不同。假设加拿大多伦多的物理学家测得一个标量场的数值为 1，而英国剑桥的物理学家测得数值为 2，他们就能得出结论，剑桥到相邻 D3 膜的距离是多伦多的两倍。

把两张膜推到一起，或扭曲额外维度的空间，都需要消耗能量，这些都可以用标量场来描述。这些能量也许会导致膜的暴胀，这种机制最早是在 1998 年，由美国纽约大学的格奥尔基·德瓦利（Georgi Dvali）和美国康奈尔大学的戴自海（Henry S.-H.Tye）共同提出的。但是，对各种标量场的初步计算都让人气馁：它们的能量密度非常低，根本不足以驱动暴胀。这些标量场描述的更像是一列停靠在铁轨上一动不动的火车，而不是一列在斜坡上缓缓滑行的过山车。

从宏观到微观

　　小尺度上的细节往往不会影响大尺度上的物理现象，这就让弦理论之类的量子引力理论变得难以检验。但宇宙暴胀却让极小尺度的物理现象足以在天文学尺度上施加影响。

10^{26}米：
可观测宇宙

10^{21}米：
银河系

10^{13}米：
太阳系

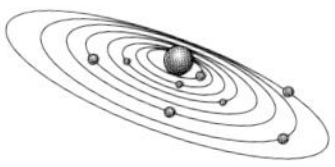

10^{7}米：
地球

10^{-2}米：
昆虫

10^{-10}米：
原子

10^{-15}米：
原子核

10^{-18}米：
当今粒子加速器所能探测的最小距离

$10^{-18} \sim 10^{-35}$米：
基本弦和额外维的典型尺度

10^{-35}米：
自然界有意义的最短长度

?

其他的膜如何影响我们

膜间距离（标量场）示意图

膜间的距离

如果其他宇宙来到我们宇宙的附近，我们可能会感受到它的影响。它对我们宇宙施加的作用力也许来自三维空间以外的方向，所以我们无法感觉到这个作用力本身。我们能探测到的是标量场。在任何一个确定的位置，这个场的强度依赖于我们宇宙与其他宇宙之间的距离。这个距离也许会因为三维空间中位置的不同而稍有变化，因为两张膜可能并不完美平行。

引入反膜

标量场能量密度太低——这就是 2001 年本文两位作者和当时在英国剑桥大学的马赫布卜·马宗达（Mahbub Majumdar），以及当时在美国纽约州普林斯顿高等研究院的戈文丹·拉杰什（Govindan Rajesh）、章人杰（RenJie Zhang）和已故的德特勒夫·诺尔特（Detlef Nolte），开始考虑这一问题时遇到的难点。与此同时，美国纽约大学的德瓦利、斯维亚托斯拉夫·索尔加尼克（Sviatoslav Solganik）和美国特拉华大学的凯萨·沙菲（Qaisar Shafi）也在从事相关的研究工作。

我们的创新之处在于，不仅考虑膜，也考虑反膜（Antibrane）。反膜之于膜，就如同反物质之于物质。就像电子和它的反物质——正电子（Positron）会互相吸引一样，一张膜接近一张反膜的话，它们也会彼此吸引。膜内的能量可以提供启动暴胀所需的正能量，膜

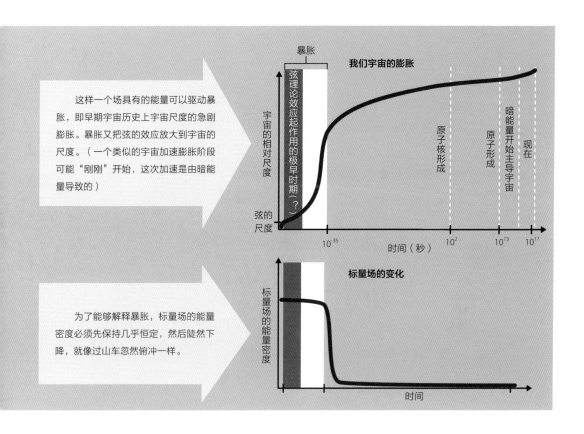

这样一个场具有的能量可以驱动暴胀，即早期宇宙历史上宇宙尺度的急剧膨胀。暴胀又把弦的效应放大到宇宙的尺度。（一个类似的宇宙加速膨胀阶段可能"刚刚"开始，这次加速是由暗能量导致的）

为了能够解释暴胀，标量场的能量密度必须先保持几乎恒定，然后陡然下降，就像过山车忽然俯冲一样。

的相互吸引则给暴胀的结束提供了解释：膜和反膜发生碰撞，在一场巨大的爆炸中彼此湮灭。幸运的是，我们的宇宙不一定非得付出湮灭的代价，才能从这样的暴胀过程中受益。当膜和反膜相互吸引和湮灭时，暴胀效应会渗透到附近的其他膜里。

我们计算了这个模型中的吸引力，发现它太强了，无法解释暴胀。但是这个模型从理论上证明，一个接近稳态的缓慢过程能够突然结束，并使我们的宇宙充满粒子。我们关于反膜的假设还为另一个久悬不决的难题提供了灵感，那就是为什么我们的宇宙是三维的。

接下来需要进一步考虑的问题是，如果是空间本身，而不仅仅是空间中的膜发生变化，情况将会怎样。在最初的尝试中，我们假设当膜运动的时候，额外维度空间的大小和形状保持不变。这是一个相当严重的漏洞，因为物质会使空间弯曲。不过这是可以理解的，因为在 2001 年，还没有人知道如何精确计算弦理论中额外维度的空间弯曲。

扭曲的空间

然而短短两年，情况就发生了戏剧性的变化。2003 年，美国斯坦福大学的沙米特·卡奇鲁雷纳塔·考洛什和安德烈·林德，以及印度塔塔基础研究院（Tata Institute of Fundamental Research）的萨迪普·特里维迪共同提出了一个叫作 KKLT（四位提出者的首字母缩写）的新理论框架。他们的理论框架描述了由于额外维度几何结构极难改变，因而物体在额外维中运动对额外维度影响较小时的情况。KKLT 预言，额外维度的几何结构有非常多的可能性，每一种结构都对应于一种可能出现的不同的宇宙。所有的可能性被总称为弦景观（String Theory Landscape）。每一种可能性也许都会在多重宇宙的某一角落找到属于自己的位置。

在 KKLT 框架内，至少有两种方式可以产生暴胀。第一种方式，暴胀可能是膜与反膜的运动在额外维度中产生的引力效应的结果。额外维度的几何结构非常奇特，可能像章鱼

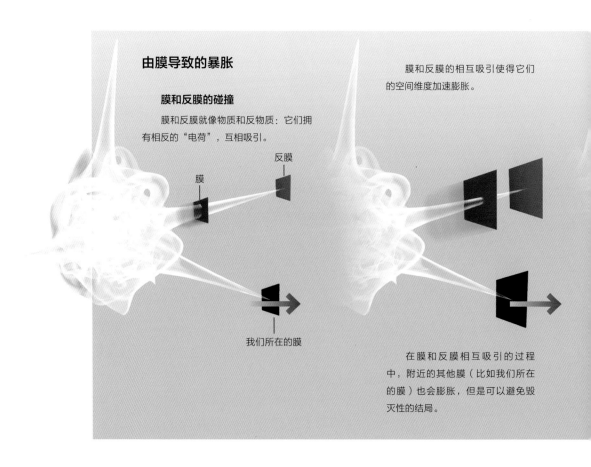

由膜导致的暴胀

膜和反膜的相互吸引使得它们的空间维度加速膨胀。

膜和反膜的碰撞

膜和反膜就像物质和反物质：它们拥有相反的"电荷"，互相吸引。

反膜

膜

我们所在的膜

在膜和反膜相互吸引的过程中，附近的其他膜（比如我们所在的膜）也会膨胀，但是可以避免毁灭性的结局。

一样有很多条腕足，这些延伸出去的部分又被称为"颈"（throat）。如果一张膜沿着一个颈运动，我们所在的三维空间和额外维度之间将变得扭曲，于是膜与反膜之间的吸引力就会变弱。这让产生暴胀的缓慢滑行过程成为可能，从而解决了我们最初引入反膜时遇到的主要问题。这种暴胀被称作膜暴胀（Brane Inflation）。

第二种方式，暴胀可能完全由额外维度几何结构的改变所驱动，完全不需要膜的运动。两年前，我们和同事们按照这种思路，提出了这类暴胀的第一个例子。这类暴胀通常被称为模暴胀（Moduli Inflation），因为描述额外维度几何结构的模场起到了暴胀子场的作用。在模暴胀中，当额外维度的几何结构从其他形状转变为现在的形状时，我们熟悉的三个空间维度就会加速膨胀。从本质上讲，是宇宙自己塑造了自身的形状。因此，模暴胀把我们能够看到的三个维度的尺度与我们无法看到的额外维度的尺度和形状联系在了一起。

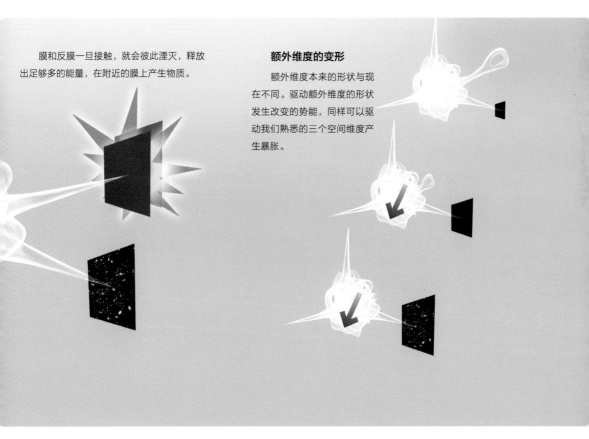

膜和反膜一旦接触，就会彼此湮灭，释放出足够多的能量，在附近的膜上产生物质。

额外维度的变形

额外维度本来的形状与现在不同。驱动额外维度的形状发生改变的势能，同样可以驱动我们熟悉的三个空间维度产生暴胀。

天空中的弦

由弦理论得到的暴胀模型不同于弦理论的其他方面，它们有可能在不久的将来得到观测上的检验。宇宙学家早就在考虑暴胀可能产生的引力波，也就是时空结构的波动，这种引力波又被称为原初引力波（Primordial Gravitational Wave）。弦理论也许可以改变有关原初引力波的预言，因为现有的弦暴胀模型都预言，暴胀产生的引力波太弱，不可能被观测到。普朗克卫星探测原初引力波的灵敏度比现有设备更高。如果它能够探测到这种引力波，那么目前提出的所有弦暴胀模型都将被观测结果排除。

此外，一些膜暴胀模型预言，暴胀会产生一种叫作宇宙弦（Cosmic String）的大型线状结构，它们会在膜和反膜湮灭的过程中自然产生。这些宇宙弦有可能是 D1 膜，也可能是膨胀到庞大尺度的基本弦，甚至可能是两者的组合。如果它们存在的话，天文学家应该可以探测到它们，因为它们会扭曲来自遥远星系的光线。

尽管理论上取得了一些进展，但还有很多问题需要解决。暴胀是不是真的发生过，目前物理学家还没有完全确定。如果进一步的观测不支持暴胀模型，宇宙学家就会转而研究取代暴胀的极早期宇宙模型。有些取代暴胀的模型就是在弦理论的启发下诞生的。这些模

弦理论用语

弦理论： 统一所有粒子和物理基本作用力的一种候选理论。

暴胀： 早期宇宙历史中一段宇宙加速膨胀的时期。

可观测宇宙： 我们能看到的一切东西的总和，也称为"我们的宇宙"。

其他宇宙： 我们无法观察的时空区域，可能具有和我们的宇宙不同的性质和物理定律。

卡 – 丘空间： 隐藏的六个额外维度的一类形状。

膜： 薄膜的简称，可以是一张二维薄片（就像普通薄膜一样），也可以是更高维或更低维的类似物体。

场： 像雾一样充满全空间的一种能量形式。

标量场： 在空间任意位置都可以用一个数值来描述的场，例如温度和暴胀子场。

模场： 描述隐藏空间维度大小和形状的标量场。

湮灭： 当正反物质碰撞或膜和反膜碰撞时，两者完全转化为辐射的过程。

型认为，我们的宇宙在大爆炸之前就存在，也许大爆炸只是宇宙创生与毁灭的永恒循环中的一部分。这些模型的难点在于，如何恰当地描述大爆炸时新旧宇宙的转换。

总之，弦理论提供了产生宇宙暴胀的两种普遍机制：膜的碰撞和额外维度时空的形状改变。现在，物理学家们第一次可以在不作任何无法控制的特殊假设的条件下，完全从理论出发推导出宇宙暴胀的具体模型了。这个进展非常令人鼓舞。弦理论是为了解释极小尺度的现象而被提出的，但被放大的弦却可能横贯长空。

多重宇宙有多少？

乔治·马瑟（George Musser）

多年来，宇宙学家一直在想象这样一幅画面：一片无定形的虚空中漂浮着无数个泡泡宇宙，我们存在的宇宙或许只不过是其中的一个泡泡。而且，当他们说"无数"这个词的时候，可一点儿也没开玩笑，就真的是字面上的意思。这些宇宙多得你数都数不清。相比之下，针尖上有多少天使就是个小儿科问题。对包含无限元素的集合来说，根本没有什么方法数得过来。这很糟糕，因为如果你不能数清，你就没法计算概率；如果你不能计算概率，你就没法做出经验性预测；如果你不能做出经验预测，那你就没脸在科学家聚会上跟人打招呼了。在2001年《环球科学》上的一篇文章中，宇宙学家保罗·斯坦哈特宣称，这一计数危机，或者叫"测量问题"，让人们有理由去质疑所有预言出泡泡宇宙的理论。

其他宇宙学家则认为，他们只需要找到更好的计数方法。2012 年 4 月，我参加了伦纳德·萨斯坎德的一个讲座。数十年来，萨斯坎德坚持认为，宇宙学家没必要数清所有的平行宇宙，只需要数清那些能影响你的平行宇宙就行了。不要去管那些跟我们没有因果关系的宇宙，这样你才有机会重新当一名合格的经验主义者。"我认为，因果关系是重中之重，"萨斯坎德说。他介绍了去年与三位斯坦福大学的物理学家，丹尼尔·哈鲁（Daniel Harlow）、史蒂夫·申克尔（Steve Shenker）以及道格拉斯·斯坦福（Douglas Stanford）合作完成的一项研究。我没能完全跟上他的思路，但对他使用的一套数学工具，即 p 进数（P-adic number），非常着迷。当我开始查阅资料时，我发现 p 进数已经在基础物理学领域催生了众多亚学科，不仅包括平行宇宙，还包括时间的方向、暗物质和时空的原子本质。

为了不让你觉得整个平行宇宙的概念从一开始就注定失败，宇宙学家提出，我们的宇宙只是一个古怪家族中的一员。在能观测的最大尺度上，我们所在的宇宙是光滑而均匀的。但是，宇宙的寿命还没有长到任何一个普通的物理过程都可以把它变得如此均匀。因此，它的光滑性和均匀性必定是从某个更大、更古老的系统中继承来的。在这个系统中，暗能量充斥其间，驱动空间迅速膨胀，让空间变得非常均匀，这个过程就叫作宇宙暴胀。暗能量还会让系统变得不稳定，让新的宇宙通过成核过程诞生，就像云里生成的雨滴。乖乖，我们的宇宙！

其他泡泡一直在不停地涌现出来。在暗能量的作用下，每个泡泡都能产生新的泡泡，泡泡中的泡泡里面还有泡泡，成了一团密密麻麻的宇宙泡沫。我们存在的宇宙也有暗能量，因此也能产生新的泡泡。婴儿泡泡之间的空间会一直膨胀，将彼此孤立起来。一个泡泡只和它的母体泡泡有接触。

这个过程生成了一棵宇宙家族树。树的结构是分形的：无论你放大到多少倍，它看上去都一个样。实际上，这棵树跟所有分形中最著名的那个康托集（Contor Set）简直是一个模子里出来的。

在一个简化的例子里，如果你从一个宇宙开始，经过 N 代，你就有了 2^N 个宇宙。对每个宇宙用二进制数字编号，就能确定它在结构图上的位置。第一个泡泡成核之后，生成两个宇宙，即泡泡内部和泡泡外部：0 和 1。接着，第一代宇宙 0 生下 00 和 10，而宇宙 1 生下 01 和 11。然后，宇宙 00 生出 000 和 100，以此类推。

这个过程会永远持续下去，组成宇宙的一个连续统（Continuum，图 1 上面的红线），其上任何一点可用含有无限个 1 或者 0 的数字标记。有趣的是这些数字并不是通常意义上的无限位数的数字，比如 1.414…或者是 3.1415…这种数学家称之为"实数"的数，你在数学课本上就看到过。相反，它们被称为二进制数，数学性质与实数迥然不同。在更一般的情况下，每个宇宙产生 p 个子宇宙，而不是仅仅两个。相应的数被称为 p 进数。

　　19 世纪晚期，数学家在构造不间断的连续数的时候提出了 p 进数。除了实数，p 进数也能填补连续实数轴上整数和整分数之间的空隙。实际上，俄罗斯数学家亚历山大·奥斯特洛夫斯基（Alexander Ostrowski）证明，唯一可能替代实数的也只有 p 进数了。

　　不幸的是，数学家非常善于把数学的美深埋在定义、定理、引理、系理之下（我的数学家朋友也向我抱怨说，数学的文本就像软件的安装许可一样令人望而生厌）。直到我听了萨斯坎德的演讲，我才对 p 进数是什么有了概念，并开始领略到它的无穷魅力。

　　将 p 进数和实数区别开的，是它们对距离的定义。对 p 进数来说，距离表示的是亲缘关系的远近：两个 p 进数距离近意味着它们有一个较近的共同祖先。从数值上说，如果第 N 代的两个点有一个共同的祖先，这两点之间的距离就是 $1/2^N$。例如，为了找到 000 和 111 这两个数的共同祖先，你得一直回溯到树根处（N=0）。因此这两个数之间的距离就是 1，

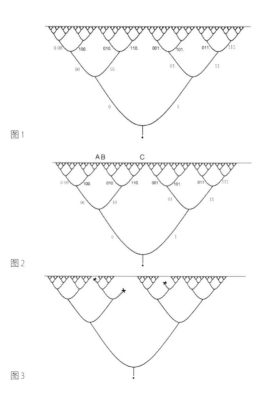

图1

图2

图3

即所有宇宙的总宽度。对 000 和 110 这两个数来说，最近的共同祖先在第一代（N=1），也就是说它们之间的距离是 1/2。000 和 100 的距离则是 1/4。

还有另一种表达方法。如果有人给了你两个 p 进数，你可以用下面这个方法来确定它们之间的距离。首先，把其中一个 p 进数放在另一个 p 进数上面。然后，比较最右边的数位。如果不相同，就喊"停！"计算完成，它们之间的距离就是 1。如果相同，那就左移一位，继续比较。如果不相同，就喊"停！"它们之间的距离就是 1/2。这样一直比较下去，直到你找到第一个不相同的数位为止。正是这个数位确定了两个数的距离。

这种距离规则或许会让你头脑发昏。两个看上去靠得很近的平行宇宙可能离得很远，因为它们存在于树的两根不同的分叉上。类似地，两个看上去离得很远的点也许紧邻彼此。在图 2 中，B 宇宙离 C 宇宙比它离 A 宇宙要近。还有，数 100 比数 10 小，因为它更靠近多重宇宙的左边缘。在 p 进数中，提高精度是通过在数的左边增加数位来实现的，而不是在右边。根据这一点，数学家安德鲁·里奇（Andrew Rich）及其研究生马修·鲍曼（Matthew Bauman）将 p 进数称为"左派数"。

p 进数也可以像其他自洽数一样进行加减乘除运算。只不过，它们的左派性质改变了运算法则，并出乎意料地让运算变得更加简单。p 进数相加时，你是从最重要的数位（右边）开始，向着最不重要的数位（左边）将数位一个个加起来。与之相反，在实数域中做加法，你是从最不重要的数位开始。一旦遇上了无限数位的实数，那就无路可走了。

p 进数的诡异不止于此。考虑三个 p 进数。如果把它们看作三角形的三个角，接着就会发生一件奇怪的事情：在这个三角形中，至少两条边的长度是相同的。和实数不同的是，p 进数不允许三角形的三条边的长度都不相同。结合树图来看，原因显而易见：从一个数到另外两个数都只有一条路径，因此它们最多有两个共同的祖先，因此最多有两个不同的长度。用术语来说，p 进数是"超度量的"。此外，p 进数之间的距离总是有限的。不像你在高中微积分里学到的 dx 和 dy 那样，p 进数里没有无穷小量，或者无限小的距离。用行话来说，p 进数具有"非阿基米德性质"。数学家得想办法给它们制定一套新的微积分规则才行。

在应用到多重宇宙研究之前，非阿基米德性质是物理学家费劲研读相关数学教科书的主要原因。理论物理学家认为，自然界也不存在无限小的距离。存在一个最小可能距离，即普朗克尺度，在这个尺度以下，引力变得无比强大，空间概念已经失去意义了。空间的颗粒度（Granularity）问题让理论物理学家着实烦恼。实数可以一路细分下去直至接近 0 的几何点，因此不适合用来描述一个颗粒化的空间。强行套用只会破坏作为现代物理学基石的对称性。

　　相反，正如斯捷克洛夫数学研究所的伊格尔·沃诺维奇（Igor Volovich）在 1987 年提出的那样，如果用 p 进数重新书写方程，理论物理学家认为他们可以用一种自洽的方式来表示空间的颗粒度。由此产生的动力学甚至还能解释暗物质和宇宙暴胀的机制。

　　一旦发现一个可以摆弄的新玩具，物理学家自然而然地马上想到怎么去拆解它。萨斯坎德和同事砍掉宇宙家族树的一些分支，弄明白了它对 p 进数的影响。那些砍掉的分支代表着不能孕育下一代宇宙的子宇宙：它们不含暗能量，或暗能量密度为负值。正如园艺师剪掉树的一根枝条，看似是破坏实则在帮助它成长一样，砍掉宇宙家族树的分支（见图 3）虽然破坏了它的对称性，但它解释了为什么时间是单向的以及过去和未来的区别。

　　p 进数的例子很好地说明了，基于自身美学而发明的数学如何跟现实世界发生联系。或许，p 进数比实数更加真实。

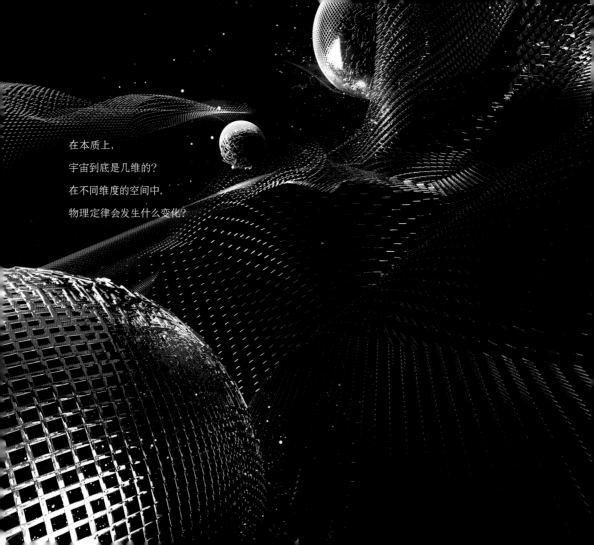

在本质上，

宇宙到底是几维的？

在不同维度的空间中，

物理定律会发生什么变化？

第三章 维
DIMENSION
度

二维空间的量子引力

史蒂文·卡里普（Steven Carlip）
在成为物理学家之前，曾当过印刷匠，编过报纸，当过工人。受业于量子引力奠基人之一的布赖斯·德维特（Bryce DeWitt），卡里普现在已经是美国加利福尼亚大学戴维斯分校的物理学教授，同时还是美国物理学会和英国物理学会会员。

精彩速览

- 由于受困于如何统一量子力学和爱因斯坦广义相对论，物理学家转而开始简化要研究的问题：先设想我们的宇宙只有两个维度，然后考虑其中的引力如何量子化。

- 起初，物理学家认为二维引力非常简单，因为二维中削足适履的引力受到诸多限制，以至于不可能有引力波存在，这种情况下引力不可能被量子化。

- 但物理学家现在发现，二维引力可谓深藏不露，也许其中没有能连续传递的波动，但宇宙作为一个整体却千变万化。

- 由此得到的量子引力，解答了大统一的许多难题，比如时间如何从无时间的物理背景中涌现出来。

物理学自成为自然科学之日起，就一直在自然界中追寻统一。牛顿向世人展示了让苹果落地的力量同时也将行星束缚于轨道；麦克斯韦用电磁学理论将电、磁和光合而为一；到了20世纪，物理学家又将弱核力（Weak Nuclear Force）加入其中，形成统一的弱电理论。爱因斯坦则把时间和空间本身交织在一个时空连续统（Spacetime Continuum）之中。

时至今日，上述统一进程中仍然缺失一环，即引力和量子力学的融合。作为爱因斯坦的引力理论，广义相对论描述了宇宙的创生、行星的轨道和苹果的掉落。另一方面，量子力学关注的则是原子和分子、电子和夸克、亚原子层次的基本力以及更多此类微小的事物。但是，在黑洞这类引力和量子效应都很强的天体之中，两者即便跻身一处，它们也表现得格格不入。物理学家一直尝试将二者整合成一个量子引力理论，但曾经的希望最终都成死灰，努力的结果要么毫无意义，要么无疾而终。尽管历经八十多年，包括十多位诺贝尔奖得主在内的几代物理学家前仆后继，量子引力理论仍如镜花水月。

面对难以解答的问题，物理学家通常的反应都是，"考虑一个更为简单的情况"。正是通过研究从复杂的现实世界中抽离出来的一个个简单模型，物理学才不断取得进步的。研究者已经考虑了很多有关量子引力的简单模型，比如在引力很弱或存在黑洞这类特殊情况下的模型。最特别的一个模型可能是，完全忽略空间的一个维度，设想在一个二维宇宙中引力会如何变化（从技术上说，物理学家考虑的情况是"2+1 维"，即二维的空间，外加上时间）。说不定这个简化宇宙中的引力规则，也同样适用于我们的三维宇宙，那就真是在大统一的严冬里雪中送炭了。

简化维度这个想法可不是空穴来风。埃德温·阿伯特（Edwin Abbott）在 1884 年出版的小说《扁平王国：多维罗曼史》（Flatland: A Romance of Many Dimensions）中，就演绎了一位"方块先生"的奇妙旅程。他是一位二维世界里的居民，这个世界由三角形、方块和其他几何形状组成。阿伯特的本意，是借小说来讽刺维多利亚时期的社会风气，例如扁平王国里有严格的等级制度，女性处在社会最底层，上流社会则由一群圆形教士把持等。但此书却引发了人们对不同维度几何的强烈兴趣，直到今天仍为数学家和物理学家津津乐道。很多在高维空间中绞尽脑汁的研究者都从扁平王国起步，先设想我们的三维世界在方块先生眼中会是何等模样。扁平王国同样还启发了那些研究石墨烯（Graphene）等材料的物理学家，因为这些材料的性质的确就类似一个二维空间。

对扁平王国中引力的研究，首次出现在 20 世纪 60 年代，结果让人失望：扁平王国是无引力的世界，准确地说，是三维世界没有足够的空间让引力进行传递。但到了 20 世纪 80 年代，这个研究又绝处逢生，因为研究人员认识到，引力能在平面世界中以出人意料的方式运作，即使两个物体之间并无服从牛顿平方反比率的吸引作用，引力仍可以塑造空间的整体形状，乃至产生黑洞。时至今日，平面世界的引力已经成为物理学家横向思维的座上宾，让他们得以对一些存疑想法进行严格的数学检验，例如全息原理（Holographic Principle）以及有关"时间从无时间世界中涌现"的推测。

二维中的引力

如果你将一个三维空间压扁成二维空间，结果可不是所有东西都变得更薄那么简单，因为引力会发生根本改变。对物理学家而言，设想二维空间中引力的运作方式，已经成为一种有益的练习，帮助他们学会如何将爱因斯坦的引力理论（广义相对论）和量子力学融合成量子引力理论。

夭折的引力波

按照广义相对论，引力场的变化会以引力波的形式在空间中传播开来，而引力波只能是三维的，无法压缩成二维，因为它需要一个传播方向，同时需要另外两个相互垂直的方向，来拉伸或压缩物体（上栏），所以在二维中无法传播（下栏）。没有了引力波，物理学家就不知道该如何将引力量子化。

引力波

假设的二维引力波

波会将物体朝着不存在的方向拉伸

吸引方式不同

一个有质量物体会使周围的时空产生连续的弯曲。三维中，这种弯曲导致两个有质量物体，按照牛顿万有引力定律的方式相互吸引。在二维中，一个有质量物体会把时空弯曲成圆环面，相应的二维下的牛顿定律也发生了改变：一个物体经过另一静止物体时会被偏折到一条新轨道上去，但静止物体仍旧保持不动。

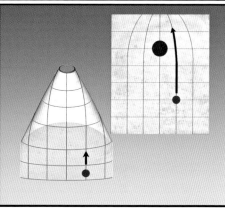

黑洞的形成

引力在极端条件下会变成一团乱麻，产生一些牛顿理论无法预测的现象，其中最著名的就是黑洞，一个只能进不能出的地方。二维引力中最出人意料的发现之一，就是证明了有二维黑洞存在，前提是空间有某种形式的暗能量。无论是三维还是二维黑洞，量子效应都会使它们像烧热的铁块一样发光。

事件视界
奇点

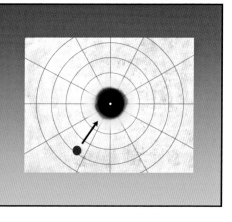

时间管理

每当物理学家要将一个力量子化，他们都先从相应的经典理论出发，以此作为量子化的基础。对于引力来说，这个经典理论就是广义相对论，但问题也就出在广义相对论身上，它涉及一个由 10 个方程组成的复杂体系，每个方程都包含上千项，一般情况下我们甚至没法解出这个方程组，要将之量子化更是一个无望的工程。不过这还只是表面上的困难，量子引力之所以难以捉摸还有更深层的原因。

根据广义相对论，我们称之为引力的东西，实际上是空间和时间的一种展示。地球围绕太阳运转，并非有什么力在推搡它，而是地球在被太阳质量弯曲的时空中，沿着最短的可能路径运动的结果。因此，统一量子力学和引力就意味着要将空间和时间结构本身量子化。

这听上去可能不值得大惊小怪，但着实困难重重。量子力学的基石之一，是所谓的"海森堡不确定性原理"（Heisenberg Uncertainty Principle，旧译"海森堡测不准原理"），即物理量本质上都是模糊的，在所有可能取值上随机涨落（Fluctuate），直到被观测，或者经历一个等价于观测的过程，它才获得一个确定结果。如此一来，在量子引力中，空间和时间本身就会不断涨落，从而动摇所有物理现象赖以发生的基础。没有一个固定的时空作为背景，我们就不知道该如何描述位置、速度等所有基本物理概念。简单点说，就是我们搞不清楚什么样的时空叫量子时空。

这些通往量子时空概念的难关，有好几种表现方式。其中之一就是人尽皆知的"时间难题"（problem of time）。时间是我们观察实在的基础，几乎所有物理理论本质上都是对宇宙某些组成如何随时间变化的描述。因此物理学家应该最了解什么是时间，不过让人汗颜的是，其实他们并不清楚。

在牛顿眼中，时间是绝对的，超越自然统摄万物，但万物不能增减之。常见的量子力学形式接受了这种绝对时间观念。与之相对，相对论将时间拉下神坛，相互运动的不同观测者，对时间的流逝速度有不同看法，甚至对两个事件是否同时发生，也无法取得一致。在引力场中，时钟以及其他所有随时间变化的事物，都会运转得更慢。在相对论中，时间不再是一个外部参数，而是宇宙构成的主动参与者。这样一来，没有独立于宇宙之外的理想时钟存在，也就不能借之来决定变化的步调，时间的流逝必须从宇宙的内部结构中自动生成。但具体如何生成还不得而知，甚至要找到这个问题的头绪，也不是易事一桩。

时间难题还有一个名声稍逊的同伴，名为"可观测量问题"（problem of observables）。物理学是一门实验科学，也就是说任何物理理论必须包含对可观测量的具体预测，同时这些预测又必须是可以检验的。在普通物理学中，这些量总是被赋予一些具体的位置，比如"这里"的电场强度，或者"那里"发现电子的概率等。我们用坐标 x、y、z 来对"这里""那里"进行标记，理论则会对可观测量随着这些坐标如何变化给出预测。

不过，在爱因斯坦的相对论中，空间坐标只是一个随意的、人为的标记，宇宙本身不会迁就你制定的这些标记。而如果无法客观地确定时空中的一个点，你也就没法说明这点上会发生什么。

美国犹他州立大学的查尔斯·托雷（Charles Torre）认为，一个量子引力理论不会有纯粹的定域观测量，或者说观测量的取值不仅仅依赖于时空中的某个点，它还会受到其他点的影响。这样一个非定域的理论，如何用来描述我们眼中似乎是定域（起码考虑引力时是如此）的世界，这将是量子引力追寻者肩上的另一个重担。

还有第三个难题，就是宇宙形成问题。它究竟是从虚无中创生的，还是从某个母宇宙分离出来的？或是经历其他完全不同的方式出现的？这里的每种可能性，都给量子引力理论设置了一些障碍。一个与此相关的问题，已经成为科幻小说作家笔下的永恒主题，那就

如何量子化二维引力

二维引力为物理学家理解引力提供了新的视角。它不一定是在空间中传递的力，实际上引力在二维空间中根本无法传播。它也许改变的是整个宇宙的整体形状。物理学家研究了一个正方形或平行四边形宇宙卷成圆环面的情况。不同大小和形状的圆环面对应处于不同时间的二维宇宙。空间中一小块区域发生的变化，折射出空间的整体情况，微观和宏观难分难解地联结在一起。

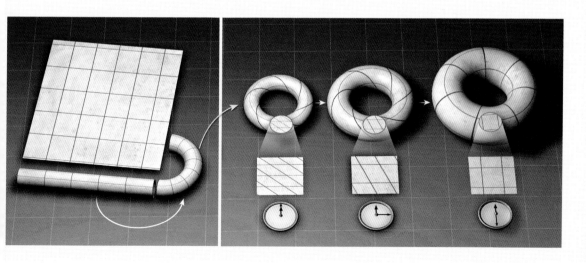

是虫洞（Wormhole），一个连接空间甚至时间中不同位置的捷径。物理学家确实严肃地考察过这个想法，在过去20年间，约有1000篇有关虫洞的论文发表，不过虫洞这类结构是否存在至今仍笼罩在迷雾之中。

最后一些问题围绕的是科学中最为神秘的怪兽：黑洞（Blackhole）。黑洞是一扇我们窥探空间和时间结构终极本质的最佳窗口，在20世纪70年代，史蒂芬·霍金（Stephen Hawking）就表示，黑洞会像炽热的煤炭一样发光，按照黑体辐射谱（Blackbody Spectrum）向外辐射能量。

在所有其他物理学体系中，温度都是底层微观组分运动的反映，我们说屋里很温暖，其实是指房间里空气分子正以较高能量在不断运动。对于黑洞而言，构成它的"分子"肯定是量子引力化的，当然它不是具体的什么"分子"，而是黑洞内某种未知的微观基础结构，而且是能不断变化的结构，物理学家称之为"自由度"（degrees of freedom），不过目前没人能窥得其庐山真面目。

一个"缺乏吸引力"的模型

一眼看上去，平面世界不像是探究上述问题的理想场所。阿伯特笔下的扁平王国有很多定律，但其中并不包括引力定律。1963年，波兰物理学家安杰伊·斯塔鲁斯基维茨（Andrzej Staruszkiewicz）利用广义相对论，找到了扁平王国中引力可能呈现的规律。他发现平面世界的大质量物体，会将周围的二维空间弯曲成锥状，就像一张用纸卷成的喇叭筒。如果有东西穿过这个锥面的轴线，它会发现自己的轨迹被偏折了，这跟太阳让彗星的轨道发生偏折很相似。1984年，美国布兰迪斯大学（Brandeis University）的斯坦利·德赛（Stanley Deser）、麻省理工学院的罗曼·贾基夫（Roman Jackiw）和荷兰乌德勒支大学（Utrecht University）的杰拉德·特·胡夫特（Gerard't Hooft）一起，弄清了量子化粒子在这种锥面空间中的运动方式。

在我们的三维宇宙中，引力导致的空间弯曲会呈现各种复杂形状，但平面世界的几何就要简单得多。扁平王国中没有与牛顿万有引力定律等价的东西，在那里两个静止物体不会由于相互吸引而逐渐靠近。物理学家真要喜极而泣了，因为它意味着将斯塔鲁斯基维茨的理论量子化，要比将三维空间中完整版的广义相对论量子化来得容易。但天不遂人愿，斯塔鲁斯基维茨的理论太过简单，根本没有什么可以拿来量子化。一个二维空间也没有余地来容纳爱因斯坦理论的重要成员——引力波（Gravitational Wave）。

为简单起见，我们以电磁波为例。电场和磁场由电荷和电流产生，但正如麦克斯韦指

虫洞与创生

量子引力理论与爱因斯坦的理论不同，它允许宇宙改变自己的拓扑，这有可能解决宇宙性质和演化中一些长期困扰我们的问题。可变拓扑意味着，一个单孔的圆环面可以变成双孔的圆环面，这相当于制造出一个虫洞，一个连接两个空间位置的传送门。人们甚至想象用虫洞来充当时间机器。不仅如此，可变拓扑能让宇宙从空无中突然创生。

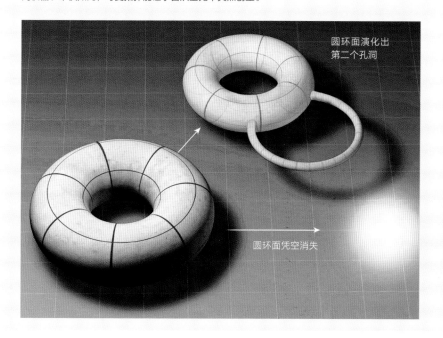

圆环面演化出
第二个孔洞

圆环面凭空消失

出的，这些场能脱离产生它们的源，以波的形式自由传播，光就是自由传播的电磁波。在麦克斯韦理论的量子版本中，电磁波变成光子，即光的最小能量单位。同样，在广义相对论中，引力场也能脱离引力源成为自由传播的引力波，因此物理学家普遍相信，一个量子化的引力理论中应该包括传递引力的粒子，他们称之为引力子（Graviton）。

此外，光还有偏振性，这意味着它的电场分量，只在垂直于传播路径的某个方向上振荡。引力波同样也有偏振性，但方式更为复杂：引力场不是沿着一个而是同时沿着两个垂直于传播路径的方向振荡，这一要求在平面世界中无法满足，因为在二维世界中，只要传播方向确定了，就只剩下一个与之垂直的方向了。因此引力波及其量子化的引力子没法挤进二维空间中。

由于上述缺陷，斯塔鲁斯基维茨的发现逐渐沉寂，只是偶尔受到关注。直到 1989 年，美国高等研究院的爱德华·维腾开始进入这个领域。人们普遍认为，维腾是世界上顶尖的数学物理学家，当时他正在研究一类特殊的场，波动在这类场中无法自由传播。他意识到，二维引力就属于这类场，并为后来的研究者引入了一个重要工具：拓扑学（Topology）。

环面国里的引力

维腾的发现是，即便引力无法以波的形式传播，它仍可对空间的整体构形产生巨大影响。这种效应在一个二维平面世界中不会显现，它需要更复杂的拓扑结构。什么是拓扑？以冰雕为例，随着冰雕慢慢融化，雕塑的细节逐渐模糊，但一些比如窗户、桥洞等基本特征会基本维持不变，拓扑就是描述这类不变特征的数学工具。如果一个面能光滑地变换成另一个面，不需要进行切割、扭曲或黏合，这两个面就具有相同的拓扑，比如说一个半球面和一个碟子在拓扑上就是相同的，因为只要沿着直径方向拉伸半球面，就能得到一个碟子。而球面则具有不同的拓扑，你需要挖掉一块才能把球面变成半球面或碟子。像甜甜圈一样的圆环面又有另一种拓扑，咖啡杯表面也属此类，杯把部分看上去就类似一个圆环面，而杯子的其余部分可以平滑连续地收缩成圆环面上的一点，中间无须进行切割或者扭转，因此数学家一直打趣说，研究拓扑的分不清什么是甜甜圈，什么是咖啡杯。

圆环面尽管看上去是弯曲的，但如果考虑其内在几何而不是外部形状，它实际上可以看作平面，圆环面的特征在于你能用两种完全不同的方式环绕圆环面，一种是绕着中间的圆孔在圆环面上画一个圈，另一种是穿过中间的圆孔画一个圈。玩过红白机上《坦克大战》游戏的人肯定很熟悉这个性质，进入屏幕下方的坦克会从上方出来，进入右边会从左边出来。《坦克大战》的屏幕在几何上是平面，遵从诸如平行线永远不会相交之类的平面几何性质，但在拓扑上它等价于一个圆环面。

实际上，有无穷个此类圆环面存在，它们在几何上都属于平面，但又可以通过一个被称为模数（Modulus）的参数来加以区别。在这样的圆环面宇宙中，引力的作用是导致模数随时间变化。圆环面在宇宙大爆炸中以直线形式出现，然后随着宇宙的膨胀逐渐张开，几何上越来越接近方形平面（见第 115 页图文框）。从维腾的结果出发，我发现此过程能被量子化，从经典引力理论得到一个量子引力理论。平面世界的量子引力中没有引力子，有的是形状不断变化的圆环面。这幅图景偏离了量子理论固有的微观理论的形象，实际上，二维世界的量子引力理论将整个宇宙作为单一对象来进行描述。只要认识到这一点，我们就能构造出充足的模型，研究一些与量子引力基本概念有关的问题。

寻找时间

比如，平面引力能向我们展示，时间如何从一个无时间的根本实在中"涌现"出来。在该理论的某种形式中，整个宇宙由一个单一量子波函数（Wave Function）描述，有点类似于物理学家用波函数来描述粒子和原子。这个宇宙波函数不依赖于时间，因为它本身已经包含了所有时间：过去、现在和未来。那这个无时间的波函数又如何产生我们看到的各种变化呢？答案在于牢记爱因斯坦的名言：所谓时间乃时钟测量之结果。这意味着，时间并不能超然宇宙之外，它由宇宙的某个子系统决定，而且这个子系统与宇宙的其余部分存在关联，正如你身边墙上的挂钟与地球自转存在关联一样。

平面量子引力理论本身给时钟提供了很多选择，每种选择都是一个对时间的不同定义。"方块先生"可以用卫星上的原子钟来定义时间，就像 GPS 卫星上携带的那种。他也可以用一根从大爆炸开始延伸的曲线的长度来定义时间，或者用宇宙的尺度来定义时间，还可以用宇宙膨胀引起的红移（Redshift）量来定义时间。无论用何种方式，一旦他选择了某种时间定义，所有其他物理量就自动随该时钟的时间变化。举例来说，圆环宇宙的模量（Modulus）与该宇宙的尺度有关，而"方块先生"认为，这显示了宇宙随时间的演化，于是本来一个无时间的宇宙，就由理论自我引导出一个时间来。虽然这都不是什么新想法，但环面国的量子引力至少给我们提供了一个舞台，在这里，我们可以通过数学来证实这种设想不仅很美妙，而且还有效。通过分析我们发现，有些时间的定义方式会带来一些额外效果，比如可能导致空间褶皱。

至于"可观测量问题"，环面国也能应付，它为我们提供了一套客观的可观测量，比如说模数。问题在于，这些量并不是定域的，它们并不针对某个特定空间位置，而是对整个空间结构的描述。"方块先生"在环面国测量的任何东西，最终都可归结到这些非定域量。2008 年，德国埃尔朗根—纽伦堡大学（University of Erlangen-Nürnberg）的凯瑟琳·穆斯伯格（Catherine Meusburger）找到了将这些模数与时间延迟、光线红移等一些宇宙学可观测量联系起来的方法。后来我发现，这些模数还可以与物体的运动相联。

平面世界的引力还给虫洞爱好者带来了一些好消息：在虫洞理论中，至少有一种构想允许空间发生拓扑变化。"方块先生"可以今晚在球面国入睡，明天却在环面国醒来，这相当于在宇宙中远离的两点之间制造出一条捷径，也就是所谓的虫洞。不仅如此，某些理论形式甚至允许我们从虚无中创造出一个宇宙，在拓扑上这可是翻天覆地的巨变。

宇宙的边际

由于平面世界的引力先天受限，这个领域的专家（包括我在内）曾一度认为不可能有二维黑洞存在。但是在 1992 年，智利天主教大学的马西莫·巴那多斯（Máximo Bañados），以及智利科学研究所的克劳迪奥·本斯特［Claudio Bunster，当时还叫克劳迪奥·泰特尔鲍姆（Teitelboim）］和乔治·加扎内利（Jorge Zanelli）就算没有震惊了世界，最起码也是震动了量子引力这个小圈子，他们发现二维量子引力中可以出现黑洞，只要这个平面宇宙具有某种形式的暗能量。

这种被称为 BTZ 黑洞（BTZ 来自上述三人名字首字母）的东西，非常类似我们真实宇宙中的黑洞：它由无法抵抗自身引力的物质塌缩而成，周围同样围绕着一个一旦进入就万劫不复的事件视界（Event Horizon）。对一个外部观测者而言，事件视界就如同平面宇宙的边际，任何掉入事件视界的东西都将彻底和我们隔离开。不仅如此，按照霍金的计算，"方块先生"还能看到这个黑洞由于自身温度而发光，温度高低则取决于黑洞的质量和自转。

这个结果看上去很奇怪。因为缺乏引力波和引力子的平面引力，应该不具备能维持黑洞温度的引力自由度，但这个温度还是不期而至。原因在于，事界本身为二维空间带来了一些额外结构，这些结构在空的二维空间中是不存在的。事件视界是一些特定的位置，在数学上会给原先的理论增加一些额外的量，比如说扭动事件视界的振动会产生额外的自由度。让人惊叹的是，我们发现这些额外的自由度，恰好满足霍金理论的需要。

实际存在的平面世界

美国马里兰大学的伊戈尔·I.斯莫亚尼诺夫（Igor I.Smolyaninov）及其同事制备了一个用来模拟二维世界的实验体系，它主要由一个金属表面层构成，电磁波可以沿着这层金属传播，形成所谓的表面等离子体（Surface Plasma），它相当于二维世界的光。金属表面上的一个液滴能像黑洞捕捉光子一样，将这些表面等离子体束缚住。图中白色的边界就相当于黑洞的事件视界（右图）。除了理论物理学家将平面引力当作大统一理论很好的热身外，实验物理学家们还认为，二维空间在光学中会有诸多实际应用。

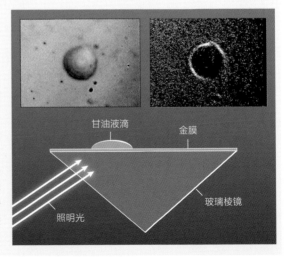

甘油液滴　　金膜

照明光　　玻璃棱镜

因为这些自由度来自事件视界，可以说处于平面世界的边际，所以它们可以用来对量子引力中迷人的全息原理进行具体检验。全息原理认为，维度也许是一个可约概念，正如三维影像可以被全息图（holograph）记录在一张二维胶片中。很多物理学家怀疑一个 d 维世界的所有物理规则，都可由 "d-1" 维世界中的简单理论完整捕捉。作为统一广义相对论和量子力学的主流理论，弦理论于 20 世纪 90 年代末引入了全息原理，为量子引力理论的构造带来了一种全新的尝试。

平面世界的引力，正好为这种尝试提供了一个简化的测试平台。就在 4 年前，维腾和现供职于加拿大麦吉尔大学（McGill University）的亚历山大·马隆尼（Alexander Maloney）再次震惊了物理学界。他们提出，在最简单的二维引力中，全息原理似乎无效，因为按照理论预测，黑洞会具有某些不可能的热力学性质。这个出乎所有人意料的发现表明，引力远比我们此前想象的微妙。紧随其后的，是对平面引力的新一轮研究热潮。也许只考虑引力本身还不够，还必须考虑引力和其他力与粒子的关系；也许爱因斯坦的理论需要修正；也许我们要想办法让某些定域自由度回到理论中；也许全息原理并不总是有效；也许空间像时间一样不是宇宙的基本属性。不管答案在哪，平面引力已经指出了一条道路，要不然我们很可能与之擦肩而过。

尽管我们无法制造出一个真正的二维黑洞，但还是可以通过实验来检验对平面世界模型的一些预言。目前世界上有多个小组正在二维结构中寻找可以模拟黑洞的替代物，例如超音速流体能产生出一个让声波无法逃脱的声界（Sonic Horizon）。而且用束缚在固体表面的电磁波，实验人员已经能制造出一些模拟的二维黑洞（见 120 页图文框）。这些替代物应该能像真实的黑洞一样，产生量子辐射。

平面世界的量子引力是物理学家的乐园，是一个追寻真实世界量子引力理论的简单舞台。它已经在时间、可观测量和拓扑方面，传授给我们一些重要经验，可以应用到实际的三维引力之中。平面模型的深邃内涵，不断给我们带来惊喜：让我们认识到拓扑的重要，发现奇特的二维黑洞，面对奇异的全息原理。也许用不了多久，我们就能对"方块先生"和他的平面世界有一个更为完整的理解。

引力逃逸到高维空间？

格奥尔基·德瓦利（Georgi Dvali）

精彩速览

- 天文学家通常认为，暗能量导致了宇宙的加速膨胀。但是，引力定律在最大尺度上失效也会产生相同的效果。
- 大统一理论的领跑者——弦理论提出了一种新的引力定律。弦理论不仅仅是描述极小尺度的物理定律，它还能对宏观世界产生影响。
- 弦理论提出，宇宙存在一些普通物质无法进入，但引力或许能逃逸进去的额外维度。这种逃逸产生了不可恢复的时空扭曲，进而造成宇宙加速膨胀。它会对行星运动产生细微的影响，并被观测到。

宇宙学家和粒子物理学家很少像今天这样烦恼。尽管标准宇宙模型得到了最近一些观测的证实，但它仍有一个大漏洞：没有人知道为什么宇宙正在加速膨胀。如果你向上扔一块石头，它不会加速飞离地球，因为地球引力会让它上升的速度慢下来。同样，在宇宙大爆炸膨胀中飞散的遥远星系，由于互相吸引，彼此远离的速度也应该会逐渐慢下来。但事实上，它们正在加速远离。许多研究人员将宇宙加速膨胀归因于一种叫作暗能量的神秘物质，但鲜有物理学证据支持这些精致的术语。唯一逐渐明晰的是，在可观测的最远距离处，引力以相当奇怪的方式起作用，它变成了斥力。

物理定律认为，引力由物质和能量产生。因此，部分物理学家把这种奇怪的引力归因于某种奇怪的物质或能量，这就是暗能量的由来。但也有可能，这些物理定律本身就需要改变。对于这类改变，物理学史上已经有过先例：牛顿在 17 世纪提出了万有引力定律，但由于诸多概念和实验上的局限性，它最终被爱因斯坦在 1915 年提出的广义相对论所取代。相对论也有自身的局限性，特别是当我们把它应用于量子力学支配的极小尺度上时，就会出现问题。就像相对论囊括了牛顿物理学，引力的量子理论也将最终囊括相对论。

多年来，物理学家已经提出了一些似乎可行的量子引力理论，其中最著名的就是弦理论。当引力作用于微观距离时，例如在黑洞中心，巨大的质量被压缩在一个亚原子体积的范围内，物质开始表现出奇异量子属性。弦理论正是描述了引力定律在这一尺度上如何作用。

在较大尺度上，弦理论物理学家通常假设量子效应无关紧要。但是，最近几年的宇宙学发现要求研究人员重新考虑这个假设。17 年前我和同事提出，弦理论不仅会在微观尺度上改变引力定律，在大尺度上也是如此。之所以能够做出这种修正，是因为弦理论引入了额外维度，即粒子能够运动的额外方向。与常规的三维空间相比，弦理论增加了六至七个维度。

过去，弦理论物理学家认为这些额外维度非常小，人类无法看见，也无法进入。但最新的研究进展显示，部分或所有的额外维度可能都是无限大的。我们看不见它们，并不是因为它们太小，而是因为组成我们身体的粒子被限制在常规的三维空间中。一种能够超越这一限制的粒子就是传播引力的粒子。在这种情况下，引力定律需要做出修改。

来自"虚空"的"精质"

当天文学家发现宇宙在加速膨胀时，他们的第一反应就是把它归因于"宇宙学常数"。众所周知，这个常数最早由爱因斯坦引入，但后来又被他本人抛弃。宇宙学常数表示空间本身内含的能量。即使是不包含任何物质、完全虚空的空间，仍然包含这些能量，约每立方米 10^{-26} 千克。尽管宇宙学常数与目前所有已知数据吻合，许多物理学家仍对它不满意。原因就是，物理学家无法解释它为何如此之小，小到它对大部分宇宙历史都没有影响，包括宇宙形成的早期阶段。更让人难以接受的是，它比产生它的物理过程的能级还要小得多。

为了解决这个问题，许多物理学家提出，宇宙加速膨胀并非由空间自身引起，薄雾一样充满空间的能量场才是罪魁祸首。某些在空间中均匀分布的场，其势能有着跟宇宙学常数非常相似的作用。其中有一种叫作"暴胀子"的场，被认为曾经驱动了早期宇宙的加速

从平面到四维空间

艺术家格里·穆尼（Gerry Mooney）的一幅漫画里写着："引力：不只是灵光一现，它主宰万物。"但是，引力似乎非常多变。比如说，它的大小取决于空间的维度。随着传播距离的增加，引力也随之减小，因为它的引力边界越来越大（红色部分）。

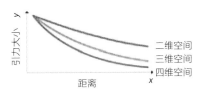

二维：

引力边界是一维的（一条线），与传播距离成正比。引力大小与传播距离成反比。

一个100千克的人在地表面的重力：10^{45}牛顿

重力：10^3牛顿

三维：

引力边界是二维的，所以引力大小与距离的平方成反比。在同一位置，三维空间的引力比二维空间小。

重力：10^{39}牛顿

四维：

四维空间难以直观体现出来，但仍然遵循着相同的基本定律。引力边界变成了三维，引力大小与距离的立方成反比。物体的重力比三维空间小。

引入一个额外维度的三种方法

爱因斯坦和同时代的科学家，如西奥多·卡卢察和奥斯卡·克莱恩对空间还存在隐藏的额外维度的猜想非常着迷。这一猜想在弦理论上得到了继承。为了清楚起见，不妨把我们的三维宇宙想象成一个方格平面。每个方格点处就有一条延伸出来的线，作为第三个维度。

传统的弦理论：

长期以来，弦理论假设额外维度都是有限尺寸的，比如说亚原子尺寸的小环。在这个维度上运动，一个小虫子最终会回到出发点。

无限体积模型：

本文作者和同事提出，额外维度是无限的，并且没有弯曲，跟日常生活中的其他三个维度一样。

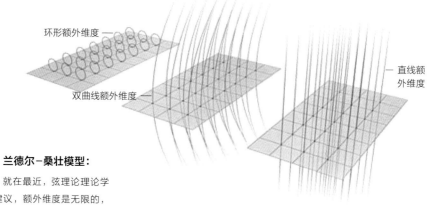

环形额外维度

双曲线额外维度

直线额外维度

兰德尔-桑壮模型：

就在最近，弦理论理论学家建议，额外维度是无限的，但极度扭曲，因此它们仅仅围绕着我们的宇宙。

膨胀阶段，即宇宙暴胀。也许另一个类似的场已经出现，正驱动宇宙进入另一个暴胀过程。第二种场被称为"精质"（Quintessence）。和宇宙学常数一样，它必须具有非常小的数值。但这一理论的支持者认为，与静态的常数相比，要解释一个非常小的动态物理量应该更容易一些。

无论是宇宙常数还是精质，都属于暗能量的广义范畴。到目前为止，二者仍然缺少令人信服的解释，这也是为什么物理学家正在认真考虑额外维度的理论。额外维度理论的诱人之处在于，它们能自然而然地改变引力的行为。当引力按照牛顿理论或者广义相对论起作用时，其大小与物体之间距离的平方成反比。原因可以用简单的几何学来解释：根据19世纪物理学家卡尔·弗里德里希·高斯（Karl Friedrich Gauss）阐述的原理，引力的大小取决于引力线的密度。随着距离增加，这些引力线将在一个不断变大的边界上散开。在三维空间，该边界是二维表面，即一个面，它的大小随着距离平方的增加而增大。

但如果空间是四维的，那么它的边界将是三维的立体空间，其大小随着距离的立方变化。这种情况下，引力线的密度将随距离的立方而减少。因此，在相同距离处，四维空间的引力将比三维空间更弱。在宇宙尺度上，引力的减弱将导致宇宙膨胀加速，原因我会在后面讨论。

如果引力能自由进入额外空间，那为什么我们以前没有发现呢？为什么标准的三维空间平方反比定律能如此精确地解释棒球、火箭和行星的运动呢？在弦理论中，传统回答是这些额外维度是紧缩的，蜷曲成有限、细小的圆圈。在很长的时间里，物理学家一直假设这些圆圈的大小就是所谓的普朗克长度，大约 10^{-35} 米。但是最近的理论和实验研究表明，它们有可能大到 0.2 毫米。如果这些维度是蜷曲的，那它们仅能在与紧缩维度的半径相当或更小的小尺度内干扰引力的作用。在更大尺度范围内，标准的引力定律仍然成立。

监狱生活

然而，紧缩维度理论也有它的麻烦。例如，人们会问，为什么有些维度（额外维度）紧紧扭成结，而另一些（常规维度）却能无限延伸？换言之，在宇宙中物质和能量的影响下，除非有什么东西可以使它们稳定，否则蜷曲维度应当伸直。一种有趣的可能是，弦理论预测的一种类似磁场的场可以防止空间维度收缩或者膨胀。另一种可能的解决方案出现在 1999 年：包括额外维度在内，所有维度的大小可能都是无限的。可观测的宇宙处在更高维度世界内的三维表面上，也就是薄膜（简称"膜"）。常规物质被束缚在膜上，但是

乖张的膜

遗憾的是，即使存在额外的维度，人类也根本难以进入。组成我们身体的粒子——电子、质子和中子——被认为是开环的弦。这就决定了它们只能待在膜上，也就是我们的宇宙中。然而，产生引力的引力子却能挣脱膜的束缚，逃逸到额外空间中。

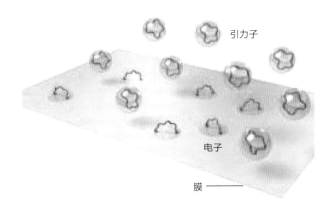

有些力，例如引力，能够逃逸出去。

引力之所以能够从膜上逃逸，是因为它与其他力有着本质上的不同。根据量子场论，引力是由一种特殊粒子——引力子产生的。两个物体相互吸引，是因为引力子在它们中间流动，就像电场力或磁场力是由两带电粒子之间的光子流动所产生的一样。当引力处于静态时，引力子是虚的。尽管能够测量其效果，但它们无法作为独立粒子被观测到。太阳能将地球束缚在其公转轨道上，是因为它发射出的虚引力子被地球吸收了。能被直接观测到的实引力子对应于某些事件发出的引力波。

根据弦理论的构想，引力子与其他所有粒子一样，最终可以归为细弦的振动。但电子、质子和光子是开弦的振动，像小提琴弦，而引力子则是闭弦的振动，像橡皮圈。来自美国圣巴巴拉市科维理理论物理学研究所的约瑟夫·波尔金斯基（Joseph Polchinski）曾表示，开弦的末端不能自由移动，它们应当被束缚在膜上。如果你试图将开弦从膜上拉出来，它会变长，就像一根弹性绳，但仍然固定在膜上。相反，像引力子这样的闭弦不会固定在膜上，它们可以自由遨游整个十维空间。

当然，引力子也不是绝对地自由。如果那样，标准引力定律会明显失效。无限维度假说的创始人，哈佛大学的莉萨·兰德尔（Lisa Randall）和约翰斯·霍普金斯大学的拉曼·桑壮（Raman Sundrum）认为，引力子束缚是因为额外维度与常规的三个维度不同，它们严重扭曲，产生了难以逾越的陡峭深谷。

关键在于，由于额外维度严重扭曲，尽管它们在广度上是无限的，其体积实际上是有限的。无限空间怎么可能会有一个有限的体积呢？想象向一个无底的马提尼玻璃杯中倒杜松子酒，酒杯的半径与深度成反比而不断缩小。要添满酒杯，只需要有限的杜松子酒。由于酒杯是倒三角形的，其体积集中在杯顶附近，这与兰德尔－桑壮理论很相似，额外维度的体积集中在膜上。因此，引力子在大多数情况下只出现在膜上。随着与膜距离的增加，找到它们的概率就迅速减小了。用量子理论的术语来说就是，引力子的波函数在膜上达到峰值，这也被称作引力局域化。

尽管在概念上与紧缩维度不同，兰德尔－桑壮理论得出了许多相同的结果。由于这两个模型都是在小尺度，而不是宏观尺度上改变了引力定律，因此都未能解决宇宙为何会加速膨胀的难题。

膜上的物理学

但是，现在出现的第三种理论预测，标准引力定律将在宇宙尺度上失效，并且无须借助暗能量就可以解释宇宙的加速膨胀。2000 年，本文作者与美国纽约大学的同事格雷戈里·加吧达泽（Gregory Gabadadze），马西莫·波拉蒂（Massimo Porrati）提出，额外维度与我们日常所看到的三维空间完全一样，它们既不紧缩也没有严重扭曲。

即便这样，引力子也不能完全自由地随意去任何地方。引力子由膜上的恒星或其他天体发出，但只有当传播距离超过临界距离时，它们才能够逃逸到额外维度上。引力子的行为就像金属片上的声波。用锤子敲打金属片产生的声波，并非只在金属的二维表面传播能量，还有部分能量损失到周围的空气中去了。在锤子敲打的位置附近，这些能量可以忽略不计。但是在远处，损失的能量则显著增加。

对于物体间距超过临界距离的引力而言，这种逃逸具有深刻影响。在物体之间传递的虚引力子会沿着所有可能的路径传播，逃逸过程打开了通向多维空间的通道，从而让引力定律发生变化。对我们这些被束缚在膜上的人而言，逃逸的实引力子就永远消失了，就像

极化的膜

并非所有的引力子都能逃逸到额外维度中。我们的三维宇宙，也叫膜（这里用平板表示），充斥着不断产生、湮灭的"虚"粒子。有一种理论认为，成对出现的"虚"粒子一个带正能量（蓝色），一个带负能量（红色），能够阻止引力子进入或离开膜。

没有引力子：

没有引力子时，虚粒子随机分布，净引力为零。

与膜垂直的引力子：

当引力子进入或离开膜时，会重新排列虚粒子（极化）。极化后的粒子产生了抵消引力子运动的引力。

引力子 ——

膜 ——

与膜平行的引力子：

当引力子沿膜运动时，它对膜的作用力跟膜垂直，因此对虚粒子没有任何影响。虚粒子也不会重新排列以抵消引力子的运动。

烟雾消散于稀薄的空气当中。

同紧缩假说和兰德尔－桑壮理论一样，在第三种理论中，额外维度在微小尺度上也能显示它们的存在。而在比弦尺度大，但比引力逃逸距离小的中间距离上，引力子只在三维空间传播，近似地遵循标准引力定律。

这幅图景的正确与否在于膜。就膜本身而言，它是一种物质，引力在膜上的传播与在周围空间的传播是不一样的。原因是由于电子、质子等普通粒子只能够存在于膜上，即使是看似空无一物的膜，其中仍然包含有川流不息的虚电子、虚质子以及其他粒子，它们在量子涨落中不断出现再湮灭。这些粒子都能产生并响应引力。相反，膜周围的空间是真正的虚空。引力子能够在其中遨游，但除了彼此相互作用之外，再没有其他物质可以与它互动。

我们用绝缘材料来做类比。塑料、陶瓷或纯水这些物质与真空不同，它们包含带电粒子，能够响应电场。尽管带电粒子不能在绝缘体内流动（可在导电体内流动），但仍然可以重新分布。如果施加电场，绝缘材料也会出现极化。例如在水中，极化水分子将旋转到让它们的正电荷端（两个氢原子）指向一个方向，而负电荷端（氧原子）指向相反方向；在氯化钠中，带正电的钠离子和带负电的氯离子会稍微分开一些。

这些重新分布的电荷会产生自己的电场，从而部分抵消外部电场。光子是振动的电磁场，也能让绝缘体极化，反过来再被部分抵消，因此绝缘体会影响光的传播。要产生这种效果，光子的波长还需要位于合适的范围内。波长长的光子动量小，不足以让绝缘体极化，波长短的光子动量大，光子振动太快，绝缘体内的带电粒子来不及响应。因此，对无线电波和可见光来说，水是透明的，二者不发生作用；但对微波（中等波长）来说，水就不是透明的了，微波炉就是根据这个原理做成的。

类似地，量子涨落将膜变成了绝缘体的引力等价物。我们可以想象膜里面充满了带有正能量和负能量的虚粒子，在外加引力场的作用下，膜会发生引力极化，正能量和负能量粒子将会略微分开。如果产生振动引力场的引力子的波长处于适当范围内，根据我们的计算，大约在 0.1 毫米（或者更小，取决于额外维度的数量）到 100 亿光年之间，那么它就能让膜极化并被抵消掉。

这种抵消仅仅发生在进入或者离开膜的引力子身上。和光子一样，引力子是横波，振动方向与传播方向垂直。进入或离开膜的引力子倾向于推动粒子沿着膜运动，这也是粒子能够移动的方向。因此，这些引力子能让膜极化，进而被抵消掉。而沿着膜移动的引力子则倾向于推动粒子离开膜，这是粒子不能进入的方向。因此，这些引力子不能使膜极化，它们可以没有障碍地移动。实际上，大多数引力子介于这两种极端情形之间。它们以与膜成斜角的方向穿越空间，在被抵消之前可能已经行进了几十亿光年。

弯曲的膜

这样，膜将自己保护起来，免受额外维度的影响。如果一个中等波长的引力子试图进入膜或从膜上逃逸，膜中的粒子就会重新分布，进而抵消影响。引力子只能沿着膜移动，因此引力遵循平方反比定律。但是，长波长引力子却能自由穿越额外维度。在短距离上，这些引力子没有什么影响。但在与其波长相当的距离上，引力子将起主导作用。此时，膜不可避免地要受到额外维度的影响。 引力定律将服从立方反比定律（如果只有一个额外维度是无限的）、四次方反比定律（如果有两个维度是无限的）或者更高次方反比定律。在所有这些情形中，引力的大小都被削弱了。

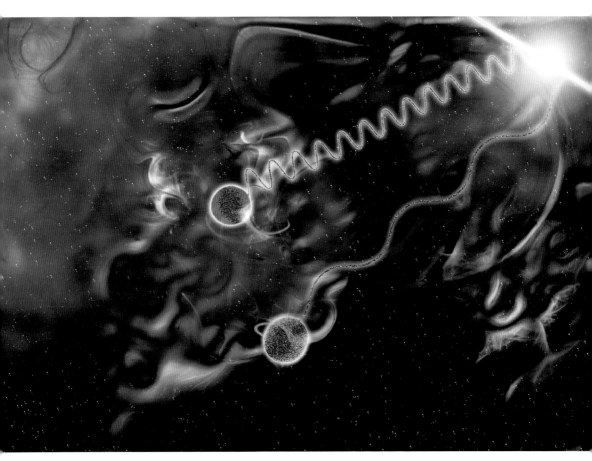

图片来源：维基百科

塞德里克·德法耶（Cedric Deffayet，目前就职于巴黎天体物理学研究所）、加吧达泽和我发现，额外维度不仅削弱了引力的大小，而且无须暗能量的存在就能驱动宇宙膨胀的加速。似乎可以说，引力逃逸削弱了妨碍宇宙膨胀的引力拖曳，直至减速效果变成负的，也就是变成了加速。要理解这种微妙的效应，我们需要明白引力逃逸是如何改变广义相对论的。

爱因斯坦提出的广义相对论的核心思想是：引力源于时空弯曲，时空弯曲的曲率与它包含的物质和能量的密度有关。太阳吸引地球是因为它扭曲了附近的时空。没有物质和能量就意味着没有时空弯曲和引力。但在高维宇宙的理论中，时空曲率和物质密度的关系发生了改变。额外维度在引力方程中引入了一个修正项，以确保完全不含物质和能量的膜的曲率不为零。结果就是，膜受到引力逃逸的拉扯，产生了与物质和能量密度无关、并且无法消除的时空弯曲。

随着时间的推移，物质和能量逐渐在宇宙膨胀中稀释，它们产生的曲率也在减小。此时，这种无法消除的时空弯曲就变得越来越重要，并导致宇宙的曲率最终接近一个常数。如果宇宙中充满一种不随时间推移而稀释的物质，也会产生相同的效果。这种物质不是别的，正是宇宙学常数。因此，膜上这种无法消除的时空弯曲就像是宇宙学常数，驱动着宇宙加速膨胀。

不合常规的理论

我们的理论并非唯一假定标准引力定律在大尺度上失效的理论。2002年，法国高等科学研究院的蒂博·达穆尔（Thibault Damour）和安东尼奥斯·帕帕佐格卢（Antonios Papazoglou）以及牛津大学的伊恩·科根（Ian Kogan）提出，存在一种特殊的引力子，它有着微小的质量。物理学家很早就知道，如果引力子有质量，引力就不再遵从平方反比定律。它们不稳定而且逐渐衰减，有着与引力子逃逸几乎完全相同的效果：引力子在长距离传播后会消失，引力减弱，导致宇宙膨胀加速。芝加哥大学的肖恩·卡罗尔（Sean Carroll）、维克拉姆·杜复里（Vikram Duvvuri）和迈克尔·特纳（Michael Turner）以及锡拉库扎大学的马克·特里登（Mark Trodden）引入了几个与时空弯曲的曲率成反比的小附加项，对爱因斯坦的三维引力理论进行了修正。在早期宇宙中，这些附加项可以忽略，但此后它们却能让膨胀加速。其他研究小组也提出要修正引力定律，但他们的方案仍需要引入暗能量来解释宇宙膨胀的加速。

引力的远近

我们宇宙的粒子能够重新排列以抵消某些波长的引力子对膜的作用。但是，低动量（长波）引力子却能随意进出膜。

太阳释放"虚"引力子，产生对地球的引力。这些引力子波长相对较短，因此无法逃离膜。对它们来说，额外维度等同于不存在。

两个遥远星系释放长波引力子（低动量）。这些引力子能够逃逸到额外维度，引力定律也随之发生改变，削弱了星系之间的引力。

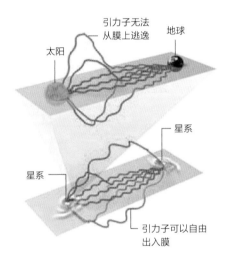

观测是所有这些模型的试金石。超新星巡天项目就可以提供一个直接的检验方法。引力逃逸理论描述的宇宙从减速到加速膨胀的过渡与其他暗能量理论描述的完全不同。超新星观测精度的进一步提高将有助于区分这些理论。

行星运动提供了另一种检验方法。与普通电磁波一样，引力波也有首选的振动方向。广义相对论允许存在两个首选方向，但其他备选的引力理论允许存在更多的首选方向。这些可能性以微弱却不可忽略的方式改变了引力的大小，行星的运动会因此有所改变，并被观测到。来自纽约大学的安德烈·格鲁济诺夫（Andrei Gruzinov），毛蒂奥什·扎尔达利亚加（Matias Zaldarriaga）和我计算出，引力逃逸将使月球绕地轨道发生缓慢的进动。月球每完成一次绕地公转，它的近地点将偏离大约一万亿分之一度，约 0.5 毫米。这一变化几乎已经大到可通过月球测距实验测量出来，即通过阿波罗号航天员留在月球表面的镜子反射激光束来监测月球轨道。目前，月地距离测量精度可达到 1 厘米。华盛顿大学的埃里克·阿德尔贝格尔（Eric Adelberger）和同事提出，使用更强功率的激光可以将灵敏度提高 10 倍。航天器跟踪也可以发现火星轨道类似的进动。

看到做观测的研究者开始关注并探讨如何检验弦理论让人兴奋不已。多年来，弦理论一直被认为是属于微小尺度的理论，小到无法用实验证明它正确与否。或许，宇宙加速膨胀是一次难得的机遇，一份上天的礼物，让我们能够一窥额外维度的面貌。弦理论或许是连接极大与极小尺度的桥梁，而宇宙的命运正维系在这根弦上。

宇宙不是连续的吗？

迈克尔·莫耶（Micheal Moyer）

精彩速览

- 空间也许并非光滑、连续的，而是数字化的，它可以分解成一个个微小的比特。物理学家认为，这些比特太小，以目前的技术还无法探测到。

- 但有一位科学家认为，自己已经找到了探测比特化空间结构的途径，他正在建造仪器，尝试测量空间的微观结构。

- 该实验是对信息衍生宇宙这一理论的首次验证，据此理论，拓印在二维"光片"上的信息创造了整个宇宙。

- 如果实验获得成功，它将动摇我们目前的时间和空间观念，完善我们对自然界的认识，开启新的物理理论时代。

克雷格·霍甘（Craig Hogan）认为，我们生活在一个模糊的世界。这可不是什么比喻，而是颇为严肃的科学观点。在身为美国芝加哥大学物理学家、费米实验室粒子天体物理学中心主任的霍甘看来，如果我们深入最微小的空间与时间结构，杂乱无章的沙沙声充斥着整个宇宙，就像收音机里的静电干扰声一样。此前，物理学家也有过类似描述，认为时空的底层充斥着不断产生和湮灭的粒子，或是其他浮浮沉沉的量子泡沫。但霍甘所说的"噪声"并非由此而来，而是来自空间的断裂和破碎。长期以来，我们一直认为空间是光滑而连续的，就像玻璃一样，是各种粒子和场的表演舞台，但霍甘认为，空间是一种沙聚成石、石垒成山的结构，更准确地说，霍甘所说的"沙沙作响的空间"是一个不连续的数字化空间。

一个秋高气爽的下午，霍甘带我去看他搭建的、用来探测这些沙沙声的机器。只见一座亮蓝色的小屋坐落在费米实验室园区内黄褐色的草坪上，看上去似乎是这家已有 45 年历史的机构中唯一的新建筑，一根拳头粗细的管子从小屋延伸出 40 米，钻进一个与管子垂直的、长长的舱室中，这个舱室此前的"主人"是一台粒子发生器，数十年如一日地从这里向南边的明尼苏达发射亚原子粒子，现在则被霍甘的全息干涉仪（Holometer）占据，用以放大来自空间碎片的沙沙声。

霍甘拾起一块铺路石，把它当作粉笔，在小屋天蓝色的墙壁上写写画画，向我即兴讲解如何用几束曲折穿行于管子的激光，来放大微如毫末的空间结构。他先向我解释了 20 世纪最成功的两大物理理论——量子力学和广义相对论为何无法取得一致。在最小的空间尺度上，这两个理论都会变得毫无意义，但这个尺度似乎另有特殊之处，它刚好与信息科学（Science of Information）——即由"0"和"1"构成的世界——有内在联系。过去数十年里，对于宇宙如何存储信息，物理学家已有了很深入的认识，他们甚至开始推测，宇宙物质最基本的组成单元是信息，而非物质和能量。信息依赖于微小的比特，而正是这些比特构成了宇宙。

霍甘说，如果严格按照这个思路，我们就能找到监测空间数字化噪声的办法。因此，他设计了一个实验方案，用来探测宇宙最基本尺度上的数字噪声。或许，他会是第一个告诉你这个方法不可行的科学家——因为他可能什么也没看见。霍甘进行的是最贴近"实验"本意的尝试，是对未知领域的一次探索。"你没法用目前已确立的时空理论和量子力学来预测将会得到什么结果，"霍甘说，"但对我而言，这正是该实验的意义所在——走进一片未知领域，看看里面有什么。"

不过，如果真的观察到时空的"跳动"，又会如何？我们的空间和时间观念必将为之颠覆。"物理学将伤筋动骨，"霍甘说。

久违的基础实验

在粒子物理学领域，针对如此基本的模型所展开的实验已经多年未见了。20 世纪 60 年代末到 70 年代初，物理学家曾用一系列理论和基本原理，构筑起了所谓粒子物理标准模型（standard model），而在此后几十年间，则利用越来越深入、越来越精准的实验，不断检验该模型。霍甘解释说："这种研究模式是，理论界首先提出一些想法，比如希格斯玻色子（Higgs boson），发展出一个模型，而这个模型会做出一些预言。然后，科学家会通过实验来验证这些预言，判定模型的成败。"简而言之，先有理论，后有实验。

　　这种传统研究模式背后的原因是，粒子物理学实验大都花费不菲，例如欧洲核子研究中心（CERN）在日内瓦附近建造的大型强子对撞机（LHC），总共花费了 50 亿美元左右，而且全球有数千名科学家在为这台人类史上最庞大、最复杂也是最精密的仪器工作。科学家已经在担心，如果下一代粒子对撞机继续追求更高的能级、更大的规模，势必花费更大，公众可能会对此说"不"。

　　LHC 上的一个普通实验，可能就需要 3000 多名科学家参与，而在费米实验室，霍甘的团队只有 20 人左右，部分成员还不是全职参与实验，比如来自麻省理工学院和密歇根大学的高级顾问。霍甘本人是一个理论物理学家，对各种各样的真空泵和固体激光器也摸不着头脑，所以他又找到亚伦·周（Aaron Chou），共同主持这个研究项目。亚伦·周是一名实验物理学家，霍甘提出实验计划时，他刚好来到费米实验室。去年夏天，他们获得了 200 万美元的资金，这笔钱要是用在 LHC 上，只够买一块超导磁铁和几杯咖啡，而在这里，则能支撑起整个研究项目来。"如果常规技术就够用了，我们绝不动用高科技设备。"霍甘说。

　　该实验的成本之所以很低，是因为从本质上来看，它是 19 世纪一个著名实验的"升级版"——当年，这个实验曾颠覆了人们对存在基础的认识。19 世纪初，物理学家认识到光有波动性，而那时，波已为科学家所熟知，从湖面上的涟漪到空气中的声波，所有的波动看上去都有一些共同的基本属性，比如波的传播需要介质（medium），就像雕塑需要泥巴一样，这些由实体物质（physical substrate）构成的介质，让波得以在其中传播。既然光也是一种波，那它同样需要传播介质，而且是一种充满整个宇宙的透明物质。当时的科学家将这种不可见的光介质称为以太（Ether，以太原意为上层的大气，指在天上的神所呼吸的空气，在宇宙学中，以太用来表示占据天体空间的物质）。

　　1887 年，阿尔伯特·迈克尔逊（Albert Michelson）和爱德华·莫雷（Edward Morley）设计了一个实验来寻找以太。他们建造了一台干涉仪（interferometer），这种带有两条 L 形光臂的仪器很适合用于测量微小变化。来自同一光源的两束光，将沿着两条光臂照射到光臂末端的镜子，再被反射回来，重新交汇于出发点。只要光通过两条光臂的时间相差约 1 毫秒（0.001 秒），重新交汇而成的光线就会比发射时暗。迈克尔逊和莫雷构建好干涉仪后，又花了几个月时间监测光线的变化。由于地球会围绕太阳运转，地球所处的位置不同，干涉仪的两条光臂会分别与地球运动方向平行和垂直，而静止的以太只会改变光束通过垂直光臂的时间，因此只要能测量出光通过两条光臂的微小时间差，就相当于找到了以太。

　　当然，他们最后什么也没发现，历经数百年形成的宇宙观开始崩塌。如同燎原星火，以太概念的清除，为新观念的出现扫清了道路。没有作为介质的以太，光的传输速度就不依赖于参考系，无论你以什么状态运动都会测量出一样的光速。10 多年之后，爱因斯坦就发现了这一点，提出了著名的相对论（theories of relativity）。

霍甘的干涉仪也和迈克尔逊干涉仪类似，搜寻的是类似以太的时空背景——一种不可见的（可能仅是一种想象）、充满整个宇宙的物质。他将两台迈克尔逊干涉仪叠加起来，试图探测宇宙中最为微小的尺度：普朗克尺度（Planck scale）。在这个尺度上，量子力学和相对论都将失效，只有信息以比特形式存在其中。

信息构成的宇宙

普朗克尺度不仅小，还是最小的尺度。如果你把一个粒子放进一个 1 普朗克尺度见方的盒子里，根据广义相对论（general relativity），这个粒子的重量将超过同样大小的黑洞，但同时，量子力学预言，任何小于普朗克尺度的黑洞所携带的能量，都小于单个能量子（quantum of energy，量子力学中能量的最小单位）。这是不可能的。显然，在普朗克尺度上，物理学出现了悖论。

在普朗克尺度上，不止量子力学和相对论无法相容。近 10 多年来，有关黑洞本质的争论，让科学家对普朗克尺度有了全新的理解。尽管普朗克尺度"终结"了两个最好的物理学理论，但也出现了一些新的见解：如果宇宙的本质是信息，那按照这种思路，信息的基本单位比特，就应该寄身于普朗克尺度之中。

"所谓信息，是指事物之间的区别，"今年夏天，美国斯坦福大学的物理学家伦纳德·萨斯坎德在纽约大学所做的一场报告中做出了如此解释，"区别本身永远不会消失，这是物理学的一个非常根本的假设。区别会被扰乱，会被混淆，但永远不会泯灭不见。"就算你手中的这本书在造纸厂被打成纸浆，原则上书内的所有信息仍能被识别出来，而不会烟消云散，因为从理论上来说，所有破坏过程都是可逆的，纸浆能被重新恢复成一页页的图像和文字——虽然现实中这无法做到，但理论上是存在这种可能的。

物理学家一直都对此假设表示认同，除了某些特殊情况，比如黑洞。假设这本书被扔进黑洞，书上的信息还存在么？毕竟没有任何东西能从黑洞中逃逸，而黑洞在吞食这本书前后几乎没有任何不同，最多不过重了几克而已。虽然在 1975 年，霍金曾指出，黑洞会向外辐射物质和能量（现在我们称之为霍金辐射），但这种辐射似乎没有任何结构，只是宇宙中一声微弱的嘶鸣，霍金因此认为黑洞可以抹除信息。

乱说——这是一些同行对霍金的回应，其中就包括萨斯坎德和杰拉德·特霍夫特，后

观察普朗克长度的显微镜

在全息干涉仪的帮助下，克雷格·霍甘试图探测时空在最小尺度上的一种跳动。实验使用两台干涉仪，能将微小的距离差别放大（下图）。如果探测到这种跳动，就表明时空是数字化的，由一个个离散的信息包构成。

全息干涉仪

两台干涉仪分别向两条垂直放置的末端装有反射镜的光臂发射激光，如果这两条光臂的长度严格相等，反射回来的两束激光中的光波将完美同步，重新混合后会得到一个明亮的信号（a）。即使一条光臂只移动了不到一个波长的距离，两束激光就会相消干涉，得到一个暗淡的信号（b）。全息干涉仪中将两台干涉仪叠加起来，以便验证两台仪器是否给出同样的结果。

反射镜

真空腔

分束器

全息干涉仪1

反射镜

激光

全息干涉仪2

探测器

a

b

空间的跳动

如果空间在最小尺度上是泡沫状的，分解激光的分束器将来回摇晃。在一个光子沿着光臂来回一趟的时间内，分束器会向某个方向摇动很小的距离，这种摇动能通过干涉仪中出射光的变化反映出来，随着时间累积，不断变化的出射光会产生类似噪声的信号。如果第二台干涉仪也产生了与第一台干涉仪完全一致的噪声信号，就可以认为探测到了空间的随机涨落。

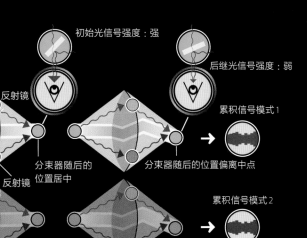

初始光信号强度：强

后继光信号强度：弱

反射镜

累积信号模式1

全息干涉仪1

分束器初始位置

分束器随后的位置居中

分束器位置的跳动

反射镜

分束器随后的位置偏离中点

全息干涉仪2

累积信号模式2

空间

时间

者是荷兰乌特勒支大学的物理学家、1999年诺贝尔物理学奖得主。萨斯坎德解释了为何他们会持反对意见："只要信息这个概念缺失那么一丁点，我们所知所有事物的整体结构顿时就会土崩瓦解。"

但霍金的理论没那么容易驳倒，于是在接下来的20多年里，物理学家发展出一个能调和两种观点的理论。这个名为全息原理的理论认为，当一个物体落入黑洞时，物体本身可能会被消灭，但它所包含的信息却能通过黑洞表面的变化被拓印下来，只要利用合适的手段，理论上你就能从黑洞中复原被吞噬的书，就像从纸浆复原书一样。标志着有去无回的事件视界同时还起到了拓片的作用，信息从未消失。

信息守恒原理不只是一种处理信息的技巧，它还暗示着我们所处的世界虽然看上去是三维的，但其中包含的信息都储存在一个二维表面上。而且在信息守恒原理中，一个给定表面所能存储的信息也有一个上限：如果你把一个表面划分成若干方格，类似一个棋盘，每个方格都是正方形，边长为2个普朗克长度，那么这个表面所能存储的信息量，不应该超过表面上的方格数目。

1999年和2000年，现供职于美国加利福尼亚大学伯克利分校的拉斐尔·布索（Raphael Bousso）曾发表过一系列文章，展示了如何将全息原理从围绕黑洞的简单表面扩展到更复杂的情况。他设想了一个物体，被闪光灯包围着，如果在黑暗中，闪光灯同步闪光，那么闪光灯发出的、照向物体的光线就构成了一个表面——一个以光速向物体塌缩的"光泡"。正是在这个"光泡"的二维表面（被称为光片，light sheet）上，存储了与你（或一个流感病毒、一颗超新星）有关的所有信息（见143页框图）。

依据全息原理，光片有不可或缺的作用。光片含有所有组成自身的粒子的位置信息——每个电子、夸克和中微子，还有作用在粒子上的每个力都记录在案。看上去，光片就像电影胶片，其实不然，电影胶片只是被动记录外部世界发生的所有事件，但光片先于事件出现，它将存储在自身表面的信息投影到外部世界，进而创造出我们眼前的一切。在对全息原理的某些表述中，光片不仅产生了所有的力和粒子，甚至还是时空（spacetime）结构本身的"创造者"。特霍夫特的学生、普林斯顿大学的物理学家埃尔曼·韦尔兰德（Herman Verlinde）说："我认为，时空是'涌现'出来的，来自一团由'0'和'1'构成的信息。"

这里存在一个问题：尽管大多数物理学家都认为全息原理是正确的，即物体表面上存储着有关这个世界的所有信息，但对于信息如何编码，他们并不知道，也不知道自然界如何处理这些二进制信息，以及处理结果如何产生我们见到的世界。物理学家推测，整个宇宙就像一台电脑，利用存储信息构建出我们所感受到的物理实在，但宇宙这台"电脑"的内部结构和运行方式，仍是一个"黑盒子"。

光片上的信息

　　根据全息原理，三维世界是从"拓印"在二维表面上的信息中涌现出来的，这个二维表面被称为光片。比如，对一间有个苹果在其中下落的房间而言，编码了描述整间屋子物理信息的光片，就是一张以光速收缩的二维表面（这种收缩同时在顺时间和逆时间方向进行，逆时间方向的收缩等价于一个顺时间方向的扩张）。我们可以根据相机的闪光灯来想象光片的形状。

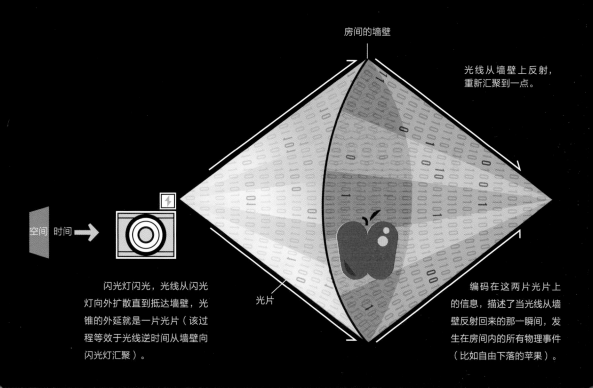

房间的墙壁

光线从墙壁上反射，重新汇聚到一点。

空间　时间 ➡

闪光灯闪光，光线从闪光灯向外扩散直到抵达墙壁，光锥的外延就是一片光片（该过程等效于光线逆时间从墙壁向闪光灯汇聚）。

光片

编码在这两片光片上的信息，描述了当光线从墙壁反射回来的那一瞬间，发生在房间内的所有物理事件（比如自由下落的苹果）。

物理学家之所以对全息原理的出现感到兴奋，并花费 10 多年时间发展这个理论，真正原因不是为了告诉霍金他是错误的，而是因为该理论揭示了存在于信息、物质和引力之间的一种深层联系。最终，全息原理将告诉我们，如何调和量子力学和广义相对论这两个 20 世纪最成功、却又一直不相容的物理理论。布索说，"全息原理将是通往量子引力理论（Quantum Gravity）的'路标'"，而这个理论将革新我们对世界的现有认识。为了最终建立这个理论，"我们可能还需要更多这样的路标"。

比特世界

为了拨开重重迷雾，霍甘启程了。没有万物理论助阵，他只带着简单的全息干涉仪。但霍甘并不需要什么万物理论，因为他无须回答所有难题，只需回答一个最基本的问题：宇宙是不是一个"比特世界"？只要做到这点，他就找到了一个路标，一个指向数字化宇宙（digital universe）的巨大箭头，给物理学家指出前进的方向。

按照霍甘的说法，在一个比特世界中，空间本身是量子化的——在普朗克尺度上，空间是从离散的、量子化的比特中涌现出来。而且，如果空间确实是量子化的，那它必然拥有量子力学中的那种与生俱来的不确定性。这样的空间不会是一个静止、光滑的宇宙背景，相反，因为量子涨落，空间会充斥着"毛刺"，不停振动，使周围的世界也发生改变。美国德克萨斯农工大学的天文学家尼古拉斯·B.桑泽夫（Nicholas B.Suntzeff）说："在传统观念中，宇宙充满着透明的、水晶般的以太，而数字化宇宙在非常微小的尺度上，则是泡沫状的量子涨落，它极大地改变了宇宙的构成。"

确认宇宙是否数字化的策略就是，深入到微小尺度，去检测时空泡沫是否存在。这样，我们再次与普朗克长度相遇。霍甘的全息干涉仪正是逼近普朗克长度的一次尝试——如果用传统实验方法（如粒子加速器）来测量这么微小的长度单位，可能要建造银河系那么大的仪器才能实现。

当年，迈克尔逊和莫雷为了寻找并不存在的以太，曾用干涉仪通过比较两束光线传过一定距离时，检测地球公转会不会使光线在传播速度上出现微小变化。在实验中，传输距离能起到放大信号的作用。霍甘的干涉仪也是如此，他采用的策略是，深入到普朗克尺度，去测量由量子化跳动引起的累积误差（accumulated error）。

亚伦·周以电视为例，对上述策略进行了解释："远看电视或电脑屏幕，图像都显得平滑细致，但如果凑近去看，就会看到像素点。"时空亦是如此，在我们常见的尺度上，比如人体、建筑甚至显微镜下，空间都显得光滑、连续，我们从未见过，一辆汽车在街上像定格动画一样不连续地向前跳跃。

但在霍甘的全息世界中，汽车是跳跃前进的，因为空间本身不连续，用术语来说就是"量子化"的。不连续的时空从一个我们还不了解的、更深层的量子系统中涌现出来。"我其实耍了个小手段，因为这个涌现过程没有任何理论依据，"霍甘笑言，"但这只是第一步，我可以对那些引力理论专家说，'下面的事情你们来搞定。'"

在构造上，霍甘的全息干涉仪与迈克尔逊和莫雷的非常类似。如果迈克尔逊和莫雷也有微电子设备和两瓦特的激光器，他们差不多也能制造出霍甘的全息干涉仪。在这台设备中，先是一束激光照射到分束器（Splitter）上，分成两束，这两束激光再分别沿着两条呈L形的、长40米的光臂射出。在光臂末端，激光束遇到小镜子后，会沿原路反射回分束器，最后在分束器中重新混合。只不过，霍甘要测量的不是地球在以太中穿行的速度，而是空间的量子涨落所造成的光束传播距离的微小变化。如果在普朗克尺度上，时空的确像翻滚的海面一样涨落不休，分束器就是在汹涌的泡沫中穿行的小舟，当光束沿着光臂来回一趟，分束器在这一瞬间因为"摇晃"可能刚好产生一个在探测范围之内的普朗克长度量级的位移。

当然，很多原因都会让分束器"摇晃"上几个普朗克长度，比如屋外汽车引擎的震动，或是吹在墙壁上的强风。

这些扰动让守着另一台干涉仪的科学家饱受折磨。这台名为激光干涉引力波探测器（Laser Interferometer Gravitational-Wave Observatory，LIGO）的装置由两台孪生干涉仪组成，一台在加利福尼亚州洛杉矶的利文斯顿，另一台在华盛顿州的汉福德。这两台巨型仪器是用来探测引力波的，引力波是时空的涟漪，像中子星碰撞这样的宇宙巨变，往往能产生很强的引力波。但不幸的是，引力波导致的空间振动与周围一些其他来源的振动处于相同频段，路过的卡车或附近倒下的树木都会引起仪器振动，因此整个仪器必须完全隔绝这类噪声与振动（美国在汉福德实验室附近建造风力发电厂的计划让物理学家惊慌失措，因为仅是来自风车叶片的振动就足以让探测器淹没在噪声之中）。

霍甘要探测的振动的频率要快得多，分束器每秒估计会来回振动100万次，因此不会受到上述来源的干扰。唯一要担心的是附近调幅广播电台在相近频段发射的信号。"不会有东西在这个频率上运动，"芝加哥大学的物理学家斯蒂芬·迈耶（Stephen Meyer）说，他主要的工作就是利用全息干涉仪开展研究。"如果我们发现了这个频率的振动，肯定就是我们要找的信号"，这说明量子化跳动真实存在。

在粒子物理学领域，确切的证据通常很难得到。"从某种意义上说，我们走的是老路子，"霍甘说，"它来自过去物理学的研究方法，即'让我们直接去看看自然界是如何运作的，

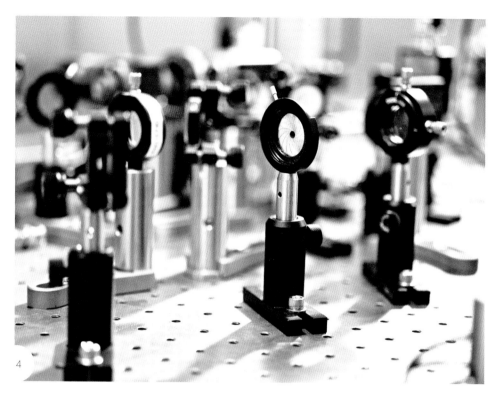

4

克雷格·霍甘是费米实验室粒子天体物理中心主任,照片摄于他的办公室(1)。霍甘和他的研究小组正在离办公室约1千米的地方建造全息干涉仪。实验中,激光束被射向40米长的真空管道(2)。其中一套管道放置在此前用于发射粒子束的舱室中,另一套管道直接在露天铺设,延伸到一间蓝色的小屋内(3),屋内装有反射镜和聚焦透镜组。高精度光学设备(4)用来聚焦和引导光线。

不带任何先入为主的偏见。'"为了说明这一点,他讲到了相对论和量子力学各自的源起方式。爱因斯坦坐在书桌边提出了广义相对论,并从一些基本原理出发,得到了该理论的数学结构。相对论诞生时,基本没有解释任何实验现象——验证相对论的首个实验也在多年后才出现。量子力学则不同,它是理论物理学家根据一些令人困惑的实验结果提出来的(用霍甘的话说,"如果不是为实验数据所逼,没有任何循规蹈矩的理论物理学家能发明量子力学"),不过这并不妨碍量子力学成为科学史上最成功的理论之一。

同样,虽然理论物理学家多年来一直在构建各种如弦理论那样美妙的模型,但直到现在仍不清楚这些模型究竟能否通过实验验证。在霍甘看来,他建造全息干涉仪的目的,正是为了产生一些奇怪的数据,由未来的理论物理学家来解释。"物理学已经停滞很长时间了,"他总结道,"怎么才能推上一把?有时候就差一个实验。"

我们对宇宙起源、
宇宙本质的了解，
其实都是基于假说，
假说的每一次修正，
都代表着科学的一次进步。

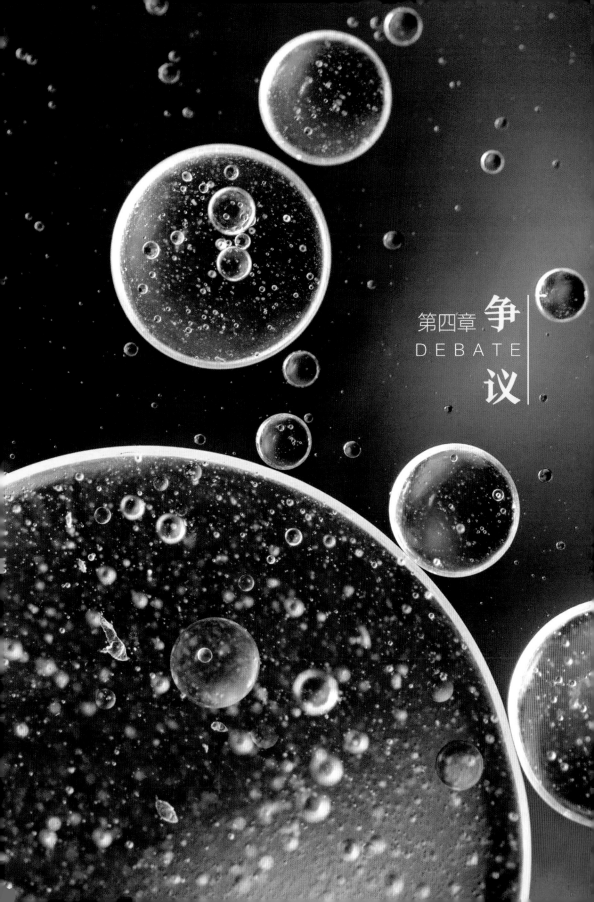

第四章 争
DEBATE
议

宇宙暴胀的核心漏洞

保罗·斯坦哈特（Paul Steinhardt）

美国普林斯顿大学普林斯顿理论科学中心（Princeton Center for Theoretical Science）主任。他是美国科学院院士，由于在暴胀理论上做出过突出贡献，2002 年他获得了国际理论物理中心（International Center for Theoretical Physics）颁发的狄拉克奖（P.A.M.Dirac Medal）。斯坦哈特还提出了一种被称为"准晶"（Quasicrystal）的新物态。

精彩速览

- 宇宙暴胀已被广泛接受，常被人们当成是已经确定的事实。这一观点是指，宇宙的几何结构和均匀一致都是在最早期的一场急剧膨胀中确定的。

- 但这一理论的开创者中有许多人，包括本文作者，已经另有想法。随着最初的暴胀理论得到进一步发展，它在逻辑基础上出现了漏洞。

- 这一理论或许不像人们曾经认为的那样，能够做出明确的观测预言。一场暴胀想要产生今天这样的宇宙，或许必须经历一系列不太可能发生的事情。

- 这些漏洞是不涉及根本的"牙痛"，还是某种"致命伤"的表面症状，科学家仍在争论。他们提出了多种不同的建议，有些用来修复暴胀理论，有些则用来替换它。

三十多年前，仍在美国斯坦福直线加速器中心（Stanford Linear Accelerator Center）苦苦奋斗的物理学博士后艾伦·古斯举办了一系列讲座，把"暴胀"（Inflation）一词正式引入了宇宙学大辞典。这个术语指的是短时间内突然爆发的一场极度加速的膨胀，古斯认为，这样一场暴胀在大爆炸后的最初一瞬间已经发生过了。其中一场讲座在美国哈佛大学举办，我当时是哈佛大学的一名博士后，我立刻就被古斯的理论迷住了，自那时以来的几乎每一天，我都在思考这个问题。我的许多从事天体物理学、引力物理学和粒子物理学研究的同事，也同样痴迷于这个想法。时至今日，对宇宙暴胀理论的发展和检验已经成了科学研究中最活跃、最成功的领域之一。

提出暴胀理论的目的，是为了填补最初的大爆炸理论留下的一块空白。大爆炸理论的基本概念是，宇宙自大约138亿年前诞生以来，一直在缓慢膨胀并逐步冷却。这种膨胀和冷却的过程解释了今天宇宙中能够看到的许多细致特征，但是存在一个前提：宇宙在初始时必须拥有一些特殊性质。它必须极其均匀，在物质和能量分布上只存在极其细微的差异；宇宙在几何上还必须是平坦的，这意味着空间结构的弯曲和翘折不会弯折光线和物体运动的路径。

但是，原始宇宙为什么会如此均匀、如此平坦？照理说，这样的初始条件似乎不太可能出现。此时，古斯的想法就该登场了。他主张，就算宇宙初始时完全是一片混乱——能量分布极不均匀，几何形状也比麻花还乱，一场爆发式的极度膨胀也能把能量分散均匀，并抚平空间中存在的任何弯曲和翘折。等这段暴胀期结束后，宇宙又会像最初的大爆炸理论所说的那样，以更加成熟稳健的步伐继续膨胀，只不过此时的宇宙已经具备了合适的条件，能够演化出今天我们在宇宙中看到的恒星和星系了。

这个想法如此令人信服，以至于连我在内的宇宙学家在向学生、记者和公众描述暴胀时，都习惯于把它当成一个已经确定的事实。然而，在古斯提出暴胀理论以来的30年里，一些古怪已经出现在了这一理论之中。支持暴胀理论的论据变得越来越有力，反对暴胀理论的论据也同样如此。双方的论据在公众中的普及程度并不相同：支持暴胀理论的证据更为广大物理学家、天体物理学家和科学爱好者所熟悉。令人惊讶的是，反对暴胀理论的论据似乎无人问津，只有我们这一小群人一直在默默地努力，想要解决这些难题。大多数天体物理学家都致力于检验教科书上暴胀理论做出的预言，而不去担心更深层次上存在的这些问题，他们希望这些问题最终会得到解决。遗憾的是，尽管我们已经尽了全力，这些问题却至今无解。

作为既给暴胀理论添过砖、也为反对它的理论加过瓦的科学家，我觉得自己要被撕裂了，而且我感受得到，许多同事也不确定该拿反对暴胀理论的论据如何是好。为了生动地讲述我们面临的古怪困境，我会把暴胀理论放在审判席上，提出处于两个极端的两种观点。首先，我将扮演暴胀理论的狂热支持者，介绍这一理论最强有力的优势；然后，我会摇身变成同样狂热的反对者，介绍它所面临的最严重的未解难题。

支持暴胀

暴胀理论已经广为人知，所以支持它的论据可以一笔带过。不过要完全理解暴胀理论的优势，一些细节就不得不提。暴胀依赖于一种被称为暴胀能（inflationary energy）的特

爆发式的极端膨胀

天文学家观测到宇宙正在膨胀，而且已经膨胀了大约138亿年。但在我们无法直接看到的最初一瞬间，到底发生了什么？现在的主流观点被称为宇宙暴胀，它假设婴儿宇宙在体积上经历了一段突然爆发的膨胀。这样的爆发式极度膨胀会抚平空间中的任何弯曲和翘折，从而解释宇宙今天的几何形状；这一过程还留下了细微的不均匀性，成为后来演化出星系的种子。

暴胀干了些什么

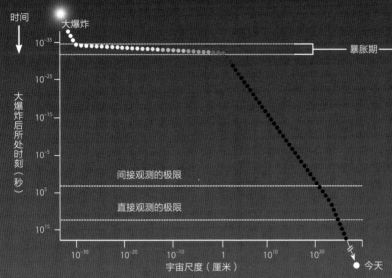

就算按照天文学标准，暴胀增长的幅度也足以令人惊叹。在10^{-30}秒内，宇宙会朝各个方向上拉伸至少10^{25}倍。这种加速膨胀令空间中的不同区域以超光速相互远离。

什么导致了暴胀

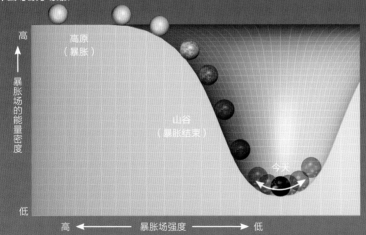

一种类似于磁场的"暴胀场"产生了一种相互排斥的引力，推动空间在短时间内急剧膨胀。为了让这样的暴胀能够发生，这个场的能量密度随场强的变化曲线必须如上图中所示的那样，有一个高能的高原和一个低能的山谷。暴胀场的演化就像一个小球滑下山谷。在高原上时，它会施加排斥力。等它滑下山谷，暴胀就结束了。

今天我们观测到的全部宇宙空间，在暴胀开始时只有一个原子大小的千万亿分之一。在暴胀期间，它增长到了五角硬币大小。在随后的百亿年里，空间仍在继续膨胀，步伐却要成熟稳健得多，让星系之类的结构得以形成。（上图并未按比例绘制）

殊成分，这种能量与引力携手，能够在短短一瞬间推动宇宙从微观尺度膨胀到宏观尺度。这种暴胀能的密度必须非常大，而且必须在暴胀期间几乎保持不变。它的所有性质中最不寻常的一条是，它的引力必须相互排斥，而非相互吸引。正是这样的排斥力，导致空间急剧膨胀。

为古斯的想法锦上添花的是，理论学家已经为这种能量确定了许多可能的来源。一种主流观点认为，这种能量来源于一个假想的、类似于磁场的标量场——在暴胀这个特例中，该标量场又被称为暴胀场（inflaton field）。著名的希格斯粒子（Higgs particle）则是另一个标量场的产物，2012年日内瓦附近欧洲核子研究中心的大型强子对撞机已经搜寻到了它的踪迹。

跟所有的场一样，暴胀场在空间每一点上都有一个特定的强度，决定了会有什么样的力施加在自身和其他场上。在暴胀过程中，暴胀场的场强在所有地方几乎都是常数。场中也会蕴含一定的能量，具体取决于场强的高低——物理学家把这种能量称为势能（potential energy）。场强与能量的关系可以用一张曲线图来描述。对于暴胀场，宇宙学家假设这条曲线看起来就像一张地形剖面图，仿佛坡度平缓的高原上出现了一个山谷（见153页插图）。如果暴胀场最初的场强对应于高原上的某一点，场强和能量就会逐渐降低，好像沿着山谷往下滑一样。实际上，描述这一过程的方程跟描述一个小球在相同形状的地形上往下滑的方程是一样的。

暴胀场的势能致使宇宙加速膨胀。这一过程可以平滑宇宙，也就是把宇宙变得均匀和平坦，前提是暴胀场在高原上停留足够长的时间（大约 10^{-30} 秒），把宇宙朝着各个方向拉伸至少 10^{25} 倍。当暴胀场抵达高原尽头，迅速滑向能量山谷底部时，暴胀就结束了。此时，势能转变成了我们更熟悉的能量形式——也就是今天充斥在宇宙之中的暗物质、炽热的普通物质以及辐射。宇宙进入了一段成熟稳健期，开始减速膨胀，物质也在减速膨胀过程中组装出了宇宙中各种各样的结构。

暴胀平滑宇宙的过程，就好像拉扯一块塑料布去抚平它表面的皱褶，但这件事情并没有做到完美。宇宙中仍有一些微小的不平整被保留下来，因为这涉及量子效应。根据量子物理法则，暴胀场的场强不可能在空间各处都完全一样，而是会出现随机涨落。这些涨落导致暴胀在空间不同区域的结束时间略有差异，导致这些区域被加热达到的温度也稍有不同。这些空间上的差异成了种子，最终演化出了恒星和星系。暴胀理论有一个预言：这些差异几乎是尺度不变的（scale-invariant），换句话说，这些差异跟空间区域的大小无关，它们在所有尺度上都以相同的幅度出现。

支持暴胀理论的论据可以归纳成三句话。第一，暴胀不可避免。自从古斯提出暴胀理论以来，理论物理学上取得的进展不断巩固了这样一个假说——早期宇宙中包含据信能够驱动暴胀的场。成百上千个这样的场，出现在了以弦理论为代表的物理学大统一理论中。在一片混乱的原始宇宙中，肯定会有某个这样的场在空间中的某个区域达到一定的条件，从而触发暴胀。

第二，暴胀理论解释了今天的宇宙为何如此均匀、如此平坦。没有人知道宇宙在大爆炸中诞生时有多均匀或者多平坦，但有了暴胀理论，这个问题就不需要知道了，因为这段加速膨胀期会把宇宙平滑到正确的形状。

第三，也可能是最令人信服的一点，暴胀理论拥有强大的预言能力。比如，对宇宙微波背景辐射和宇宙中星系分布所做的诸多观测已经证实，早期宇宙中能量分布的空间差异确实是尺度不变的。

反对暴胀

预示一个理论不正确的第一个迹象，往往是观测数据跟预言之间出现了细微差异。但暴胀理论并非如此：观测数据与这一理论20世纪80年代初做出的预言精细吻合。反对暴胀理论的理由不是它与观测数据不符，而是这一理论的逻辑基础存在问题。这个理论是否真能起到它所宣称的作用？ 20世纪80年代初做出的预言，还是我们今天所理解的暴胀模型能够做出的预言吗？有观点认为，两个问题的答案都是否定的。

支持暴胀理论的第一条论据是，暴胀不可避免。但如果真是这样，那就会得出一个尴尬的推论：坏暴胀要比好暴胀更有可能发生。坏暴胀同样会导致宇宙加速膨胀一段时期，但得到的结果与我们今天观测到的现实并不符合。比方说，温度差异可能会大过了头。暴胀的好坏之分，取决于势能曲线的确切形状，而这个形状又受一个原则上可以取任意数值的参数控制。这个参数只有在一个非常狭窄的范围内取值，暴胀才能产生观测到的温度差异。在一个典型的暴胀模型中，这个参数必须在 10^{-15} 以内——也就是说，小数点前后得有15个0。如果稍稍放宽一些要求，比如小数点前后只留12个、10个或者8个0，就会导致坏暴胀：会发生同等程度（甚至更剧烈）的加速膨胀，但温度差异会大于实际观测的数据。

如果坏暴胀无法与生命共存，我们就可以不去管它。在这种情况下，就算原则上能够产生这么大的温度差异，我们也永远不可能观察到，因为那样的宇宙里不会有我们（或者任何生命）存在。这种推理思路被称为人择原理，但是在这里并不适用。更大的温度差异会产生更多的恒星和星系——如果有区别的话，这样的宇宙也该比现在的宇宙更适合生命才对。

好的没有坏的多

暴胀本来应该很自然地创造出大片空间，与我们宇宙中观测到的大尺度结构相符。但是，除非暴胀场的能量曲线形状非常特殊（可以通过精细微调一个或者多个参数来获得，在图中用 λ 表示），否则暴胀的结果很可能是"坏"的——也就是说，创造出来的大片空间中，星系的密度过高，空间分布也不对。考虑到 λ 可能的取值范围，坏暴胀似乎更有可能发生。

好暴胀：λ 只有在一个狭窄范围内取值时，暴胀才会产生出观测到的星系密度。

坏暴胀：λ 的典型取值会产生更高的星系密度，可能还会产生更多的空间。

暴胀期

暴胀期

暴胀期

不仅坏暴胀要比好暴胀更有可能发生，出现另一种情况的可能性甚至比发生好坏暴胀的可能性加起来都高，那就是不发生暴胀。英国牛津大学的物理学家罗杰·彭罗斯（Roger Penrose）在20世纪80年代率先提出了这一观点。他把描述气体中原子和分子状态的热力学原理稍加变换，用它来统计暴胀场和引力场可能出现的初始状态。有些初始状态会导致暴胀，继而平滑宇宙，把宇宙变得均匀和平坦。另外一些初始状态则会直接产生一个均匀、平坦的宇宙——不需要经历暴胀。这两组初始状态都很罕见，因此整体上来说，得到一个平坦宇宙是不太可能的。

尽管如此，彭罗斯的结论仍然令人震惊：不发生暴胀便直接得到一个平坦宇宙的可能性要远高于发生暴胀的可能性——两者相差的倍数达到了10的古戈尔次方！（古戈尔，即googol，是指10^{100}；10的古戈尔次方则是1后面有10^{100}个0）

另一种方法也得出了类似的结论，具体方法是根据目前的状态，依照已经确定的物理定律，向前倒推宇宙的历史。考虑到今天宇宙整体上平坦和均匀的现状，此前有可能已经发生过的系列事件可以有许多种——换句话说，倒推得到的"历史"并不唯一。2008年，英国剑桥大学的加里·W.吉本斯（Gary W.Gibbons）和加拿大安大略圆周理论物理研究所（Perimeter Institute for Theoretical Physics）的尼尔·G.图洛克证明，在绝大多数倒推得到的历史中，暴胀都无足轻重。

这个结论与彭罗斯的观点一致。两者似乎都违背了直觉，因为平坦和均匀的宇宙不太可能出现，而暴胀正是平滑宇宙所需要的一种强有力的机制。但暴胀理论的这一优势似乎被一个事实完全抵消了，即触发暴胀的初始条件出现的可能性几乎为零。如果把所有因素全都考虑进来，与经历暴胀之后再变得平坦和均匀相比，宇宙现在这种状态不经历暴胀便直接出现的可能性反而更高。

暴胀永恒

许多物理学家和天体物理学家认为，这些纯粹理论上的争辩没有多少说服力，毕竟支持暴胀理论的证据更令人信服——确切地说，暴胀理论在20世纪80年代初已经明确做出的预言，与今天取得的丰富的宇宙学观测数据是吻合的。观测数据上的事实胜于任何理论上的雄辩。但这件事情的吊诡之处就在于，20世纪80年代初做出那些预言时人们所依据的基础，是当年对于暴胀如何发挥作用的一种纯朴的理解——那种理解已被证明是错误的。

导致观念发生改变的第一件事，就是人们认识到暴胀是永恒的：一旦开始，就永远不会停止。暴胀的这种让自身永远持续下去的本性，是量子物理结合加速膨胀而得出的直接

并非必然发生

无论宇宙处于什么样的初始状态，暴胀都应该能够发生才对。进一步分析表明，情况并非如此。在宇宙可能出现的所有初始状态之中，只有一小部分会导致我们今天观测到的均匀、平坦的宇宙。在这些初始状态中，绝大多数都不会经历明显暴胀，而是直接出现一个均匀、平坦的宇宙；只有极少部分会经历一场较长时期的暴胀。

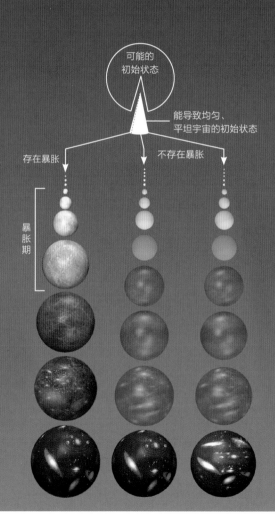

结果。前文中提到，量子涨落会略微延迟暴胀结束的时间。在那些涨落很小的地方，它们的影响也会很小。但量子涨落是随机的，完全不受任何控制。在空间中，一定会有某些区域出现较大的涨落，导致暴胀的结束时间大幅度延迟。

这种严重拖后腿的区域极为罕见，所以你或许会认为，我们大可以当它们不存在。可惜我们不能，因为这些区域在暴胀。它们还会继续膨胀，短短一瞬间，体积就能超过表现良好、按时结束暴胀的那些区域。结果就是，一大片仍在暴胀的空间"海洋"包围着一座座充斥着炽热物质和辐射的小小"岛屿"。不仅如此，拖后腿的区域里还会滋生出新的拖后腿区域，生成新的物质"岛屿"——每一座都是一个独立完备的宇宙。这个过程会永无止境地持续下去，创造出无穷多个"岛屿"，被无限暴胀的空间所包裹。对于这样一个场景，如果你还不觉得困惑的话，不用担心——还没到时候，真正让人困惑的场景还在后面。

这些"岛屿"并非全都一模一样。量子物理与生俱来的随机本性，必然导致一些"岛屿"物质分布极不均匀，或者形状严重扭曲。它们的不均匀性听起来就像是前文提到的坏暴胀问题，只不过成因不同。坏暴胀之所以发生，是因为控制势能曲线形状的参数很可能会太大。而这里的不均匀性则是永恒暴胀和随机量子涨落的结果，与那个参数的取值无关。

为了在数量上表述得更加准确，前面那段话里的"一些"，应该替换成"无穷多个"才对。在一个永恒暴胀的宇宙里，会有无穷多个"岛屿"性质跟我们观测到的宇宙相似，但也会有无穷多个"岛屿"性质跟我们不同。古斯的这句话，为暴胀的真正结果做了最好的总结："在一个永恒暴胀的宇宙，任何可能发生的事情都会发生；实际上，它会发生无穷多次。"

那么，我们的宇宙如此均匀和平坦，到底是特例还是定律呢？在一个拥有无限多个"岛屿"的宇宙里，这很难说。

打一个比方，假设你有一个麻袋，里面装着五角和一元两种硬币，数量已知并且有限。在这种情况下，把手伸进麻袋随便抓1枚硬币出来，对于最有可能抓到哪一种硬币，你可以做出一个合理的预言。但是，如果麻袋里的两种硬币有无穷多枚，你就无法预言了。为了判断这两种可能性，你可以给硬币分堆。先在左边放1枚五角硬币，右边放1枚一元硬币，然后再分别放上第2枚五角硬币和第2枚一元硬币，以此类推。这种方法会给你留下一个印象——两种面额的硬币数量是相等的。不过，接下来再尝试另一种分法：先在左边放10枚五角硬币，右边放1枚一元硬币，然后再分别放上10枚五角硬币和1枚一元硬币，以此类推。现在，你又会产生另一个印象——五角硬币的数量是一元硬币的10倍。

用哪种方法数硬币才对？答案是全错。对于无穷多枚硬币，存在无穷多种分法，能够产生无穷多种可能性。因此，根本就没有一种合理的方法来判断更有可能抓到哪一种硬币。同理，在一个永恒暴胀的宇宙里，根本就没有办法去判断哪种"岛屿"更有可能出现。

现在，你应该感到困惑了。如果暴胀意味着任何有可能发生的事情都会发生无穷多次，那么说暴胀做出了某些预言，比如宇宙是均匀的，宇宙中存在尺度不变的差异，这又该如何理解？反过来，如果暴胀理论无法做出能够检验的预言，宇宙学家又怎么能经常跳出来声称暴胀理论与观测数据相符呢？

屡战屡败

理论学家不是不清楚这个问题，但他们相信自己能够搞定它，把暴胀理论还原到20世纪80年代初那种让他们一眼就被吸引住的纯朴状态。许多人现在仍抱有希望，尽管他们跟这个问题已经苦苦缠斗了几十年，却连哪怕一种看似合理的解决办法都提不出来。

有人建议，应该尝试构建一些无法永恒的暴胀理论，把无穷多个宇宙扼杀在萌芽之中。但永恒这个性质是暴胀加上量子物理得出的自然结果。为了避免永恒暴胀，宇宙就必须始于一种非常特殊的初始状态，还必须拥有一种特殊形式的暴胀能量，这样才能让暴胀在宇宙各处全部结束，不给量子涨落留下任何重新触发暴胀的机会。但在这样的情况下，暴胀后观测到的宇宙就

永恒的深渊

据说，暴胀理论能够做出准确的预言，并且已经被观测数据证实。但这是真的吗？暴胀一旦开始，量子涨落就会让它在这片空间中永远持续下去。在暴胀确实停止的区域，一个宇宙泡就会形成，并继续演化。我们就生活在这样一个宇宙泡里，但它是非典型的；更年轻的宇宙泡占了大多数。事实上，这样的永恒暴胀会形成无穷多个宇宙泡，拥有无穷多种不同的性质。任何有可能发生的事情，都会在无穷多个宇宙泡中发生无穷多次。一个预言任何事情都会发生的理论，其实什么都预言不了。

永恒暴胀空间

其他宇宙泡

我们的宇宙

会对初始状态非常敏感。这就违背了暴胀理论的整个初衷——不管暴胀前宇宙是个什么状态，暴胀后都得是现在这个样子。

另一种策略则假设，类似于我们这个可观测宇宙的"岛屿"是暴胀最有可能得到的结果。这种方法的支持者引入了一个所谓的衡量标准，也就是一个衡量哪些"岛屿"最有可能出现的特殊规则——就好像强制规定，我们从麻袋里掏硬币时，每拿出5个一元的硬币，就必须再拿出3个五角的硬币。额外设置专门的衡量标准，这个策略恰恰等于公开承认，暴胀理论本身什么都解释不了，也什么都预言不了。

更糟的是，理论学家已经提出了许多比较有道理的衡量标准，得出的结论却恰恰相反。体积衡量标准就是一个例子，这种观点认为"岛屿"应该按各自的体积加以衡量。

乍一看，这种观点合乎常理，因为暴胀背后隐含着这样一个思路：为了解释我们观测到的宇宙现状，暴胀必须创造一大片均匀、平坦的空间出来。可惜的是，体积衡量标准失败了。原因在于，这一标准更倾向于拖后腿的区域。考虑以下两类区域：一类是跟我们类似的"岛屿"，另一类是经历了更久暴胀之后形成较晚的区域。由于暴胀时空间呈指数增长，后一种区域占据的总体积要庞大得多。因此，比我们的宇宙更年轻的区域应该要常见得多。按照这种衡量标准，我们甚至不太可能存在。

热衷于寻找衡量标准的理论学家采用了反复尝试的做法，他们不断发明新的衡量标准并加以检验，希望有朝一日能够得出符合预期的答案——即我们的宇宙出现的可能性很大。假设有一天他们成功了，那么接下来，他们就必须再找一个原理来合理解释为什么要用这个衡量标准而不用其他衡量标准，再然后，他们又得用另一个原理来解释为什么前一个原理是对的，如此追溯下去，永无止境。

还有一种策略就是向人择原理求助。尽管前一种策略坚持认为我们生活在一个典型的"岛屿"上，人择原理却恰恰相反，假设我们生活在一个非常不典型的"岛屿"上，只不过这里的环境刚好达到维持生命所必需的最低要求。

这种策略声称，更为典型的"岛屿"上无法形成星系或恒星，又或者缺少我们所知生命生存所需的其他必要条件。这样一来，就算典型的"岛屿"占据的空间远远大于类似我们的宇宙，也可以不去管它，因为我们只关心那些人类有可能生存的区域。

可惜，这种策略也行不通，因为我们宇宙中的环境远远超出了维持生命所必需的最低要求——生命并不要求宇宙必须如此平坦、如此均匀、如此尺度不变。更为典型的"岛屿"，比如那些比我们的宇宙更年轻的区域，几乎一样适合生命生存，数量却要多得多。

另起炉灶

考虑到上述情况，经常被人引用的那种说法，即宇宙学观测数据已经证实了暴胀理论的核心预言，充其量是一种误解。准确的说法应该是，观测数据已经证实了我们在 1983 年之前所理解的那个纯朴的暴胀理论所做的预言，但那个理论并不是今天我们所理解的暴胀理论。那个纯朴的理论假设，在经典物理定律的掌控下，暴胀会得出可以预言的结果。但事实上，暴胀是受量子物理学统治的，任何有可能发生的事情都会发生。如果暴胀理论不能做出任何可靠的预言，那它还有什么意义？

根本的问题在于，拖延暴胀结束时间没有受到惩罚——恰恰相反，拖延越久，反而越占优势。迟迟不让暴胀结束的区域会继续加速膨胀，因此它们一定会占据上风。而在理想的情况下，拖后腿的区域应该膨胀得更慢才对，不膨胀甚至收缩就更好了。这样的话，宇宙的绝大多数空间都会由按时结束平滑过程的区域构成，我们观测到的宇宙也就不劳我们费心了。

我和同事提出的一种用来替代暴胀理论的"循环理论"（Cyclic Theory），恰好就拥有这样的性质。按照循环理论，大爆炸并不是空间和时间的起点，而是由先前的收缩期转向新的膨胀期而发生的一场"反弹"，同时伴随有物质和辐射的创生。这个理论之所以命名为循环，是因为经历万亿年之后，膨胀又会被收缩取代，然后在新一轮反弹中再度膨胀。重点在于，平滑宇宙的过程发生在大爆炸之前的收缩期间。任何拖后腿的区域都会继续收缩，表现良好的区域则会按时反弹开始膨胀，因此拖后腿的区域相对而言就会小很多，可以忽略不计。

在收缩期间平滑宇宙会产生一个可以观测的后果。不论是暴胀理论还是循环理论，在平滑宇宙的任何过程中，量子涨落都会随机产生微小的时空扭曲，并以引力波的形式向外传播，这会在宇宙微波背景辐射上留下独特的引力波印记。引力波的振幅与能量密度成正比。暴胀发生时宇宙应该极端致密，而循环理论中的类似过程发生时，宇宙实际上应该是空无一物，因此两种理论预言的引力波印记应该会有天壤之别。

当然，循环理论还相当年轻，或许有它自己的问题，但它至少证明，不受永恒暴胀一发不可收拾之苦的替代理论并非不可想象。我们的初步研究暗示，循环理论还可以避免前文中提到过的其他问题。

当然，我是把支持和反对暴胀理论的论据当成是两个极端来介绍的，没有给正反双方留下交叉盘问和仔细比较的机会。2011 年 1 月，美国普林斯顿理论科学中心举办了一次会议专门来讨论这些问题。与会的许多重量级理论学家争辩说，这些问题对暴胀理论来说只能算是"牙痛"，应该还不足以撼动我们对这个理论的信心。而其他理论学家，包括我在内，则主张这些问题直指暴胀理论的核心，这一理论必须进行大的修改，否则就必须被替换掉。

最终，关于暴胀理论的争论还是得由观测数据做出裁决。对宇宙微波背景辐射进行的观测将揭露关键证据。多项寻找引力波印记的实验已经在高山山顶、高空气球和人造卫星上展开，未来应该会得到结果。检测到引力波印记，暴胀理论就会获得支持；没检测到的话，暴胀理论就会严重受挫。在后一种情况下，如果暴胀理论还想苟延残喘，宇宙学家就必须假设暴胀场具有非常独特的势能，形状刚好可以抑制引力波——这似乎就太不自然了。许多研究者会被替代理论吸引，例如循环理论，因为它们本来就预言引力波印记会小到无法被观测到。在我们探寻宇宙何以是现在这个样子、未来又将发生些什么的过程中，这个观测数据的得出将是一个决定性的结果。

（注：2014年3月17日，美国物理学家宣布发现原初引力波穿越婴儿宇宙留下的印记。）

制图：阿尔弗雷德·T.卡马林（Alfred T. Kamajian）

开放暴胀：一个短命的暴胀理论

马丁·A.布赫（Martin A.Bucher）

戴维·N.施佩格尔（David N.Spergel）

本文作者马丁·A.布赫和戴维·N.施佩格尔研究极早期宇宙的物理。撰写本文时，布赫是剑桥大学应用数学与理论物理系的博士生，他是开放暴胀理论的开创者之一。施佩格尔是普林斯顿大学天体物理系的教授，也是WMAP实验组的成员。除了极早期宇宙外，他们的研究方向还包括星系形成与时空结构。

精彩速览

- 在标准暴胀理论中，宇宙的平坦性与均匀性是有关联的。该理论认为，既然宇宙如此均匀，它也应该是非常平坦的。

- 但20世纪末关于星系团和遥远超新星的大量天文观测似乎表明，物质密度小于标准暴胀理论的预期值，宇宙可能是弯曲的。

- 为解释这一现象，一些科学家在标准暴胀理论之前加入了一个新阶段，提出了开放暴胀理论——一种使暴胀更为复杂的理论。

尽管宇宙学一直以艰深难懂著称，但是在许多方面，解释整个宇宙比解释一个单细胞动物还要更容易。在最大的宇宙尺度上，也就是那些恒星、星系甚至星系团都是一些斑点的情况下，物质都是均匀分散开的，而且物质只受一个力的控制，那就是引力。宇宙两大基本观测结果——大尺度均匀性和引力占主导地位，是大爆炸理论的基础。大爆炸理论认为，我们的宇宙在过去约138亿年中一直在不停膨胀。尽管大爆炸理论的基础很简单，但这一理论非常成功地解释了星系的相互退行速度、轻元素的相对数量、太空中微弱的微波辐射以及天文结构的一般演化过程。似乎宇宙的膨胀完全没有受到其内部细节的影响。而生物学家则没有这么幸运，因为同样的原理无法运用在哪怕最简单的生物上。

尽管如此，大爆炸理论还是无法解答几个深奥的问题。20世纪80年代初，通过引入粒子物理学的概念，宇宙学家解决了这些麻烦，并最终产生了暴胀理论。但是20世纪90年代末，暴胀理论也开始面临危机，因为最新的观测结果表明，宇宙中物质的平均密度与这一理论预言的相悖。宇宙学家意识到，宇宙并不像他们想象的那样简单。要解决这一问题，他们要么必须假定物质或能量存在一种奇特的形式，要么必须引入新的内容，而这会使暴胀理论变得更复杂。本文主要探讨的是第二种方式。

严格地说，大爆炸理论并没有描述宇宙的诞生，反而描述的是宇宙的生长和成熟。按照大爆炸理论，初期的宇宙是一锅非常炽热致密的辐射原始汤。其中的一部分——比一个萝卜还要小，最终演化成了今天的可观测宇宙（宇宙可能是无穷大的，但因为宇宙其他部分的光线迄今还未到达地球，所以我们无法看到可观测宇宙之外的宇宙其他部分）。

宇宙在膨胀，这个说法似乎让人难以接受——即使是爱因斯坦，最初对这个说法也持怀疑态度。如果宇宙是膨胀的，那任何两个独立天体之间的距离都将越来越大。遥远星系之间的距离也将因此越来越远，因为它们之间的空间扩大了，就像嵌入面包的葡萄干，会随着面包的烘焙膨胀而距离变大。

如果宇宙是均匀的，那么从宇宙膨胀可以很自然地导出哈勃定律，即星系远离地球（或宇宙中的其他任一点）的速度与两者之间的距离成正比。但并非宇宙中所有的天体都遵循这一定律，因为引力会抵消空间的膨胀，例如，太阳和地球就并不会彼此远离。但是在宇宙的最大尺度上，哈勃定律是适用的。在大爆炸的最简单模型中，宇宙的膨胀几乎总是以匀速进行。

大爆炸——暴胀理论

随着早期宇宙的膨胀，宇宙开始冷却，并且演化出更为复杂的结构。某些辐射会变成基本粒子和简单的原子核，经过大约30万年，宇宙的温度冷却到3000℃，电子和质子开始结合生成氢原子。这时，宇宙开始变得透明，并释放出宇宙微波背景辐射。这种辐射非常平滑，它表明，早期宇宙不同区域物质的密度仅有十万分之一的差异。尽管密度的差异很小，但那些细微的物质积聚最终还是形成了今天的星系和星系团。

尽管标准的大爆炸理论能够成功地解释一些现象，但它仍然无法解答下面这几个深奥的问题。首先，为什么宇宙会这样均匀？天球上相对的两个区域，看上去大致相同，但它们实际上隔着930亿光年。由于光仅仅走了138亿年（由于宇宙也在膨胀，光走过的距离是466亿光年），所以这两个区域还来不及看见对方。物质、热量或光是不可能在如此短的

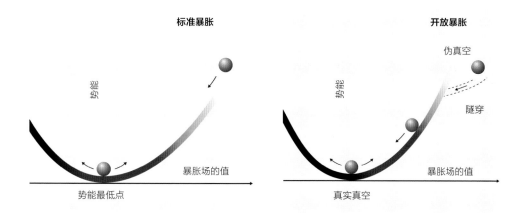

驱动空间膨胀的力来源于暴胀场。暴胀场就像从山上滚落的小球，通过改变自身的值（横轴）使得势能（纵轴）最小。初始时，暴胀场位于势能高处，这是由时间起点处的量子过程决定的。对于标准暴胀（左图），暴胀场直接滚落到势能最低点。但在开放暴胀（右图）中，它会落入一个"山谷"，也就是伪真空。在宇宙中的绝大部分区域，暴胀场就陷在伪真空中，于是暴胀永不结束。只有在某些幸运地带，暴胀场能够通过隧穿效应跑出山谷，到达真正的势能最低点。我们便生活在其中一块"幸运地"演化而成的泡泡宇宙中。在这两种暴胀理论中，一旦暴胀场到达最终的栖息地，它就会在那周围来回滚动，使空间充满物质和辐射。接着，大爆炸便开始了。

制图：德米克里·克拉斯尼（Dmitry Krasny）

时间内在这两个区域间流动，使密度和温度达到均匀的（见176页图）。所以，从某种程度上说，宇宙在膨胀之前一定是均匀，但是大爆炸理论并不能解释这一点。

另一个问题是，为什么早期宇宙中会存在密度变化？不过幸好它的确存在：如果没有这些细微的密度起伏，今天的宇宙将会是密度均匀的——每立方米几个原子，那么，不管是银河系还是地球都不可能存在。

最后，为什么宇宙膨胀的速度正好可以抗衡宇宙中所有物质的引力合力？任何对完美平衡的显著偏离，都会随着时间的推移被放大。所以，如果膨胀的速度太大，今天的宇宙将是空荡荡的；而如果引力太强，宇宙就会在大收缩中塌缩，那你根本也没有机会读到这本书。

宇宙学家用变量 Ω 来描述这个问题，Ω 是引力能与动能（也就是空间膨胀时物质运动的能量）之比。该变量与宇宙中的物质密度成正比——密度较高意味着引力较强，也就是 Ω 值较大。如果 Ω 值等于1，那它的值会保持恒定；否则它就会在自增强进程（Selfreinforcing process）中迅速降低或增大，直到动能或引力能占据优势。经过数十亿年，Ω值将会为0或无穷大。由于宇宙当前的密度既不为0也不是无穷大（很幸运），Ω的初始值肯定正好是1或几乎接近于1（误差小于$1/10^{18}$）。为什么会如此巧合？对此，大爆炸理论不能做出任何解释。

上述这些缺陷并不足以推翻大爆炸理论——它还是能够解释数十亿年的宇宙历史，但是这些缺陷确实表明，该理论并不完善。为了填补这一空白，20世纪80年代初，宇宙学家艾伦·古斯、佐藤胜彦（Katsuhiko Sato）、安德烈·林德、安德列亚斯·阿尔布雷克特（Andreas Albrecht）和保罗·斯坦哈特提出了暴胀理论。

暴胀理论完善了大爆炸理论，但也使该理论变得更为复杂。暴胀理论假定，宇宙早期经历过一段非常快的膨胀（即暴胀）。与标准大爆炸理论中膨胀会随时间减缓不同，在暴胀阶段，膨胀是随时间加快的。它使任何两个独立的天体以越来越快的速度分开——最终甚至超越光速。

这种运动并没有违反相对论，相对论规定的是，有限质量的物体在空间中的运动速度不会超过光速。事实上，在暴胀的最终阶段，超过光速的是空间本身的膨胀速度，而物体相对于空间是静止的。

早期宇宙发生的暴胀，可以解释今天的宇宙为什么如此均匀。今天的可观测宇宙的各个部分，曾经都距离非常近，这样它们才能拥有均匀的密度和温度。在暴胀期间，均匀宇宙的各部分彼此远离而失去了联系；直到暴胀结束后，光才逐渐赶上速度较慢的传统大爆炸模型的膨胀。在更大的范围内，宇宙的其他部分有可能存在不均匀之处吗？至少现在还没有发现。

观测结果

为了产生这种快速的膨胀，暴胀理论在宇宙学中引入了一个来自于粒子物理学的新要素——暴胀场。在现代物理学中，基本粒子（例如中子和电子）都是用量子场表示，这种场与电场、磁场和引力场类似。一种场就是空间和时间的一个函数，场的振荡可以解释成粒子的震荡。力是通过场来传播的。

暴胀场提供了一个导致空间扩张的"反引力"。场强为某个给定值的暴胀场也具有相应的势能。就像一个球滚下山坡，暴胀场也试图滚向势能最小处（见167页左图）。但是，宇宙膨胀时会产生一种宇宙摩擦（cosmological friction）。这种摩擦会阻碍暴胀场向更低势能演化，当摩擦占优势时，暴胀场就会停下来。此时暴胀场的场强几乎恒定不变，这样反引力才会大于引力——从而使相邻物体越来越快地远离。最终，暴胀场再次变弱并将其剩

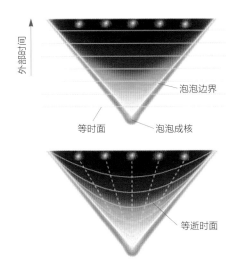

外部时间

泡泡边界

等时面　　　泡泡成核

等逝时面

有限空间中的无限宇宙？这种说法看起来自相矛盾，但的确是有可能的，因为在泡泡宇宙内、外的观测者看来，时空的行为很不一样（图中上半部分为外部观测者视角，下半部分为内部观测者视角）。在泡泡外部的观测者看来，时间在不断流逝，某一时刻的所有点连成的线或者面就是空间（横线），因此泡泡宇宙是有限的。但是泡泡内部的观测者只能察觉到，从泡泡首次到达某个位置起，时间流逝了多少。随着时间流逝，宇宙的温度逐渐降低，进而驱动一系列物理变化（图中黄色部分代表较热区域，黑色部分代表较冷区域）。对于内部观测者，等逝时面是一系列双曲线，它们向上延伸，永远不会触碰到泡泡的边界。由于宇宙的膨胀，等逝时面上的点彼此远离（虚线）。因此，我们可以认为自己占领了无限的空间。

图片来源：唐·迪克森（Don Dixon）；资料来源：马丁·A.布赫（Martin A.Bucher）
戴维·N.施佩格尔（David N.Spergel）

余的能量转化为辐射。然后宇宙就按照传统大爆炸模型继续膨胀下去。

　　为了形象地表述这一过程，宇宙学家用几何图形来描述宇宙的形状。根据爱因斯坦的广义相对论，引力是一种几何效应：物质和能量会使时空弯曲，扭曲物体的运动路径。宇宙的全面膨胀本身也是一种时空的弯曲，它是受Ω值控制的（见171页图）。如果Ω值比1大，宇宙的曲率就是正的，像橘子的表皮一样，只不过是在三维立体空间中（球形，即"封闭的"几何结构）。如果Ω值小于1，宇宙的曲率就是负的，像一块炸薯片（双曲，即

"开放的"几何结构）。如果它等于1，宇宙就是平坦的，像一个薄煎饼（常见的欧几里得几何结构）。

暴胀使可观测宇宙变平坦，不管宇宙的初始形状是什么，这种快速的膨胀都会使其体积迅速变大，使宇宙的大部分处于可观测范围之外。而可见的那一小部分，可能是平坦的，就像地球表面的一小部分看上去也是平坦的一样。因此暴胀使可观测宇宙的 Ω 值趋近于1。同时，物质和辐射密度初始的不均匀之处也被抹平了。

因而，在标准暴胀理论中，宇宙的平坦性与均匀性是有关联的。该理论认为，既然宇宙如此均匀，它也应该是非常平坦的，Ω 值等于1且误差小于十万分之一。并且，即使存在任何对精确平坦性的偏离，天文学家也根本观测不到。因此，科学家之前一直认为，如能通过观测发现宇宙的确是平坦的，那将是支持暴胀理论的强有力证据。

但这样就有一个问题。现在关于星系团和遥远超新星的大量天文观测结果表明，引力是很弱的，根本无法与膨胀抗衡。如果是这样的话，物质密度肯定就会小于预期值——Ω 值大约等于0.3。也就是说，宇宙可能是弯曲的，开放的。对这一结果可以有三种解释。

第一种，暴胀理论是完全错误的。但是如果宇宙学家放弃暴胀理论，那原本用该理论解决得很好的可怕悖论就会重新出现，需要一种新的理论来解决这些悖论。而目前还没有这样的替代理论。

第二种解释的灵感，来源于观测遥远超新星时发现的宇宙正在加速膨胀。这种膨胀暗示，可能有一种以"宇宙学常数"形式存在的额外能量。这种额外能量的作用相当于一种诡异的物质，可使空间弯曲，其作用与普通物质引起的弯曲一样。引入宇宙学常数可使空间变得平坦，这样，暴胀理论就可以自圆其说。但是，宇宙尘埃和发生超新星爆发的恒星本身的性质都会带来不确定性，宇宙学常数这个结论也还有待推敲。因此，宇宙学家仍对其他可能解释持开放态度。（注：后来更精确的超新星观测和其他天文观测已经证明额外能量的确存在，这种所谓的暗能量足以让 Ω 值等于1。）

泡泡宇宙

第三种解释是，观测结果只是表象，我们需要深入思考，由暴胀是否必然会得到一个平坦的宇宙。这种解释涉及暴胀理论更早期的一个"补丁"。这个补丁最初是由哈佛大学的西德尼·R.科尔曼（Sidney R.Coleman）和弗兰克·德露西亚（Frank de Luccia）及普林斯顿大学的J.理查德·戈特三世（J.Richard Gott Ⅲ）于20世纪80年代初提出的。在这些想法被忽视了十几年之后，才开始重新受到布赫（本文作者之一）和剑桥大学的尼尔·G.

宇宙的几何

如果我们能在宇宙外，用外部视角进行观测，那么宇宙学将变得容易很多。由于人类缺乏这一天赋，天文学家必须根据宇宙的几何性质来推断它的基本形状。根据日常经验，空间在小尺度上符合欧几里得几何学，也就是平坦的：平行线永不相交，三角形内角和为180度，圆的周长是$2\pi r$等。但我们并不能据此推断说宇宙在大尺度上也符合欧几里得几何学的。这就好比我们不能根据局部的性质来断定地球是平的一样。

宇宙学观测表明，我们的宇宙在大尺度上是均匀和各向同性的。均匀是指空间上的所有点都是平等的，不存在某个特殊的位置。而各向同性是指所有方向都是平等的。除了欧几里得几何外，还有另外两种三维几何能与这一结果相符：球面几何（闭几何）和双曲几何（开几何）。我们用曲率来描述和区分两种几何。如果曲率为正，就对应球面几何；如果曲率为负，就对应双曲几何。但在远小于曲率半径（类似地球半径）的距离上，它们看起来都符合欧几里得几何学。

在球形宇宙中，就像地球表面那样，平行线最终交汇，三角形内角和最大能到540度，圆的周长比$2\pi r$要小。因为球形空间是封闭的，所以球形宇宙是有限的。而在双曲宇宙中，平行线是发散的，三角形内角和小于180度，圆的周长比$2\pi r$要大。双曲宇宙和欧几里得空间一样，是无限大的（有方法可以使得双曲宇宙和平坦宇宙变得有限，但这并不影响暴胀理论的结论）。

这三种几何的透视效果很不一样，因此在不同几何的宇宙中，观者看到的宇宙微波背景辐射上的特征也不一样。无论暴胀过程细节如何，背景上最大"涟漪"的绝对尺寸是相同的。如果宇宙是平坦的，那么最大的波动大约在1度（角距离）。但如果宇宙是双曲的，同样的特征看起来只有平坦宇宙中的一半大。这是因为光线发生了扭曲。

初步的观测暗示这些涟漪的确在1度左右。如果这一结果得到证实，那么开放暴胀理论就是错误的。但是初步的观测结果也很可能有问题，天文学家正在等待卫星观测带来确定的答案。（注：这里说的卫星观测应该是WMAP，观测结果证实宇宙是高度平坦的。）

—M.A.B.和D.N.S.

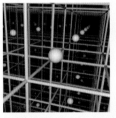

图中展示了从不同角度看到的平坦空间、球面空间和双曲空间。这两种视角分别是外部观测者视角（左侧，为方便表示，图中省略了一个空间维度）和内部观测者视角（右侧，展示了三个空间维度及参考框架）。外部视角在研究基本的几何规律时非常有用，而内部视角揭示了不同距离上物体的表观大小（它们的真实大小其实是相同的）。随着距离增加，物体和参考框架都会"变红"，即发生红移。

平坦空间符合我们所熟知的欧几里得几何学。相同大小球体的角直径反比于它和观者间的距离，这跟美术课上学的消失点透视是同一回事。

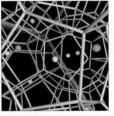

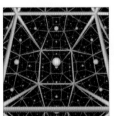

球面空间的几何性质：随着距离增加，一开始球的角直径会缩小，到达某个临界尺寸后，它又变大了。这就好比在地球上，从北极出发的经线一开始彼此分离，在赤道处相距最远，接着又慢慢汇聚到南极。图中的参考框架由十二面体构成。

双曲空间呈马鞍形。角直径随距离的减小比平坦空间快得多。由于角度更为尖锐，每条边周围有5个立方状物体（平坦空间只有4个）。

图片来源：斯图亚特·莱维（Stuart Levy），National Center for Supercomputing Applications；塔马拉·芒兹纳（Tamara Munzner），Stanford University

图罗克以及纽约州立大学石溪分校的阿尔弗雷德·S.戈德哈贝尔（Alfred S.Goldhaber）、大阪大学的佐佐木节（Misao Sasaki）和田中贵浩（Takahiro Tanaka）及东京大学的山本弘（Kazuhiro Yamamoto）的关注。现在，林德和他的合作者已经提出了一些关于这些想法的具体模型，并对其进行了扩展。

如果暴胀场有另外一种不同的势能函数，那么暴胀会使空间以精确而合理的方式弯曲——让宇宙稍微有些弯曲而不是完全平坦。尤其是假设势能函数有两个山谷——虚假的（局部的）最小值与真实的（全局的）最小值（见167页右图）时。当暴胀场向下滚动时，宇宙开始膨胀并变得均匀。然后暴胀场就会停在虚假的最小值处。物理学家称这种状态为"伪真空"，宇宙中的任何物质和辐射几乎都可以忽略不计，完全被暴胀场的能量所取代。随后，量子力学固有的量子涨落就会使暴胀场发生抖动，并使其最终脱离虚假最小值——就像摇动一个弹球机，把卡住了的球摇出来一样。

这种脱离过程被称作伪真空衰变，它不会在每一个地方同时发生，而是首先发生在某些随机的位置，然后再蔓延开来。这一过程与煮开水类似。水被加热到沸点时，并不是每一处的水都同时变成水蒸气。首先，因为原子的随机运动，气泡会在液体各处分散成核。较小的气泡会由于表面张力的作用而破碎。但是在较大的气泡中，水蒸气与过热的液态水之间的能量差会克服表面张力的作用，这些气泡就会以水中声速的速度膨胀。

在伪真空衰变的过程中，量子涨落效应起着随机原子运动的作用，使真实真空成核形成泡泡。表面张力会使大多数泡泡破碎，但是终有一些泡泡会长到足够大，从而使量子涨落效应的作用显得不那么重要。由于没有任何阻碍，这些泡泡的半径会以光速持续增大。当一个泡泡的外壁在空间通过某一点时，该点的暴胀场就会脱离虚假最小值，并重新开始下降过程。其后，泡泡内部的空间又会以标准暴胀理论模型中的方式暴胀。这个泡泡的内部相当于我们的宇宙。暴胀场脱离虚假最小值的那一时刻，就对应于较早理论中的大爆炸。

对于离成核中心距离不同的点来说，大爆炸发生在不同的时间。这似乎看起来很奇怪。但是仔细观察暴胀场后，我们可以发现，暴胀就像一个精密时钟：暴胀场在某一给定点的值，表示大爆炸在该点发生后所经历的时间。由于大爆炸并不是同时发生的，因此暴胀场的值在各个地方是不同的：它在泡泡壁处最高，向中心逐渐降低。从数学上说，暴胀场的值在双曲面上是恒定的（见167页图）。

暴胀场的值并不只是一个抽象的概念，它决定了泡泡内部宇宙的基本性质——宇宙的平均密度和宇宙背景辐射的温度（今天是绝对零度之上2.7℃）。在一个双曲面上，密度、温度和经历时间都是恒定的。这些面就是观测者在泡泡内部感觉到的恒定"时间"。它与在泡泡外部经历的时间是不一样的。

为什么像时间这样的基本概念，在泡泡内部和外部会不同？按照爱因斯坦相对论之前的时空观，这样的事情似乎确实不可能发生。但是在相对论中，时空之间的区别很模糊。观测者把一些东西称作"空间"和"时间"，很大程度上仅是为了方便。笼统地说，时间便是事物变化的方向，而在泡泡内部的变化是由暴胀场控制的。

开放暴胀理论

按照相对论的观点，宇宙有四维——三维空间、一维时间。一旦时间被确定，剩余的三个方向肯定是空间方向；在它们的方向中，时间是恒定的。因此，泡泡宇宙从里面看似乎是马鞍形的。对我们来说，在空间旅行实际上是沿一条双曲线运动。从泡泡内部向泡泡壁的方向看，就是看向过去。从理论上来说，我们可以看到泡泡外部和大爆炸之前，但是实际上稠密且不透明的早期宇宙会挡住视线。

时间与空间的这种融合，使得整个马鞍形的宇宙（其体积是无限的）可被容纳入一个正在膨胀的泡泡中（其随时间而增大的体积总是有限的）。从泡泡外部看，内部空间实际上是时空的混合。由于外部的时间是无限的，因此内部的空间也是无限的。

这种看似奇怪的泡泡宇宙模型，解放了暴胀理论，不再限定 Ω 值一定要等于1。不过，尽管泡泡的形成产生了马鞍形的双曲空间，但是并未给出它的精确尺度。尺度是由暴胀场的势能决定的，它与 Ω 值一样会随时间改变。最初，泡泡内的 Ω 值等于零。在暴胀过程中，其值增大，接近于1。因此双曲空间最初的曲率非常大，之后逐渐变平。暴胀势决定了变平坦的速度和持续的时间。最终泡泡内的暴胀在 Ω 值很接近于1、但又比1稍小的位置达到平衡并中止。然后，Ω 值开始降低。如果泡泡内的暴胀持续时间正好合适（偏差在几个百分点之内），那么现在的 Ω 值就正好与观测值吻合。

乍一看这个过程可能很奇怪，但是其主要结论却很简单：宇宙的均匀性和几何形状并不需要有联系。它们可能产生于暴胀的不同阶段：均匀性产生于泡泡成核之前的暴胀；几何形状产生于泡泡内的暴胀。由于这两种性质并不会互相影响，因而暴胀的持续时间并不需要满足均匀性，暴胀只需要持续到使双曲空间变得足够平坦为止。

实际上，这一模型是直接源于大爆炸理论的。标准的暴胀理论讲述的是在传统大爆炸膨胀之前发生的事，而新的观点，也就是开放暴胀理论，是在标准暴胀之前加入了一个新阶段。要解释宇宙最初的诞生过程，我们还需要一个描述比这还要早的时期的新理论。

在泡泡宇宙中生活是一件非常有趣的事（即使不考虑科幻小说情节中的一些可能性）。例如，一个外部的观察者可以很安全地穿过泡泡，从外部进入内部，但是一旦进入内部，观察者（就像我们一样）就永远不可能离开，因为要离开的话，需要运动速度超过光速。这个理论的另一层含意在于，我们的宇宙仅仅是无限多个泡泡中的一个，这些泡泡处于一个辽阔无比，永远都在膨胀的伪真空泡沫海洋中。如果两个泡泡相撞会怎样？它们的相撞可能会造成宇宙的一部分发生爆炸，泡泡内部靠近相撞点的所有一切都遭到破坏。幸运的是，由于泡泡的成核过程是一种非常少见的情形，因此这种灾难不大可能发生。即使发生一次灾难，泡泡的相当大一部分也不会受到影响。对泡泡内部、处于安全距离的观察者来说，这种事件就像是在观察太空中的一个炽热区域。

哪个正确？

如何证明这一理论呢？搞清楚宇宙为什么是均匀的当然是件好事。但要证实一个理论，需要将理论预言的一些数值与观测结果进行比对。1994年，两个对完善开放暴胀理论做出了贡献的小组，与普林斯顿大学的巴拉特·V.拉贾（Bharat V.Ratra）和P.詹姆斯·E.皮布尔斯（P.James E.Peebles）一起，对开放暴胀理论的具体效应进行了演算。

新旧两种暴胀理论都能基于量子涨落效应给出明确的预测，这些效应会使空间中不同的点，经历稍有不同的暴胀过程。当暴胀结束时，某些能量会脱离暴胀场成为普通的辐射——这些辐射是随后进行的大爆炸膨胀的"燃料"，由于暴胀持续时间在各个地方有所不同，因此残余的能量与辐射密度也有所不同。

宇宙背景辐射相当于为这些密度波动拍了一张快照。开放暴胀理论认为，导致这些密度波动的不仅是泡泡内部的振荡，还有从泡泡外部传导进来的振荡。外部传导进来的振荡是由泡泡成核过程中的缺陷引起的。从最大尺度上看，这些密度波动应该是非常显著的。实际上，它们能使我们看到我们所在的泡泡宇宙之外的世界。另外，（本文作者之一）施佩格尔和哥伦比亚大学的马克·卡米翁可夫斯基（Marc Kamionkowski）以及东京大学的杉山尚志（Naoshi Sugiyama）都意识到，开放暴胀可能还具有另一种纯几何的效应（见135页框内文字）。

以20世纪90年代末的观测精度，还不可能区分两种暴胀理论之间的差异。2001年美国航空航天局发射的威尔金森微波各向异性探测器（WMAP），以及欧洲空间局2009年发

宇宙是怎样产生的？

物理定律通常描述系统如何由某个初始状态演化而来。但是解释宇宙起源的理论却十分诡异：它必须自己对初始状态做出解释。如果说普通定律就像地图那样，告诉你如何从A到达B，那么解释宇宙起源的理论还必须证明你为什么要从A出发。科学家对此提出了很多可能性。

1983年，加利福尼亚大学圣芭芭拉分校的詹姆斯·B.哈特（James B.Hartle）和剑桥大学的史蒂芬·W.霍金（Stephen W.Hawking）将量子理论应用到整个宇宙。他们类比原子和基本粒子的波函数，写出了宇宙的波函数。这个波函数便决定了宇宙的初始条件。在这种方法中，传统上用于区分过去和未来的规则在极早期宇宙中被打破：那时的时间方向具有空间方向的属性。因此，不仅空间没有边界，时间也没有确定的起点。而在另一种方法中，塔夫茨大学的亚历山大·维连金（Alexander Vilenkin）提出了隧穿波函数，这种波函数的形式由宇宙自发演化到有限大小的相对概率来确定。

1998年，霍金及同事尼尔·G.图罗克提出，泡泡宇宙可能从一无所有中自发产生。这种新的开放暴胀理论中不再需要伪真空衰变。但维连金和斯坦福大学的安德烈·林德对此表示质疑，他们的计算结果并不支持这种可能性。

林德猜测暴胀没有起点，并试图以此来绕过初始条件的问题。在经典图像中，当暴胀场滚落到势能最低点时，暴胀就结束了。但是由于量子涨落效应，暴胀场不仅能够向下滚，还能向上滚。因此，宇宙中有些区域——事实上是大部分区域，还一直在发生暴胀。它们围绕着暴胀已经结束的那些空间，形成稳定的宇宙。对于暴胀结束的空间，它们分别拥有不同数值的物理常数，我们所在的区域恰好拥有适合生命存在的物理常数数值。但维连金及同事阿文·伯德（Arvind Borde）认为，这一图像并没有完整地描述宇宙起源。虽然暴胀可以是永恒的，但它终归需要一个起点。

普林斯顿大学的J·理查德·戈特三世和李立新（现任北大天文系教授）在1999年提出，宇宙可能陷入循环状态中，就像一位时间旅行者回到过去，成了自己的母亲那样。那么，这位时间旅行者没有家谱，人们也没办法说明白她来自何方。根据戈特和李立新的猜想，我们所在的泡泡宇宙脱离了这个循环，只是一直膨胀、冷却下去。

遗憾的是，天文学家可能很难检验这些猜想。暴胀几乎抹掉了与宇宙身世有关的所有可观测痕迹。许多物理学家推测，要深入理解暴胀前的宇宙及其物理定律，我们还要等待一个真正基本的物理学理论，也许就是弦理论。

—M.A.B.和 D.N.S.

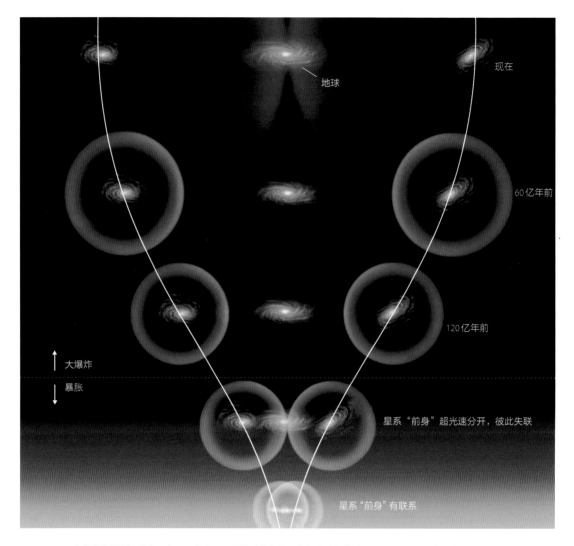

宇宙学的重大疑难之一在于，宇宙几乎是绝对均匀的。在标准大爆炸中，这是不可能的（图中上半部分）。几十亿年前，天空两侧有两个星系开始发光。虽然宇宙在膨胀，但光线跑得更快，最终到达我们所在的银河系。我们可以通过望远镜来观测这些星系：看起来都长得差不多。但这时，这两个星系却尚未接收到对方的信号。

既然如此，那它俩如何保持相同的"模样"呢？暴胀（图中下半部分）给出了解决方案。在宇宙最开始不到1秒的时间内，这些星系的"前身"都挨得很近。随着宇宙加速膨胀，它们彼此分开，速度比光速还要快。从那时起，星系间就彼此失联了。等到暴胀结束后，光线终于又赶上来了。所以，在几十亿年后，星系间终于又恢复了联系。

射的更先进的同类仪器——普朗克卫星，进行的观测工作与宇宙微波背景探测者（COBE）卫星的工作相似，但观测精度要高得多。它们的观测结果也许可以揭示，宇宙常数和开放暴胀理论哪个更正确。当然，最终结果也有可能发现两种解释都不合适，如果那样，研究人员将不得不重新开始寻找对极早期宇宙演化的新解释。（注：WMAP和普朗克卫星的观测结果已经表明，宇宙基本上是平直的，所以宇宙学家目前更青睐宇宙学常数，或者说暗能量理论。）

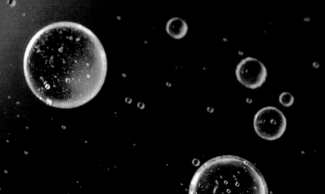

多重宇宙是科学，还是科幻？

亚历山大·维连金（Alexander Vilenkin）

马克斯·泰格马克（Max Tegmark）

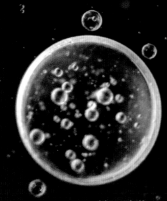

精彩速览

- 多重宇宙理论提出伊始，因为过于诡谲而又无法被直接检验，受到了物理学界的质疑和排斥。

- 作为大爆炸理论和暴胀理论的预测结果，多重宇宙学说理应受到重视。

- 实际上，多重宇宙学说有可能被观测实验验证。

- 更多的物理学家讨论多重宇宙理论的正确与否，恰好说明它就是属于科学范畴，并有可能将人类带入一个超越所有人想象的世界。

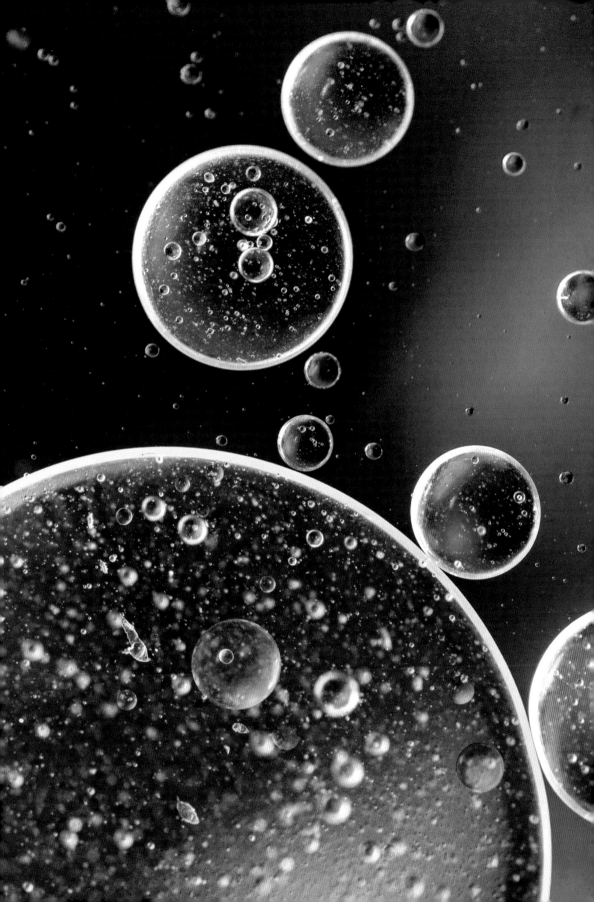

欢迎来到多重宇宙

通常认为，我们生活的宇宙起源于一场大爆炸。近一个世纪以来，宇宙学家都在研究这次大爆炸的"遗产"：宇宙如何膨胀并逐渐冷却下来，以及星系如何在引力的作用下聚集起来。然而直到最近，大爆炸的本质才得到关注。艾伦·古斯、安德烈·林德等学者在20世纪80年代早期提出了暴胀理论，让人们对宇宙的理解发生了剧烈的改变。

暴胀理论认为，我们的宇宙在婴儿期经历过一段无比快速的膨胀过程。在不到1秒钟内，亚原子大小的空间就迅猛地膨胀到惊人的尺度——比我们当前能够观测到的整个宇宙还要大得多！暴胀结束之时，驱动宇宙膨胀的能量点燃了由粒子和辐射组成的火球，弥漫在整个宇宙空间。这就是我们熟悉的大爆炸过程。

在这个理论中，暴胀的终结由量子概率事件引发，因此宇宙各个区域的暴胀不会同时结束。在我们存在的宇宙区域，暴胀大约是在138亿年前结束。但在其他遥远的区域，暴胀可能仍在持续。和我们情形类似的"常规"区域，也可能正在不断形成。这些新区域刚出现时，就像微小的泡泡，但紧接着就迅速生长起来，不受边界限制。与此同时，暴胀过程让它们彼此分离，为新泡泡提供了空间。这一永不停止的宇宙学过程被称为永恒暴胀。我们就生活在其中的一个泡泡宇宙当中，并且只能观察其中的一小部分区域。无论我们航行得有多快，也无法追赶上泡泡宇宙扩张的边界。现实就是，我们生活在一个孤立的泡泡宇宙之中。

暴胀理论能够解释大爆炸理论一些非常奇怪的性质。而在以前，这些性质都还是假设。另外，暴胀理论做出了一系列可以被检验的预言，并成功地被观测证实。现在，暴胀理论已经成为宇宙学研究领域的典范。

建立这一全新宇宙观的另一个关键理论来自弦理论，后者目前是万物理论的最佳候选人。如果仅从数学的角度考虑，弦理论允许众多具有不同物理性质的泡泡宇宙存在。在不同的泡泡宇宙中，基本粒子质量、牛顿引力常数等自然界的基本常数也不尽相同。将弦理论与暴胀理论结合起来，不难发现：不同类型的泡泡宇宙都有一定概率在暴胀空间出现。不可避免地，永恒暴胀的空间会产生所有可能类型的泡泡宇宙。

这幅宇宙图景，也叫多重宇宙，解答了长久以来让人困惑的问题，即自然常数为何被精细微调得适于生命出现。原因就是，只有自然常数恰好允许生命进化的宇宙才会出现智慧生命。其他的泡泡宇宙一片荒芜，没有生命，更不会有人在那里怨天尤人了。

我的一些物理学家同事认为，多重宇宙理论并不可靠。这是因为，物理学的任何一个理论能否站得住脚，都取决于它的预测是否与观测实验相符。于是问题来了，我们该如何验证其他泡泡宇宙的存在呢？保罗·斯坦哈特和乔治·埃利斯（George Ellis）等人认为，多重宇宙的说法不够科学，因为它没法被检验，就连从理论上检验都没有可能。

实际上，多重宇宙图景有可能被观测实验验证。安东尼·阿圭雷（Anthony Aguirre）、马特·约翰逊（Matt Johnson）和马特·克莱班（Matt Kleban）等宇宙学家提出，假如我们这个正在膨胀的宇宙与另一个泡泡宇宙发生碰撞，就会在宇宙微波背景辐射上留下痕迹——一个辐射密度或高或低的圆形斑点。如果能探测到与预测密度分布相符的斑点，就可以作为其他泡泡宇宙存在的直接证据。相关研究已经开始，但也应注意到，没有人能够保证在我们的宇宙视界内曾发生过类似的碰撞。

还有第二种方法，即利用多重宇宙的理论模型来预测我们这个宇宙其他区域的物理常数。这些常数的数值在各个泡泡宇宙中都不相同，我们难以做出准确的预测，但仍然可以从统计学入手，预测物理常数的哪些取值最有可能被多重宇宙中的典型观测者观测到。假设我们就是典型观测者（我把这叫平庸原理），我们就能预测自己所在的泡泡宇宙中物理常数的可能取值。

这个方法曾被用于研究真空的能量密度，也就是大家熟知的暗能量。史蒂文·温伯格就曾指出，在暗能量密度较大的区域，宇宙膨胀速率更快，物质无法结团并形成星系和恒星等结构，也就很难演化出典型观测者。计算表明，在大多数星系（有着大多数典型观测者）存在的区域，星系形成时期暗能量密度与物质密度接近。因此可以预测，我们存在的宇宙也会观测到相似的暗能量密度。

大多数时候，物理学家没有认真地对待这些想法。让他们没想到的是，20世纪90年代末期的天文观测发现，宇宙暗能量的密度与理论预期非常接近。这改变了很多人的观念。

多重宇宙理论尚在起步阶段，还有一些概念性问题仍待解决。但是，正如伦纳德·萨斯坎德所说："我敢打赌，在下个世纪之交，哲学家和物理学家将怀念今日。他们会兴致勃勃地回忆起这样一个黄金时代：20世纪传统而又狭隘的宇宙观让位于更为新颖、宏大的多重宇宙观。"

多重宇宙的反击

我们真的生活在一个多重宇宙中吗？抑或这种说法已经超出了科学的范畴？

多重宇宙的说法从建立伊始就不被接受。布鲁诺提出了有着无限空间的多元宇宙，却在1600年被活活烧死。休·埃弗里特因为坚持量子多重宇宙诠释，其物理生涯于1957年宣告终结。甚至我自己也亲身体会到了人们对多重宇宙说法的敌意：一些资深同行认为我所发表的那些有关多重宇宙的论文疯狂无比，迟早会毁掉我的职业生涯。然而，近些年来人们对多重宇宙的态度已经发生了天翻地覆的变化。平行宇宙的概念频频出现在书本、电影当中，无所不在。甚至有了这样的玩笑："你在很多平行宇宙中都通过了考试——但不包括这个。"

虽然还没能让科学家达成共识，但对多重宇宙的公开讨论已然带来了很多改变。学术辩论不再是科学家互相叫喊，而是逐渐变得更加关注细节，更加开诚布公地了解对方的观点。乔治·埃利斯的这篇文章正是一个很好的例子。如果你还没有读过，我强烈推荐你读一下。

当说起我们的宇宙，我指的是自大爆炸以来的约138亿年里，光线能够到达地球的球形区域（这就是可观测宇宙的定义）。在讨论平行宇宙时，我认为可以从四个不同的层面去区分理解。第一层：与我们的宇宙具有相同物理定律的遥远空间区域，但因为初始条件不同，演化历史亦不相同；第二层：物理定律都不同的其他空间区域；第三层：希尔伯特空间中的平行世界，现实的量子特性在其中得以呈现；第四层：由完全不同的数学语言定义的空间区域，与我们的宇宙毫无关联。

在乔治的文章中，他把支持多重宇宙的论据进行了分类，并指出它们都存在问题。

我总结了他反对多重宇宙的理由，如下：

1）暴胀学说可能是错的（或者不是永恒暴胀）。

2）量子力学可能是错的（或者不遵循幺正性）。

3）弦理论可能是错的（或者没有多重解）。

4）多重宇宙学说可能无法被证伪。

5）一些支持多重宇宙学说的证据并不可靠。

6）宇宙微调论证的假设太多了。

7）多重宇宙的"多重"是个无底洞。

（实际上，乔治在他的文章中并没有提到第二条。这里加上是因为，如果编辑允许他的文章篇幅超过6页的话，他一定会提出来。）

那么，我怎么看待这些反对的理由呢？事实上，这7条理由我全都同意。但即便如此，我仍愿意赌上全部身家，认为多重宇宙的确存在！

让我们先来探讨一下前4条理由。暴胀理论很容易实现第一层多重宇宙，如果加上弦理论，就能实现第二层多重宇宙。量子力学的数学最简形式（即满足幺正性）会实现第三层多重宇宙。如果这些理论都错了，多重宇宙存在的关键证据也就倒塌了。

请记住：平行宇宙不是一个理论——它们是一些理论的预测。

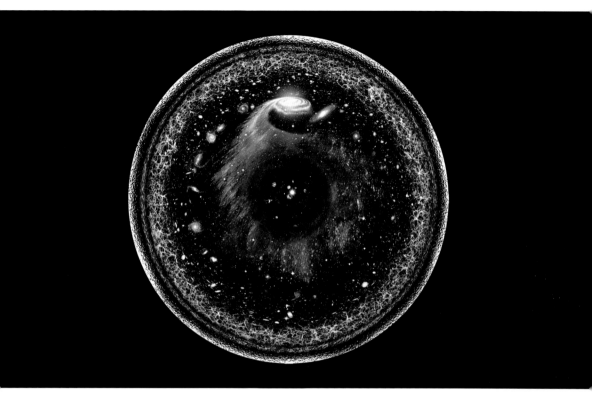

以太阳系为中心的可观测宇宙艺术图（对数尺寸）。来源：维基百科

    我认为关键之处在于，如果某个理论是科学的，研究并讨论这一理论的所有结论就完全合情合理，即使某些结论无法被直接观测、验证。如果一个学说能够被证伪，我们不需要观测、验证它的所有预测，只需要验证至少一个即可。因此，我对第4条理由的回复就是，科学上能够被验证的是数学化的理论，而不一定是理论的预测。举个例子，因为爱因斯坦的广义相对论成功地做出了我们可以观察的预测，所以我们也会认真对待它做出的那些无法被观察的预测，就比如黑洞里发生的事情。

    类似地，如果我们认为暴胀理论和量子力学迄今为止做出的成功预测令人赞叹，那我们就同样需要认真看待它们的其他预测，包括第一层和第三层多重宇宙。乔治甚至提到，或许有一天永恒暴胀就被观测排除了——在我看来，他的说法正好印证了永恒暴胀理论的科学性。

    目前来看，在可检验性方面，弦理论显然还不能跟暴胀理论和量子力学相提并论。然而我怀疑，即使弦理论最终被证明是错的，第二层多重宇宙仍然有可能存在。数学方程拥有多个解的现象很常见，只要描述现实世界的基本方程存在多个解，那么永恒暴胀形成的巨大空间区域，就能够实现每一种解。例如，描述水分子运动的方程式（与弦理论毫无干系）可以给出三种不同的解，分别对应水蒸气、液态水和固态冰三种不同相态。类似地，如果空间本身也存在不同的相态，那么暴胀将倾向于实现所有的相态。

乔治列举了很多所谓支持多重宇宙理论的观测证据，并指出它们都不可信，比如表明某些自然常数可能并非常数的证据，以及留在宇宙微波背景辐射上，表明宇宙曾与其他宇宙撞击，或存在奇特连通空间的证据。对于这些似是而非的观测证据，我与他持同样的质疑态度。但是，这些争议只和数据分析有关，跟当年冷核聚变闹剧的情况一样。在我看来，科学家观测、探讨数据细节，进一步说明了多重宇宙理论属于科学的范畴，这也正是区分科学与非科学争论的重要一点！

乍看之下，我们存在的宇宙似乎为生命的出现做了种种令人难以置信的精细微调，哪怕是把众多物理常数中的任何一个，稍微变那么一点点，我们理解的生命就绝不会出现了。这是为什么呢？如果存在诸多物理常数各不相同的第二层多重宇宙，那人类出现在宇宙中罕见的宜居星系也就不足为奇了，就好像我们不会惊讶于人类生活在地球上，而不是水星或海王星上一样。乔治反对人们用多重宇宙理论得出这个结论，但其实这正是我们检验任何一个科学理论的方法，即假定一个理论是对的，再推导出结论。如果结论跟观测证据不符，这个理论就没用了。有些常数的精细微调看起来的确极为尴尬。例如，我们需要将暗能量常数的大小精细调节到小数点后约123位，宇宙中才会出现宜居星系。我相信，无法解释的巧合很可能就是我们认知的盲区。面对这样的巧合，认为"我们就是走运，别再想着非要找出什么解释！"不仅无法让人信服，而且忽视了发掘新科学的重要线索。

乔治认为，如果我们把"一切有可能发生之事都会发生"太当真的话，就会滑入更为庞大的多重宇宙深渊，也就是第四层多重宇宙。然而这恰好是我最心仪的多重宇宙。作为少数拥趸者之一，我非常乐于深陷其中！

乔治还提到，多重宇宙理论引入了太多不必要的复杂性，与奥卡姆剃刀法则相悖。不过作为一名理论物理学家，我判断一个理论是否优雅、简洁，是看它的数学方程，而不是看理论本身。让我惊奇的是，数学方程最简单的理论往往会给出存在多重宇宙的预测。事实证明，很难写出一个完美的理论，能恰好描述我们观测到的宇宙而不存在任何冗余。

我最后补充一个反对多重宇宙的理由。虽然乔治没有提到，但我觉得对大多数人来说，它或许是最有说服力的，即平行宇宙太诡异了，听起来不太靠谱。

我已经仔细讨论了那些反对多重宇宙理论的观点，接下来就让我们多了解一些支持多重宇宙理论的观点吧。我认为，如果人们接受外部现实假说（External Reality

Hypothesis），那么所有的争议都将不复存在。这种假说认为，存在完全独立于人类的物理实在。一旦认可这个假说，那么大多数批评多重宇宙理论的观点都是以下三个可疑假设的组合：

1）全面假设：对于某个物理实在，原则上至少要有一名观测者能够观测到它的全部信息。

2）可教化假设：物理实在必须能被所有接受过适当教育的观测者直观地理解。

3）不可复制假设：不存在这样的物理过程，能够复制观测者，或是创造出主观上不可区分的观测者。

假设1）和2）显然来自于人类的傲慢无知。全面假设相当于重新定义了"存在"的概念，将它等价于人类可观测的事物。这跟将脑袋埋在沙砾中的鸵鸟并无二致。可教化假设的支持者早已不再相信孩童时期听过的美好童话，比如圣诞老人、局域实体论、牙仙、创世说，但他们还需要努力思考，才能摆脱更加根深蒂固的传统认知。在我个人看来，科学家的职责是搞清楚这个世界的运作规律，而不是根据人类的哲学成见来臆想世界该如何运作。

如果全面假设是错误的，那么不可观测的事物就有可能存在，这也就意味着我们可能生活在多重宇宙中。如果可教化假设是错误的，那么批评多重宇宙理论过于诡异的论调在逻辑上就不值一驳。如果不可复制假设是错误的，那就意味着没有什么实质依据，能够否认外部现实中存在你的副本。事实上，永恒暴胀和满足么正性的量子力学都存在实现这些过程的机制。

人类对大自然的认知往往是狂妄的。我们曾傲慢地以为自己是宇宙中心，天地万物都在围绕着人类运转。但后来我们逐渐发现，是人类围绕太阳公转，而太阳也不过是银河系中无数璀璨恒星中的普通一员。

正是由于物理学的突破，我们才有可能更为深入地了解世界的本质。随着对世界了解的深入，人类将变得愈加谦卑，这或许对我们有利无弊。作为回报，人类将生活在一个更加宏伟的世界，一个超越人类祖先最狂野想象的世界。

多重宇宙是一种量子态

野村泰纪 (Yasunori Nomura)

加利福尼亚大学伯克利分校伯克利理论物理研究中心主任。他同时还是劳伦斯·伯克利国家实验室的资深科学家及东京大学科维理宇宙物理学与数学研究所的课题组负责人。

精彩速览

- 暴胀宇宙理论认为早期宇宙经历了指数式膨胀，根据该理论，我们可能并非生活在单个宇宙里，而是身处更为广阔的多重宇宙之中。
- 多重宇宙理论的问题在于，所有可能发生的事件都将无数次发生，摧毁了理论的预测能力。
- 物理学家意识到，将多重宇宙概念等价于量子力学的多世界诠释，就可以解决这个问题。这样的话，包括我们宇宙在内的众多宇宙并存于"概率空间"，而非同时存在于一个真实空间中。

现在，许多宇宙学家都接受了一个奇特的理论：我们这个看上去独一无二的宇宙，其实只是一个名为多重宇宙的更大结构中的沧海一粟。在这个理论描绘的图景中，同时存在着众多宇宙，而我们奉为基本自然规律的物理定律在每个宇宙中都是不同的，例如，不同宇宙中基本粒子的种类和性质都是各不相同的。

多重宇宙的理论源于一个认为极早期宇宙经历过指数式膨胀的理论。在这个暴胀过程中，空间中的某些区域也许会比其他区域更早结束这种快速膨胀（而整个空间中总有些区域是在快速膨胀的，所以被称为永恒暴胀），形成我们所说的泡泡宇宙（Bubble Universe），因为它们看上去就像是一锅沸水中的泡泡一样。我们的宇宙也许只是众多泡泡宇宙中的一个，在它之外还有无数个宇宙。

我们的宇宙只是某个更大结构的一部分，这种想法本身并不惊世骇俗。回顾历史，科学家曾不止一次发现当时可见的世界远非宇宙的全部。但多重宇宙理论，以及这个理论所描述的无穷无尽的泡泡宇宙，却给我们带来一个严重的理论问题：它似乎抹杀了暴胀理论的预言能力，而这是我们对一个有效理论的基本要求。暴胀理论的创立者之一、麻省理工学院的艾伦·古斯点出了其中的困境："在一个永恒暴胀的宇宙中，任何可能发生的事都将发生，实际上，它会发生无数次。"

在一个事件只会发生有限多次的单一宇宙中，科学家可以通过比较不同事件发生的次数来计算一个事件发生的相对概率。但是在一个任何事件都会发生无限多次的多重宇宙中，这样的计算就无法进行了，诸事平等，无一特殊，你可以随心所欲地预言某事，它必将在某个宇宙中变成现实，但这种预言与我们所处的这个宇宙毫无干系。

这种预言能力的匮乏一直困扰着物理学家。但包括本文作者在内的一些研究者已经认识到，量子理论也许为我们指明了一条出路。这或许有些出人意料，因为量子理论与多重宇宙理论刚好相反，只关心那些最微小的粒子。具体而言，宇宙学中的永恒暴胀多重宇宙图景，在数学上也许等价于量子力学中的多世界诠释，后者试图解释粒子是怎样同时存在于多个位置的。正如我将在下文详述的，这种理论上的联系不仅可以解决暴胀理论的预言问题，而且还可能揭示出有关时间和空间的惊人真相。

量子多世界

本文作者是在重新审视量子力学多世界诠释的基本原则时，想到它和多重宇宙理论之间的对应关系的。多世界概念的提出，原本是为了澄清量子物理的一些奇怪特性。在量子世界这个与人直觉相悖的地方，原因与结果的作用方式与我们熟悉的宏观世界不同，任何过程的结果都是以概率方式呈现的。按照宏观世界的经验，我们抛出一个球，可以根据球的初始位置、速度及其他因素确定球的落点，但如果这个球是一个量子粒子，我们就只能说出它落在这里或那里的概率有多大。即使我们更准确地对小球进行测量，知道诸如气流情况这样的细节，也无法根除这种本质上的概率性，它是量子世界的内禀属性。同样的小

哈勃空间望远镜超深空场照片拍下了最远达 130 亿光年的星系。比这还要远很多的天体将永远无法观测到，因为空间膨胀的速度导致它们远离我们的速度超越了光速。这个宇宙视界对于多重宇宙理论来说意义重大。

图片来源：NASA，ESA，S.Beckwith STScI and HUBBLE DEEP FIELD Team

当暴胀遇上多世界

暴胀理论认为，我们的宇宙只是早期宇宙指数式膨胀时形成的无限多宇宙中的一个。但这种多重宇宙图景似乎摧毁了理论的预言能力，因为无限多个宇宙中，任何可能事件都必将发生无限多次。不过，如果暴胀多重宇宙和量子力学中的"多世界"诠释是等价的，就可以解决这个问题，这样一来，无限多个宇宙就不是共存于真实空间之中，而是共存于"概率空间"之中。

暴胀多重宇宙

暴胀理论认为，在暴胀过程中部分区域会比其他区域更早结束指数式膨胀，由此形成一个个空间上的泡泡，每个泡泡自己都成为了一个宇宙。随着时间推移，暴胀空间永远膨胀下去，而越来越多的减速区域形成泡泡宇宙。我们的宇宙只是众多泡泡中的一个。

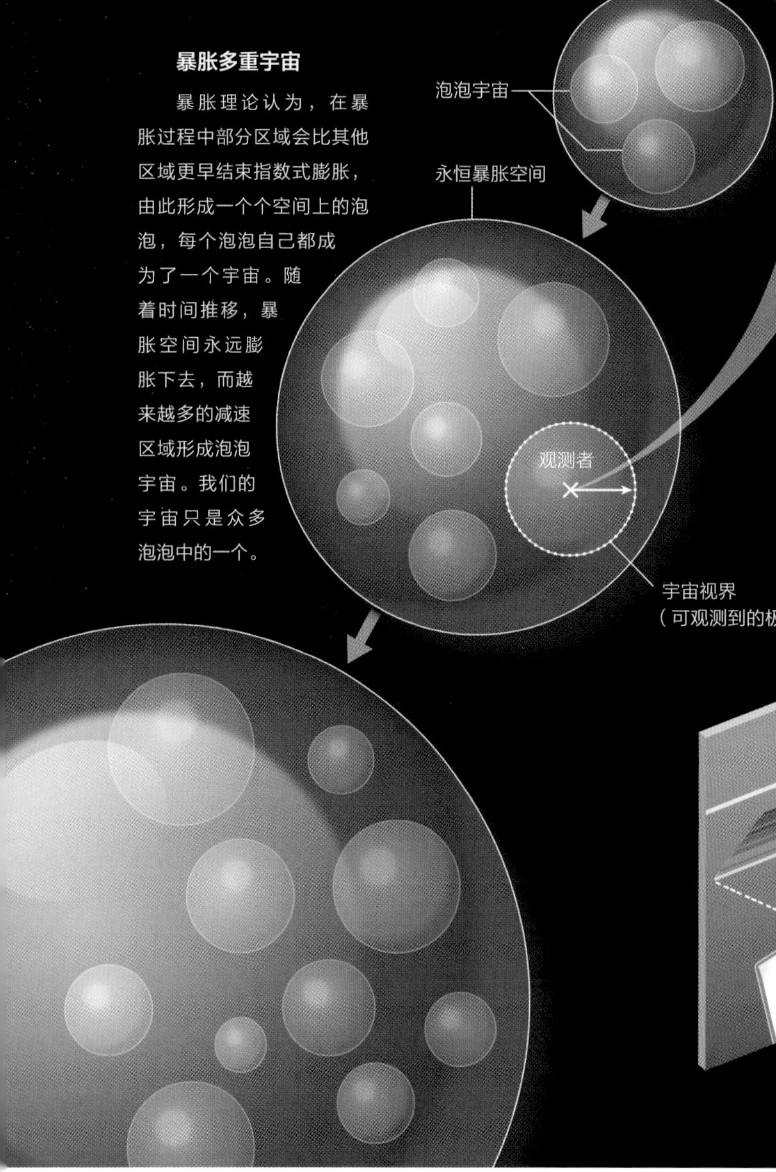

泡泡宇宙

永恒暴胀空间

观测者

宇宙视界
（可观测到的极限边界）

多世界

量子力学认为，藏在杯子中的粒子并非要么在A处要么在B处，而是同时处于两个杯子中，以一定概率（图中黄色曲线所示）存在于任何一个位置。只有当观测者翻开杯子检查时，粒子才从两个可能位置中"选择"一个安身。多世界诠释提出，每当一个观测者进行这样一个测量，宇宙就一分为二，在一个宇宙中粒子在A杯之中，而在另一个宇宙中粒子处于B杯之中。

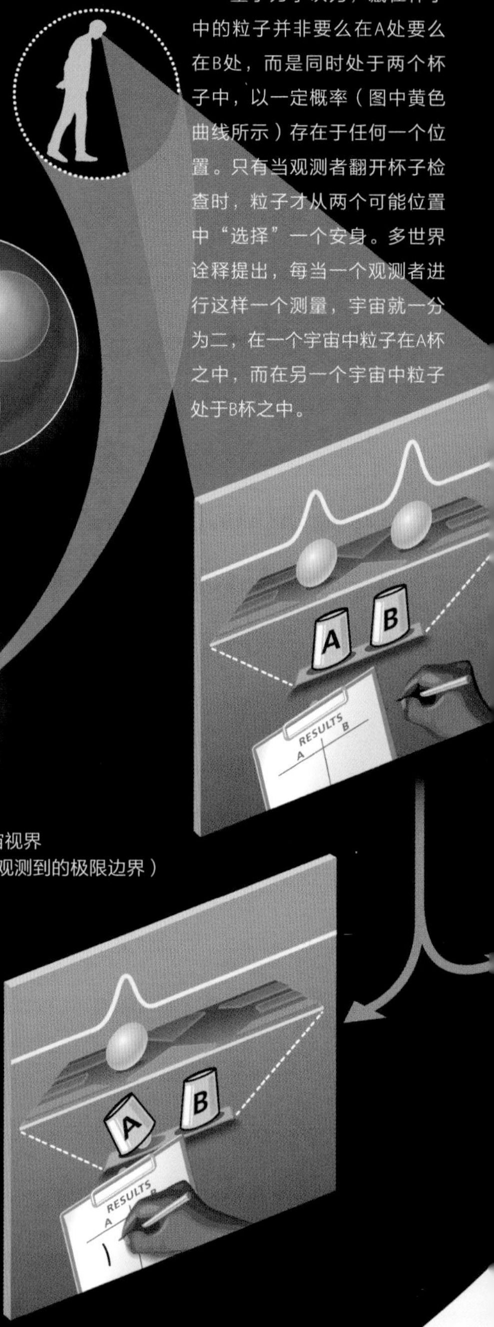

制图：简·克里斯蒂安森（Jen Christiansen）

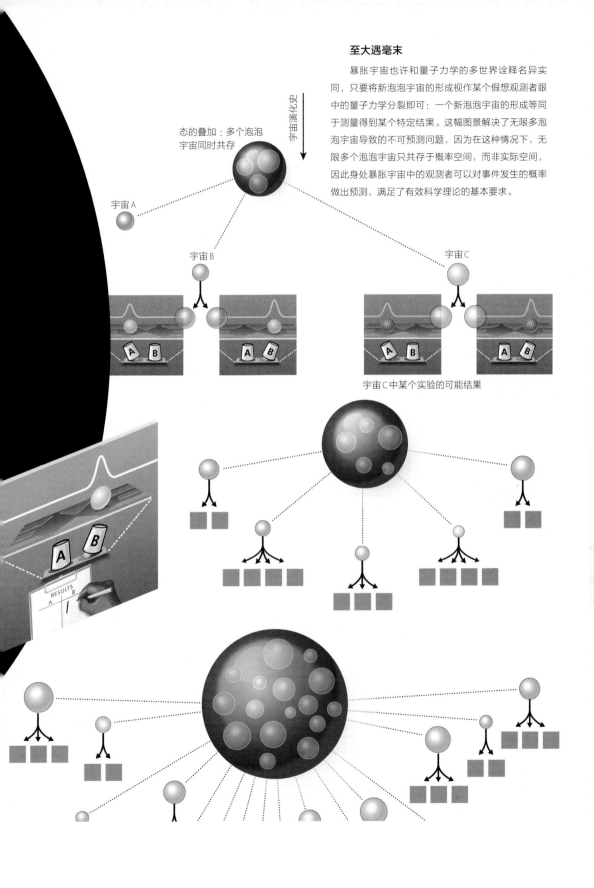

至大遇毫末

暴胀宇宙也许和量子力学的多世界诠释名异实同，只要将新泡泡宇宙的形成视作某个假想观测者眼中的量子力学分裂即可：一个新泡泡宇宙的形成等同于测量得到某个特定结果。这幅图景解决了无限多泡泡宇宙导致的不可预测问题，因为在这种情况下，无限多个泡泡宇宙只共存于概率空间，而非实际空间，因此身处暴胀宇宙中的观测者可以对事件发生的概率做出预测，满足了有效科学理论的基本要求。

宇宙演化史

态的叠加：多个泡泡宇宙同时共存

宇宙 A

宇宙 B

宇宙 C

宇宙 C 中某个实验的可能结果

球以同样的初始状态扔出，它有时会落在 A 点，有时会落在 B 点。这个结论貌似荒唐，但量子力学经受了无数实验的检验，它真实地描述了自然界在亚原子尺度之下的运作方式。

在量子世界中，球在抛出之后，在我们观测它的落点之前，处于落在 A 点和落在 B 点的所谓叠加态上。也就是说，它既不在 A 点也不在 B 点，而是处于既包含 A 点也包含 B 点（以及其他所有可能位置）的概率迷雾之中。不过，一旦我们进行观测，发现球落在了一个确定的位置，比如说 A 点，那其他任何人来检查这个球都会确认它落在 A 点，换句话说，一个量子系统在测量之前，其结果是不确定的，但只要进行测量，所有测量的结果都会与第一次测量保持一致。

按照哥本哈根诠释对量子力学的理解，物理学家将上述由不确定到确定的转变解释为，第一次测量将系统的状态从叠加态变成了 A 态。尽管哥本哈根诠释可以做出与实验一致的预测，但它会导致一系列概念层面上的疑难。究竟什么是测量？为何它会把系统从叠加态变成一个确定态？如果是一条狗或是一只苍蝇来观察也会引起这种状态的改变吗？如果空气中的一个分子与系统发生相互作用又会如何呢？这种情况每时每刻都在发生，但我们通常却不把它视为一种可以影响系统结果的测量。抑或是人对系统状态有意识的观察具备什么特殊的物理意义？

1957 年，还在普林斯顿大学读研究生的休·埃弗里特提出了量子力学的多世界诠释，漂亮地解决了这些难题，尽管这种诠释当时备受嘲弄，甚至直到今天也不如哥本哈根诠释受人青睐。埃弗里特的关键认识在于，量子系统实际上反映的是整个宇宙的状态，因此要想完整描述测量，必须把观测者也包括进来。也就是说，我们不能孤立地考虑球、气流和扔球的手等因素，必须在根本层次上把观察球落地的观测者，乃至那个时刻宇宙中的万事万物都囊括进来。在这幅图景中，测量之后的量子状态仍然处于叠加态，但不是两个落点的叠加态，而是两个完整宇宙的叠加态！在第一个宇宙中，观测者发现系统变成了 A，所以该宇宙中所有后继观测者都会得到 A 结果。但是在测量的同时，另一个宇宙就分裂出来，在那个宇宙中，所有观测者都会发现球落到了 B 处。这进一步解释了为何观测者（假定观测者为一个人类）会认为他的测量改变了系统的状态，实际发生的是，在他进行测量时（与系统发生相互作用），他自己分裂成了生活在两个不同的平行世界中的两个不同的个体，这两个世界分别对应结果 A 和结果 B。

按照上述观点，人类所做的观测并无任何特殊之处。整个世界的状态无时无刻不在分裂成多个叠加共存的可能平行世界。一个人类观测者，作为这个世界的一部分，也无法超然其外，他也会不停分裂成生活在这些可能平行世界中的不同观测者，每一个都是同等"真实"的。该图景暗含着一个明显亦很重要的结论，即自然界中所有事物，无论大小，都服从量子力学原理。

这种量子力学诠释与我们之前讨论的多重宇宙有何关系呢？毕竟后者看上去存在于连续的真实空间之中，而非什么平行世界。2011年，本文作者提出，永恒暴胀宇宙和埃弗里特的量子力学多世界诠释在某种意义上是同一个概念。按照这种理解，与永恒暴胀相联系的无限大空间只是一种"幻象"，暴胀产生的众多泡泡宇宙并非同时存在于单一的真实空间之中，而是代表着概率树上不同的可能分支。差不多就在我提出这种假设的同时，加利福尼亚大学伯克利分校的拉斐尔·布索和斯坦福大学的伦纳德·萨斯坎德也产生了类似想法。如果这种多重宇宙的多世界诠释是对的，就意味着量子力学原理不仅适用于微观世界，而且在最大尺度上对决定多重宇宙的整体结构也起着至关重要的作用。

黑洞困境

为了更好地解释量子力学的多世界诠释为何可以用来描述暴胀多重宇宙，我们不得不离题一会儿来谈谈黑洞。黑洞是时空扭曲的极致，其引力强大到任何进入其中的物体都无法逃脱。正因为如此，黑洞成了那些同时涉及强量子效应和强引力效应的物理学理论的理想实验场地。通过一个与黑洞有关的特殊思想实验，我们能够认清传统的多重宇宙理论究竟是在何处脱离了正轨，导致无法做出预言。

假设我们向黑洞里扔一本书，然后从黑洞外观察事情的进展。尽管书本身永远无法逃离黑洞，但理论预测它携带的信息并不会湮灭。书会被黑洞引力撕碎，之后黑洞本身又会通过向外发射微弱的辐射而慢慢蒸发（该现象被称为霍金辐射，由剑桥大学物理学家史蒂芬·霍金首先发现），最终外部观测者可以通过仔细测量黑洞的辐射还原出这本书所携带的完整信息。即便黑洞还没有蒸发殆尽，这本书的信息就已经在通过霍金辐射慢慢向外泄露了。

但如果我们站在某个随书一起落入黑洞的观测者的角度来审视上述过程，就会发现令人迷惑之处。在该观测者看来，跟他一起下落的书只不过是穿越了黑洞边界并且一直处于黑洞内部而已，所以书上携带的信息也一样永远被囚禁在黑洞之内。但是上面我们已经讨论过，从一个遥远观测者的角度来看，这些信息最终将现身黑洞之外，究竟孰是孰非？你也许认为信息只是被复制了：一份留在黑洞之内，另一份泄露到黑洞之外，但这是不可能的，在量子力学中，有一条"不可复制定理"禁止了对信息的完美复制，因此，内外两个观测者的看法貌似是难以调和的。

针对上述问题，荷兰乌德勒支大学的物理学家杰拉德·特霍夫特与萨斯坎德及其他合作者提出了如下解决方案：这两个看法都对，但不是同时成立。在外部观测者看来，信息在黑洞之外，你不需要描述黑洞内部的情况，因为原则上你永远无法接触黑洞内部，实际上，为了避免信息复制，黑洞内部的时空对你而言是不存在的。另一方面，如果你是落入黑洞的观测者，内部就是你能看到的一切，它包含着那本书及其所有信息。不过，这种看法只有忽略霍金辐射才能成立，但这样的无视是允许的，因为你已经穿越了黑洞边界并被困于其中，完全与边界上向外发出的辐射无缘了。这两种观点本身并无矛盾，矛盾来自你对这两种观点的人为"拼接"，而这种"拼接"就物理而言原本就不可能（因为你无法在身为一个外部观测者的同时又是一个下落的观测者），因此才出现了信息复制这种问题。

宇宙视界

看上去，量子力学多世界诠释和多重宇宙理论的内在联系，似乎与这个黑洞疑难没什么关系，但其实黑洞边界在某些重要方面与所谓的宇宙视界很相似——所谓宇宙视界是指一个时空区域的边界，我们只能接收到来自这个区域之内的信号。因为宇宙空间在指数式膨胀，所以存在一个这样的边界，此边界之外的物体远离我们的速度会超过光速，因此来自它们的信息永远不可能抵达我们这里。这情景非常类似一个遥远观测者眼中的黑洞。不仅如此，正如量子力学要求黑洞边界一侧的观测者忽略边界另一侧的时空一样，宇宙视界内的观测者也必须忽略边界外部的时空，因为如果既承认外部时空存在又能接收到来自宇宙视界的信息（类似于黑洞的霍金辐射），信息就会凭空多出来一份。这个问题实际上暗示了，任何多重宇宙的量子力学描述都只适用于视界内（及视界上），更具体地说，任何一种对宇宙完整自洽的描述都不可能包含无限空间。

如果量子状态反映的只是视界内的区域，那多重宇宙又在何处？按我们原来的猜想，那些宇宙应该存在于永恒暴胀的无限空间内。答案是，与量子力学中的其他过程一样，这些泡泡宇宙是以概率形式出现的。正如一次量子测量会产生许多不同的结果，这些结果有着各自不同的出现概率，暴胀也能产生许多不同的宇宙，每个宇宙出现的概率各不相同。换句话说，代表永恒暴胀空间的量子态实际上是一个由代表不同宇宙的世界，或者说概率分支构成的叠加态，每一个概率分支都只包括自己视界内的那部分空间。

由于叠加态中的每个宇宙都是有限的，我们就能避免由于无限大空间中包含所有可能

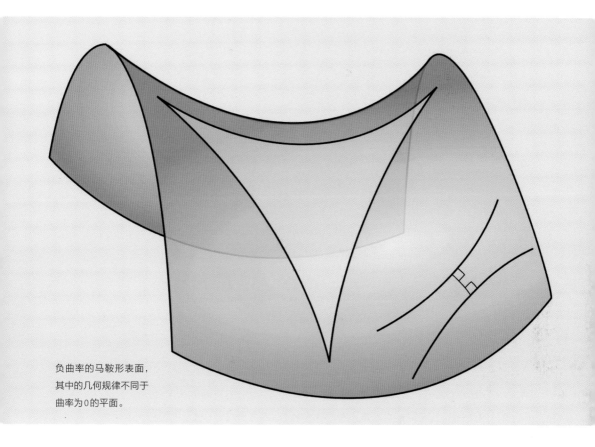

负曲率的马鞍形表面，
其中的几何规律不同于
曲率为0的平面。

结果而导致的预测失效问题。按照这种理论，多重宇宙并非同时存在于真实空间之中，它
们只是共存于"概率空间"之中，也就是每个宇宙中生活的居民可能观测到的结果。因此，
每个宇宙，或者说每种可能的结果，都有特定的出现概率。

　　上述图景统一了宇宙学中的永恒暴胀多重宇宙观和埃弗里特的多世界诠释。在该图景
中，宇宙历史是这样展开的：多重宇宙从某个初始状态中出现，并演化成众多泡泡宇宙的
叠加，随着时间流逝，代表每个泡泡宇宙的量子态又进一步分裂成更多状态的叠加，每个
状态都对应着该宇宙中某个"实验"（此处的实验非特指科学实验，而是指任何可能的物
理过程）的各种可能结果，最终代表整个多重宇宙的量子态会演化出极为繁多的分支，每
个分支都代表着初始状态的一个可能演化结果。因此，量子概率不仅决定着微观过程，还
决定了宇宙的命运。多重宇宙和量子力学中的多世界实际上殊途同归，都指向态的叠加，
只不过是在不同尺度的舞台上表现出来而已。

在这幅崭新的图景中，我们的世界仅仅是众多可能世界中的一个，这些世界由量子物理的基本原理决定，同时存在于概率空间之中。

世界之外

要知道上述猜想是否正确，我们需要诉诸实验，但这类实验可行吗？实际上我们发现，只要能发现一个特定现象，这个新理论就能够得到支持。多重宇宙的存在会导致我们的宇宙空间有一个很小的负曲率，这意味着，即使没有任何引力效应，物体在空间中运动的轨迹也不像在平直空间中那样是一条直线，而是一条曲线。之所以存在这种负曲率，是因为尽管从整个多重宇宙的角度来看泡泡宇宙是有限的，但泡泡宇宙中的观测者却认为自己所处的宇宙是无限大的，这会让空间看起来是弯曲的，且曲率为负（负曲率的例子之一就是马鞍的表面，而球面则是正曲率的）。因此如果我们生活在这样的泡泡宇宙中，应该能通过观测发现空间是弯曲的。

目前所有的观测证据都表明，我们的宇宙是平直的。但未来数十年内，通过观测遥远天体发出的光线在穿越宇宙时弯曲的程度，我们对宇宙空间曲率的测量精度还能提高两个数量级。如果这类实验发现了任何程度的负曲率，都将是对多重宇宙理论的支持，因为尽管单一宇宙在理论上也可能具有负曲率，但可能性极低。实际上，任何发现本身都是对上述量子多重宇宙图景的有力支持，因为该理论可以很自然地产生足以被探测到的空间曲率，而传统的暴胀多重宇宙理论所给出的负曲率要比我们预期的探测能力小很多个数量级。

有趣的是，万一测量出空间曲率是正的，多重宇宙理论就将彻底失败，因为根据暴胀理论，泡泡宇宙只能产生负曲率。相反，如果我们足够幸运的话，甚至还可能看到多重宇宙的戏剧性证据：例如泡泡宇宙之间"碰撞"的残迹，在量子多重宇宙图景中，这种痕迹能在单独的一个分支中产生。不过，对于是否能探测到这种信号，科学家目前仍毫无把握。

我和其他物理学家一样，目前还只是在理论层面上对量子多重宇宙这个想法进行探索。我们可以问一些基本问题，比方说，怎样才能确定整个多重宇宙的量子态？在这样的图景中，时间是什么？它又是如何产生的？量子多重宇宙图景虽然不能立刻回答这些问题，但它确实提供了一个讨论这些问题的框架。例如，不久之前，我发现由于在数学上我们的理论必须包含严格定义的概率，由此带来的一些约束条件使得我们能准确确定整个多重宇宙的量子态。这些约束条件还表明，即使一个物理上的观测者（本身也是多重宇宙量子态的一部分）会不断看到新的泡泡宇宙产生，但整个多重宇宙的量子态仍保持不变。这意味着我们对宇宙的感知会随着时间而变化，但时间概念本身，却是一个幻象。在这样的图景中，时间是一个"涌现概念"，源自更为基本的物理实在，似乎只存在于多重宇宙的局域分支中。

我们在上面讨论的很多想法目前仍停留在猜测阶段，但凭借理论之力，物理学家得以直面如此宏大且深邃的问题，这本身就足以让人心醉神迷。又有谁知道这些探索最终会将我们带往何处？有一点毋庸置疑，那就是我们生活在一个激动人心的时代，科学探索的触角已经超越了我们曾经以为是整个物理世界的宇宙，进入一个存在无限可能的疆域。

物理学家可能是最好的科幻作家，
他们的理论和设想，
能极大拓展人类思维空间。

第五章 **猜**
HYPOTHESIS
想

到宇宙之外寻找生命

亚历杭德罗·詹金斯（Alejandro Jenkins）

哥斯达黎加人，在美国佛罗里达州立大学的高能物理组工作，先后毕业于美国的哈佛大学和加州理工学院，曾在美国麻省理工学院与鲍勃·贾菲（Bob Jaffe）和伊塔马尔·金奇（Itamar Kimchi）一起研究其他的宇宙。

吉拉德·佩雷斯（Gilad Perez）

以色列雷霍沃特魏茨曼科学研究所的理论学家，于2003年在该研究所获得博士学位。在美国劳伦斯伯克利国家实验室工作期间，他与美国斯坦福大学的罗尼·豪尔尼克（Roni Harnik）和俄勒冈大学的格雷厄姆·D.克里布斯（Graham D.Kribs）一起探索过多重宇宙。他还在美国石溪大学、波士顿大学和哈佛大学担任过访问学者。

精彩速览

- 我们的宇宙诞生自一片原初真空。许多其他的宇宙可能也已经从同一片原初真空中诞生，并各自拥有一套不同的物理定律。
- 假设其他宇宙真的存在，其中一些或许包含有复杂的结构，甚至可能存在某种形式的生命。
- 这些发现暗示，我们这个宇宙或许不像以前认为的那样，专门对生命的产生进行过"微调"。

在典型的好莱坞动作大片里，主角总能死里逃生：一次又一次，成群结队的坏人把他围在中间，从多个角度向他射击，但总是会偏那么一点儿；汽车爆炸也总是会慢上半拍，让他在被火球吞没之前能找好掩护；终于，坏人的刀架上了他的脖子，就要割断喉管时，他的朋友们又在千钧一发之际出现。如果以上情节中有任何一环出了差错，这位英勇无比的主角就只能跟观众"拜拜"了。不过，就算以前没有看过这类电影，我们也一定知道，主角总是能够活到最后一刻。

从某些角度上来讲，我们这个宇宙的演化过程就是一部好莱坞动作大片。一些物理学家主张：物理定律中的任何一条如果稍有不同，都会造成某种灾难，中断宇宙的正常演化过程，我们人类也就根本不可能出现和存在。如果强核力（Strong Nuclear Force，令原子核结合在一起的那种作用力）稍强或者稍弱一些，恒星就合成不出碳和其他构成行星所需的元素，生命就更不用说了。如果质子（Proton）的质量比现在只多0.2%，大爆炸后形成的所有原初氢原子都会在几乎一瞬间衰变成中子（Neutron），不会有任何原子在宇宙中形成。这样的例子还有很多。

如此看来，物理定律——特别是这些定律涉及的自然常数，比如基本作用力强度等，似乎经过了某种精细的"微调"，恰到好处地使我们有可能存在于这个宇宙当中。20世纪70年代，一些物理学家和宇宙学家试图着手解答这一难题，为了不求助于某种超自然解释（这里的超自然是指按照定义不属于科学范畴以内的事物），他们假设我们的宇宙只是许许多多现存宇宙中的一个，每个宇宙都各自拥有一套不同的物理定律。根据这种"人择"（Anthropic）式的推理，我们或许只是恰好处在这么一个罕见的宇宙当中——在这里，适宜的条件碰巧组合在一起，让生命有可能存在。

令人惊奇的是，20世纪80年代开始浮现的现代宇宙学主流理论暗示，这样的"平行宇宙"或许真的存在——确切地说，许多宇宙可以不断地从原初真空中突然出现，过程就像我们的宇宙从大爆炸中诞生一样。我们的宇宙应该只是一个被称为"多重宇宙"的更广阔区域中许多个孤立宇宙中的一个。在绝大多数孤立宇宙当中，物理定律或许连物质都不允许形成，更不用说星系、恒星、行星和生命了。不过，考虑到"小"宇宙庞大的数量，大自然应该有机会拼凑出这套"正确"的宇宙学定律——至少蒙对过一次。

不过，我们的最新研究暗示，假设其他孤立宇宙果真存在的话，其中一些宇宙或许并不会如此毫无生机。值得注意的是，我们已经找到了几组不同的基本常数取值，因而也就找到了几套不同的物理定律，它们或许仍然能够产生出非常有趣的世界，甚至生命。我们的基本想法是，改变现在这套物理定律中的某一方面，然后再改变其他方面加以补偿。

我们的研究并没有解决理论物理学中最重要的"微调"问题：宇宙学常数（Cosmological Constant）为何如此之小——正是由于宇宙学常数很小，我们的宇宙才没有在大爆炸后不到一秒的时间里重新塌缩回虚无，也没有在某种以指数方式加速的膨胀中被撕成碎片。尽管如此，有其他可能适宜生命生存的宇宙的发现，仍然提出了许多有趣的问题，并激励我们进一步研究我们自己的宇宙到底有多么独特。

剔除弱核力

要确定自然界中某一特定常数是否经过微调，科学家采用的常规方法是，把这个"常数"变成一个可调的参数，在其他常数不变的情况下改变它的取值。接下来，根据这套经过修正的新物理定律，科学家会展开计算，进行假设情景分析，或者运行计算机模拟程序，来"播放"宇宙演化这部"好莱坞大片"，看看什么样的灾难会最先发生。但是，没有任何理由规定，科学家一次只能调整一个参数。这种情景就像只允许你改变经度或纬度，而不能同时改变两者来驾驶一辆汽车一样，除非你是在东西或南北方向延伸的公路上开车，否则肯定会一头冲出路边。实际上，我们完全可以一次调整多个参数。

为了寻找仍然能够形成复杂结构以维持生命生存的其他物理定律，佩雷斯（本文作者之一）及其同事并没有在已知物理定律的基础上"小打小闹"，而是直接在自然界已知的4种基本作用力中剔除了1种。

从名称中的"基本"二字来看，对于任何有存在意义的宇宙，基本作用力似乎都是必不可少的特征。没有强核力把夸克（Quark）"捆绑"成质子和中子，再把质子和中子"捆绑"成原子核，我们所知的物质就不会存在。没有电磁力（Electromagnetic Force），宇宙中就不会有光，也不会再有任何原子和化学键（Chemical Bond）。没有引力，物质就不会聚集形成星系、恒星和行星。

第4种基本作用力是弱核力。在如今的日常生活中，它的存在已经变得可有可无，但在我们宇宙的演化历史上，它曾经扮演过一个重要角色。弱核力的作用有很多，其中之一就是使中子转变成质子、质子转变成中子的反应得以发生。在大爆炸的最初一刹那，先是夸克（最早出现的物质形式之一）3个一组结合成质子和中子［两者被统称为重子（Baryon）］，而后质子4个一组再聚变成由2个质子和2个中子构成的氦-4原子核。这个过程被称为"大爆炸核合成"（Big Bang Nucleosynthesis），发生在我们这个宇宙诞生之初的几秒钟内——当时的宇宙已经冷却到了重子能够形成的地步，但仍然炽热得足以让重子发生核聚变反应。大爆炸核合成产生了氢和氦，这些气体后来聚集形成恒星，恒星内部的核反应及其他过程"锻造"出了自然界中天然存在的几乎所有其他元素。直到今天，4个质子聚变成氦-4的核反应仍在太阳内部发生着，我们从太阳上接收到的绝大多数能量都是这种核反应产生的。

如此看来，如果一个宇宙没有弱核力，似乎就不太可能形成这么多化学元素，也就不会发生类似复杂化学反应的过程，更不用说诞生生命了。然而在2006年，佩雷斯的研究团队发现了一套物理定律，它只依赖于自然界中的其他3种作用力，但仍能演化出一个适宜

如何寻找适宜生存的宇宙？

物理定律中的许多特征似乎都经过了"微调"：物理学方程中出现的任何一个常数，如果稍加改动，通常都会导致一场"灾难"。比方说，原子无法形成，或者物质在空间中分散得过于稀薄，以至于无法聚集成星系、恒星或行星。不过，一次改变两个常数，有时反而可能得到一组数值，演化出适宜复杂结构甚至某些形式的智慧生命形成的宇宙。一次改变3个甚至更多常数，会进一步拓宽适宜生命生存的宇宙出现的可能性。

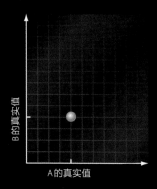

① 两个常数

物理学家可以将A和B这两个不同常数的观测值，当作是平面坐标系的坐标，确定一个点的位置。这个平面上的每一个点都代表一对不同的数值。

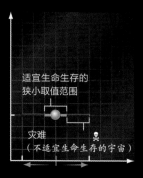

② 改变一个常数

改变常数A（同时保持其他所有情况不变）可以用这个点在一段水平线段上移动来表示。这种改变超过一个很小的范围，通常就会导致某种灾难性后果，这样的宇宙也将不适合生命生存。

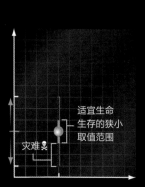

③ 改变另一个常数

改变常数B并保持其他情况不变，可以用这个点在一段竖直线段上移动来表示。超过一个很小的范围，同样会导致一场灾难。

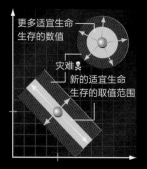

④ 同时改变两个常数

一次改变A和B两个常数，比方说沿对角线移动，可以找到若干组新的适宜生命生存的参数。在距离已知数值很远的地方，也可能存在其他适宜生命生存的取值范围。

生命生存的宇宙。

剔除弱核力，要求对粒子物理学标准模型（Standard Model，一种描述除引力外所有作用力的理论模型）进行若干修正。这个研究团队证明，经过这样的修正之后，其他3种作用力的性质，以及夸克质量之类的其他关键参数，都与我们这个宇宙完全一样。我们必须强调，这种做法是一种保守的选择，是为了方便计算这个宇宙会如何演化。其他各式各样的无弱核力宇宙也很可能适宜生命生存，只不过看上去会跟我们的宇宙完全不同。

在这个无弱核力的宇宙当中，质子聚变成氢这种常见核反应将不可能发生，因为该反应要求有2个质子转变成中子。但是，创造元素还可以通过其他途径。比方说，在我们的宇宙中，物质的数量远远超过了反物质，但只要对控制正反物质对称性的参数稍加改动，就足以确保大爆炸核合成能够产生出大量的氘核。氘（Deuterium），又被称为重氢或氢-2，是氢的一种同位素，原子核中除了通常的一个质子以外，还多出一个中子。这样一来，通过一个质子加一个氘核聚变成一个氦-3（由两个质子和一个中子构成）的核反应，恒星仍然能够发光发热。

跟我们宇宙中的同类恒星相比，这种无弱核力恒星的温度会低一些，尺寸也要小一点。根据美国普林斯顿大学天体物理学家亚当·伯罗斯（Adam Burrows）的计算机模拟，这种恒星可以持续"燃烧"大约70亿年，能量辐射率只比太阳低几个百分点。

从恒星到生命

就像我们宇宙里的恒星一样，无弱核力的恒星也能通过一步接一步的核聚变反应，合成越来越重的元素，一直到铁（原子核中含有26个质子）。不过，在我们的宇宙里，能够合成比铁更重的元素的典型核反应不会在恒星内部发生，主要原因在于，基本上已经没有多余的中子能够被原子核俘获，使它变成更重的同位素了——而这恰恰是形成更重元素的第一个步骤。在无弱核力恒星的内部，其他机制或许可以形成比铁更重的元素，一直到锶（原子核中含有38个质子），但数量极少。

在我们这个宇宙里，超新星爆炸会把新合成的元素散入太空，同时爆炸本身也会合成更多元素。超新星可以分为以下几类：一类由超大质量恒星的引力塌缩引起，另一类则是恒星吸积了太多物质触发热核爆炸（Thermonuclear Explosion）所致。在前一类超新星中，大量向外辐射的中微子（Neutrino）把能量从恒星核心处传递出来，"驱动"激波（Shock Wave）把整颗恒星炸个粉身碎骨。这些中微子正是通过弱核力相互作用产生的，所以很明显，在没有弱核力的宇宙里，这类超新星会变成"哑弹"。但后一类超新星仍然能够爆发。

因此，元素可以被分散到星际空间，在那里聚集形成新的恒星和行星。

考虑到无弱核力的恒星相对较冷，如果一颗无弱核力的类地天体像地球一样温暖，它到主星的距离就只能是日地距离的1/6左右。对于生活在这样一颗行星上的居民来说，他们的"太阳"看上去要大得多。无弱核力的"地球"在其他一些方面也和我们的地球有着天壤之别。在我们的地球上，板块构造和火山活动都是由地球内部铀和钍的放射性衰变驱动的。没有了这些重元素，一颗典型的无弱核力"地球"的地质结构应该会相当无趣，不存在任何特征——除非引力过程能够提供其他热源，就像木星和土星通过潮汐作用加热它们的许多颗卫星一样。

相反，这个无弱核力宇宙中的化学过程应该跟我们的宇宙非常相似。有一点不同：那里的元素周期表上最后一号元素应该是铁，其他更重的元素含量极少，几乎可以忽略。不过，这一限制应该不会阻碍与我们已知生命形式类似的生命在这个宇宙里诞生。如此看来，就算一个宇宙只有3种基本作用力，也可以成为适宜生命生存的地方。

詹金斯（本文另一位作者）和同事也在寻找其他适合生命生存的物理定律。他们采用了另一种方法：没有去考虑无弱核力的宇宙，而是对标准模型进行细微改动，只不过他们每一次改动的参数都不止一个。2008年，这个团队研究了这样一个问题：在保证有机化学过程仍然能够发生的前提下，6味夸克中的3味轻夸克［分别是上夸克（up）、下夸克（down）和奇异夸克（strange）］的质量可以在什么样的范围内变动？夸克质量的改变，将对有哪些重子和原子核能够稳定存在而不会迅速衰变造成不可避免的影响。反过来，原子核的不同"混搭"方式又将影响化学过程。

夸克化学

要想进化出智慧生命（如果跟我们不是相差特别大的话），某种形式的有机化学过程就必不可少，这样的说法似乎是有道理的。根据定义，有机化学是指，这些化学过程中涉及碳元素。碳的化学性质源于这样一个事实：碳原子核拥有6个正电荷，因此一个中性碳原子里有6个电子围绕在原子核周围。这些性质让碳能够形成种类极其繁多的复杂分子。（科幻作家经常提到的一个想法是，生命的化学基础可以不是碳，而是元素周期表中排在碳那一列的下一个元素——硅。但这种说法值得怀疑：已知的硅基分子中，没有任何一个能够达到碳基有机分子那样的复杂程度。）此外，为了让复杂的有机分子能够形成，化学性质类似氢（1个正电荷）和氧（8个正电荷）的元素也必须存在。接下来，为了确定这些元素能否维持有机化学过程，这个研究团队必须计算出拥有1个、6个或8个正电荷的原子核是

其他有关"平行宇宙"的概念

物理学家和宇宙学家，通常还有科幻作家，会在好几种不同的情况下谈到平行宇宙（parallel universe），其中至少有三种概念与这篇文章里描述的多重宇宙不同。

哈勃泡

我们的宇宙可能远远大于我们能够观测到的这个局部，后者就是我们的哈勃泡（Hubble bubble）。如果宇宙无限大，就必定会存在无穷多个相互隔绝的哈勃泡（每一个都以遥远星系中的观测者为中心）。有些哈勃泡可能跟我们的完全相同，有另外一个你正在阅读这篇文章。

哈勃泡

膜宇宙

如果空间不止三维，我们的宇宙可能就是更高维空间中许多个三维膜（brane）中的一个。这些"平行宇宙"可以相互影响，甚至发生碰撞。

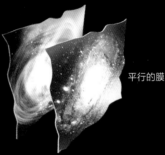

平行的膜

多世界假说

在量子物理学中，同一个物体可以存在于多种状态之中，最著名的莫过于薛定谔那只"既死又活"的猫，只有外部观测会迫使它选定某一种状态。一些物理学家相信，所有可能的状态都仍然存在，只不过宇宙本身"分裂"成了各自独立的不同版本，每种状态都出现在一个"分支"宇宙当中。

薛定谔的猫

另一个宇宙的简史

一个只有3种而不是通常的4种基本作用力的宇宙，看起来可能依然与我们的宇宙惊人相似。以下就是找到这样一个宇宙所采用的步骤。

- 在粒子物理学标准模型中修改几个"常数"，从而剔除弱核力。
- 让其他3种作用力与我们宇宙中的作用力完全相同。
- 修改其他参数来促进恒星内部的核聚变。

由此得到的一个宇宙可以形成复杂结构，能够支持与地球生命类似的生命形式。

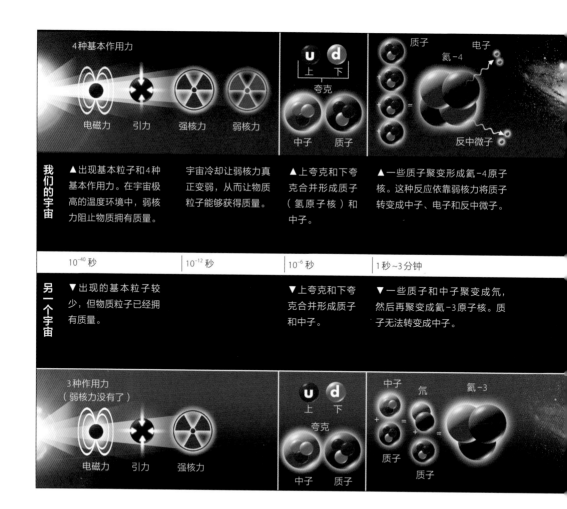

	4种基本作用力		上夸克 下夸克 夸克 中子 质子	质子 电子 氦-4 反中微子
我们的宇宙	▲出现基本粒子和4种基本作用力。在宇宙极高的温度环境中，弱核力阻止物质拥有质量。	宇宙冷却让弱核力真正变弱，从而让物质粒子能够获得质量。	▲上夸克和下夸克合并形成质子（氢原子核）和中子。	▲一些质子聚变形成氦-4原子核。这种反应依靠弱核力将质子转变成中子、电子和反中微子。
	10^{-40} 秒	10^{-12} 秒	10^{-6} 秒	1秒~3分钟
另一个宇宙	▼出现的基本粒子较少，但物质粒子已经拥有质量。		▼上夸克和下夸克合并形成质子和中子。	▼一些质子和中子聚变成氘，然后再聚变成氦-3原子核。质子无法转变成中子。
	3种作用力（弱核力没有了）电磁力 引力 强核力		上夸克 下夸克 夸克 中子 质子	中子 氘 氦-3 质子 质子

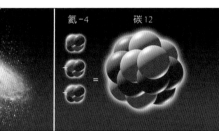

氦-4　　　碳12

2种不同的
超新星

适宜生命生存的
行星（地球）

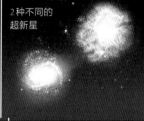

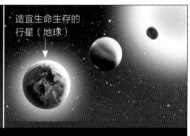

▲第一代恒星形成，随后形成星系和更多恒星。恒星"燃烧"的主要方式是把氢聚变成氦-4。

▲恒星还会把氦-4聚变成碳和其他元素，直到元素周期表上的铁元素为止。排在铁后面的元素由其他过程产生。

▲一代又一代恒星塌缩形成超新星爆发。其他恒星则在吸积物质之后爆炸，形成另一类超新星。超新星将各种元素扩散到空间之中。

▲太阳系形成。地球是从太阳往外数排名第三的行星。

▲智慧生命出现，开始惊叹他们的宇宙为什么会是这个样子。

15万年~70亿年	70亿年	80亿年	137亿年

第一代恒星形成，随后形成星系和更多恒星。恒星"燃烧"的温度比较低，主要是将氘和氢聚变成氦-3。

▼恒星还会把氘聚变成少量氦-4，再把氦聚变成碳和其他元素，一直到铁。更重的元素基本上不存在。

▼塌缩恒星无法形成超新星爆发，它们会变成"哑弹"。不过，一些恒星在吸积物质之后爆炸形成超新星。超新星将各种元素扩散到空间之中。

▼太阳系形成。为了适宜生命生存，无弱核力的地球必须比我们太阳系里的水星更靠近它们昏暗的太阳。

▼智慧生命出现，开始惊叹他们的宇宙为什么会是这个样子。

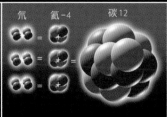

氘　　氦-4　　碳12

1种超新星

适宜生命生存
的行星

否会在它们有机会参与化学反应之前就发生放射性衰变。

原子核是否稳定，部分取决于它的质量，而原子核质量又取决于构成它的重子的质量。哪怕是在我们自己的宇宙里，根据夸克的质量来计算重子和原子的质量也是一项极其艰巨的挑战。不过，对夸克之间相互作用的强度进行微调之后，科学家可以利用我们宇宙中测量得到的重子质量，来估算夸克质量的微小改变会如何影响原子核的质量。

在我们这个宇宙里，中子比质子重了大约0.1%。如果改变夸克的质量，让中子比质子重2%以上，碳和氧的所有同位素都将不可能长时间稳定存在。如果微调夸克的质量，让质子变得比中子还重，氢原子核中的那个质子就会俘获周围的电子并转变成中子，这样一来，氢原子就没办法长期存在。不过，氘或氚或许仍可保持稳定，氧和碳的某些同位素应该也能稳定存在。事实上我们发现，只有当质子比中子重1%以上时，氢的稳定同位素才会不复存在。

如果用氘（或氚）替代氢，海洋就将由重水构成。跟普通的水相比，重水的物理和化学性质存在细微的差别。不过看起来，在这些宇宙中进化出某种形式的有机生命，应该不会遇到什么根本性障碍。

在我们这个宇宙里，质量由轻到重排在第三位的夸克——奇异夸克，因为过于"沉重"而无法参与核物理过程。不过，如果把它的质量减到现有质量的1/10以下，原子核可能就不光是由质子和中子构成，或许还会有一些包含奇异夸克的其他重子。

举例来说，这个研究团队分析过这样一个宇宙：上夸克和奇异夸克的质量大致相同，下夸克则要轻得多。这样一来，构成原子核的就不再是质子和中子，而是中子和另外一种重子——"西格马负超子"（Σ，Sigma Minus）。值得注意的是，即便是这样一个完全不同的宇宙，也可以存在氢、碳和氧的稳定同位素，因而可以发生有机化学过程。至于这些元素能否在这些宇宙里大量形成，足以让生命在某个地方诞生并开始进化，仍是一个需要解答的问题。

不过，如果生命能够诞生，它将又一次十分巧合地跟我们宇宙里的生命非常类似。这样一个宇宙里的物理学家或许会困惑于一个事实——为什么上夸克和奇异夸克的质量几乎一模一样。

他们甚至会猜想：这种令人惊叹的巧合可以用人择原理来解释，因为这是有机化学过程发生的必要条件。然而我们知道，这种解释是错误的，因为在我们这个宇宙里，尽管上夸克和奇异夸克的质量完全不同，有机化学过程一样能够发生。

相反，如果一个宇宙中的三味轻夸克拥有大致相同的质量，有机化学过程很可能就不会发生了：任何携带多个电荷的原子核都会在几乎一瞬间衰变消失。可惜的是，对于一个物理参数与我们不同的宇宙来说，详细描述它的演化过程非常困难。这个问题还需要进一步研究。

弦景观

一些理论物理学家已经把"微调"问题当成是多重宇宙的间接证据。那么，我们的发现是否对多重宇宙的概念提出了质疑呢？答案是否定的，理由有两条。第一条理由来自观测，还要结合一些理论。天文学数据强有力地支持了这样一个假说：我们的宇宙最初只是一块极小的时空区域，大小或许只有一个质子的十亿分之一，随即经历了一个指数式高速膨胀阶段，被称为"暴胀"。宇宙学中目前还找不到一个明确的暴胀理论模型，但理论暗示，时空中的不同区域都能以不同的速率发生暴胀，每个区域都可以膨胀成一个"口袋"，成为一个真正意义上的宇宙，由于各自不同的自然常数而变得各具特色。这种"口袋"宇宙之间的空间应该会持续膨胀，速度快得惊人，以至于就算用光速传播，信息也不可能从一个"口袋"传递到另一个"口袋"。

猜测存在多重宇宙的第二条理由是，有一个参数似乎被"微调"到了令人发指的程度。这个参数就是宇宙学常数，代表着真空中所蕴藏的能量总量。量子物理学预言：就算空间中空无一物，里面也必定包含有能量。爱因斯坦的广义相对论要求，所有形式的能量都必须施加引力。如果这种能量是正的，它就会驱动时空以指数方式加速膨胀。如果它是负的，宇宙就会在一场所谓的"大反冲"（Big Crunch）中重新塌缩。量子理论似乎暗示：宇宙学常数不论正负都应该非常巨大，以至于宇宙应该只有两条出路可选——要么空间膨胀过于迅速，连星系之类的结构都没有机会形成；要么宇宙在形成之后不到一秒的时间内重新塌缩。

为什么我们的宇宙避开了这两种灾难性结局？一种解释是，宇宙学方程中还有另外一项，恰好抵消了宇宙学常数的作用。问题在于，这一项必须经过异常精准的"微调"——哪怕是小数点后第100位上的数字出现一丝偏差，都会致使宇宙中形成不了任何有意义的结构。

1987年，美国德克萨斯大学奥斯汀分校的理论物理学家、1979年诺贝尔物理学奖得主史蒂文·温伯格提出了一种"人择式"的解释。他计算出了适宜生命生存的宇宙学常数取值的上限。超过这一上限，空间膨胀速度就会过快，导致这个宇宙形成不了生命所需的结构。这样一来，从某种程度上讲，我们自身的存在就预言了宇宙学常数不会太大。

到了20世纪90年代末，天文学家发现宇宙确实在加速膨胀，推动力来自于神秘的"暗

修补物质

　　轻夸克能够形成中子和质子之类的稳定重子。如果改变这些轻夸克的质量,宇宙中还能不能形成对于已知生命来说不可或缺的关键元素? 最起码,这样的宇宙应该包含拥有1个、6个和8个正电荷的稳定原子核,因为这些电荷会让这些原子核的性质分别类似于氢、碳和氧。以下是改变夸克质量之后得到的几种宇宙。

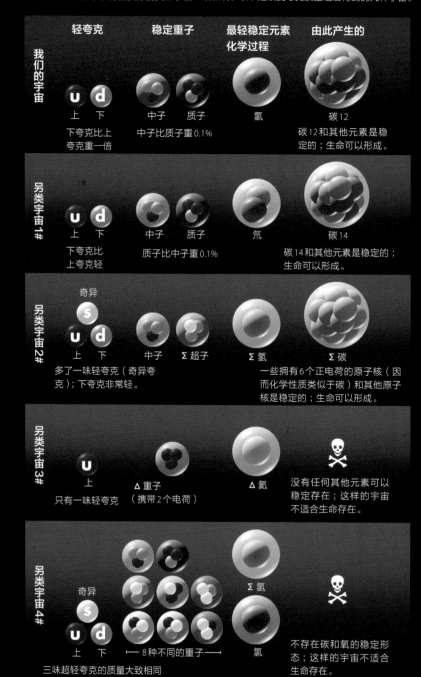

能量"。观测得到的加速度暗示，宇宙学常数是正的，而且很小，处在温伯格预言的取值范围以内——这意味着暗能量极为稀薄。

由此可见，宇宙学常数似乎被"微调"到了令人发指的程度。不仅如此，我们的研究团队在分析弱核力和夸克质量时采用的那些方法，在分析宇宙学常数的取值时似乎无法奏效，因为要找到一个宇宙学常数远远大于我们的观测值、并且适宜生命生存的宇宙似乎是不可能的。在一个多重宇宙当中，绝大多数的宇宙可能都拥有一个导致任何结构都无法形成的宇宙学常数。

举一个跟好莱坞动作大片相反、却更加现实（或许还有一丝残酷）的例子——有成千上万人艰难地跋涉在一片巨大沙漠之中，少数活着逃出沙漠的幸运儿或许会讲述他们扣人心弦的传奇故事，包括遭遇毒蛇时的殊死搏斗，还有其他与死神擦肩而过、危险到似乎不太真实的经历。这些故事的惊险程度丝毫不亚于好莱坞动作大片，并不是因为讲述者像电影主角一样拥有不死之身，而是因为那些不幸的人根本不可能走出沙漠讲述他们的经历。

源自于弦理论的一些理论观点，似乎验证了上述情景。（弦理论是对粒子物理学标准模型的一种纯理论的扩展，试图用微观弦的振荡来描述所有的作用力）这些观点提出，在暴胀期间，宇宙学常数及其他一些参数实际上可以在无限多个不同的范围内取值，这些取值范围被称为"弦景观"。

不过，我们的研究确实对人择原理（至少是对除宇宙学常数以外的人择原理）的有效性提出了质疑。这些研究还提出了一些重要的问题。比方说，如果生命真的可以在无弱核力的宇宙中存在，那我们这个宇宙中又为什么会有弱核力？事实上，粒子物理学家认为，从某种程度上来讲，我们宇宙中的弱核力还不够弱。在粒子物理学标准模型看来，弱核力的测量值似乎强得有些"离谱"。[解释这一谜题的主流理论要求存在新的粒子及作用力，物理学家希望日内瓦附近欧洲核子研究中心（CERN）的大型强子对撞机能够发现这些粒子和作用力。]

因此，一些理论学家预期，大多数宇宙中的弱核力应该都非常微弱，以至于几乎不产生任何效果。如此看来，真正的挑战或许是要解释，为什么我们没有生活在一个无弱核力的宇宙当中。

最终，只有在更加深入地了解这些宇宙如何诞生之后，我们才能回答诸如此类的问题。确切地说，我们或许会发现一些更加基本的物理学原理，暗示大自然对某几套物理定律的偏爱远胜于其他。

我们或许永远也找不到其他宇宙存在的直接证据，当然也永远不可能去造访另一个宇宙。但是，不论多重宇宙到底存在与否，只要我们想理解自己在多重宇宙中所处的真正位置，了解更多有关其他宇宙的信息或许都是有必要的。

自我复制的宇宙

安德烈·林德（Andrei Linde）
于俄罗斯列别捷夫物理研究所获博士学位，在那里他开始探索
粒子物理和宇宙学之间的联系。1990年起，他在美国斯坦福大
学担任物理学教授。

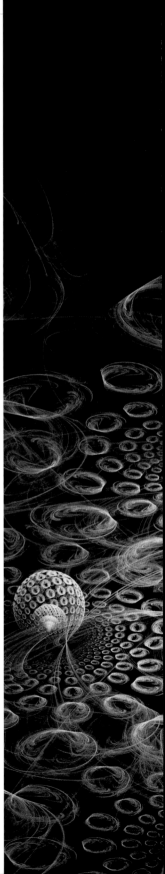

精彩速览

- 根据弦理论，我们看到的这个世界所遵循的物理定律，
  是由额外的空间维度"蜷曲"成微观尺度的方式决定的。
- 所有这些额外的空间维度蜷曲的方式共同构成了一个
  "弦理论景观"，其中的每一个"山谷"对应一系列稳定
  的物理定律。
- 我们的整个可观测宇宙，就在对应着弦理论景观某个
  山谷的空间区域内，而其中的物理定律恰好适宜于生
  命的存在和演化。

科学家曾认为，我们的宇宙是在大爆炸中形成的一个孤零零的火球，
但如果我和同事是正确的，那我们或许很快就可以跟这种观点说再见
了。我们正在20世纪80年代初诞生的暴胀理论的基础上探索一个新理
论。暴胀理论认为，宇宙曾经历了一个暴胀阶段，在这个阶段，宇宙
在极短的时间内呈指数式增大，在这一阶段结束之时，宇宙才按照大
爆炸模型继续演化。研究人员在改进暴胀理论时，发现了某些惊人的
后果，其中之一将会彻底改变我们对宇宙的看法。暴胀理论的一些最
新版本断言，宇宙不是一个膨胀着的火球，而是一个不断生长的巨大
分形。它由许多暴胀火球组成，这些火球中能产生新的火球，而新的
火球接下来又会产生更多的球，就这样永远地持续下去。

宇宙学家并不是随意地创造了这一相当奇特的宇宙观。一些研究者——首先在俄罗斯，后来在美国——提出的暴胀理论是这一宇宙观建立的基础。我们之所以这样做，是想解决旧的大爆炸理论遗留下的某些复杂问题。大爆炸理论的标准模型认为，宇宙是在距今约138亿年时，从一个温度和密度均为无限高的宇宙奇点中诞生的。当然，物理学没办法真正地处理这些无穷大的量。科学家通常认为，现有的物理定律不适用于那个时候。只有在宇宙的密度降到所谓的普朗克密度（每立方厘米大约 10^{94} 克）以下的时候，这些定律才能生效。

随着宇宙的膨胀，它的温度逐渐降低。但原初宇宙烈焰的余晖仍然以宇宙微波背景辐射的形式围绕着我们。这种辐射表明，现在宇宙的温度已降到 2.7 K。1965 年，贝尔实验室的阿尔诺·A.彭齐亚斯（Arno A.Penzias）和罗伯特·W.威尔逊（Robert W.Wilson）发现了宇宙微波背景辐射，在这一关键证据的支持下，大爆炸理论成了为主流的宇宙学理论。此外，大爆炸理论也能解释宇宙中氢、氦和其他一些元素的丰度。

随着研究人员对大爆炸理论的进一步研究，他们发现了一些复杂难解的问题。例如，与现代基本粒子理论相结合，标准大爆炸理论预言宇宙中存在许多带有磁荷（即只有一个磁极）的超重粒子。典型的磁单极子质量相当于质子的 10^{16} 倍，即约为 0.00001 毫克。根据标准大爆炸理论，磁单极子在宇宙演化的最初时期就应出现，并且现在的磁单极子丰度应与质子的丰度一样。在此情况下，宇宙中物质的平均密度应比其现在的值（约为每立方厘米 10^{-29} 克）高出约 15 个数量级。

磁单极子以及其他一些难题迫使物理学家更用心地审视标准宇宙学理论的各个基本假设，而且我们也发现多数假设是非常可疑的。接下来，我会介绍其中最难解决的六个问题。第一个、也是最重要的一个问题就是：大爆炸是否真的发生过。人们可能会问，在大爆炸之前是什么呢？如果那时不存在时空，万物又是怎样从"无"产生的呢？是谁最先出现，宇宙本身还是决定宇宙演化的定律？有关初始奇点的问题——它究竟开始于何处？从何时开始？仍然是现代宇宙学中最难解决的一个。

第二个问题是空间的平直性。广义相对论认为，空间可能是非常弯曲的，其典型的曲率半径约为普朗克长度，即 10^{-33} 厘米。然而观测表明，我们的宇宙在 10^{28} 厘米（宇宙可观测部分的半径）的尺度上差不多是平直的。我们的观测结果同理论预期值相差 60 多个数量级。

第三个问题关于宇宙的大小，理论和观测结果之间也存在类似的差异。宇宙学研究表明，我们可观测的这部分宇宙至少含有 10^{88} 个基本粒子。但是为什么宇宙这样大呢？假设宇宙的初始直径为普朗克长度，初始密度为普朗克密度，那么根据标准大爆炸理论，我们

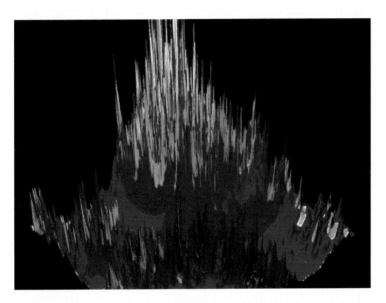

　　由计算机模拟得出的自复制宇宙是由呈指数式增大的区域所组成的。每一个区域有着不同的物理定律（用颜色表示）。尖峰代表新的大爆炸；它们的高度表示宇宙的能量密度。峰的顶部颜色迅速变化，表明那里的物理定律尚未固定下来。这些物理定律只有在低谷内才固定下来。这些谷中的一个相当于我们现在的宇宙。

可以计算出这样一个典型的宇宙可能含有多少基本粒子。答案是非常出乎意料的：整个宇宙仅仅足够容纳1个基本粒子，或者充其量是10个基本粒子。宇宙甚至不可能容纳下本书的一位读者，因为一位读者是由大约 10^{29} 个基本粒子所组成的，显然这个理论的什么地方出了差错。

　　第四个问题涉及膨胀的同步性。按照标准的大爆炸理论，宇宙的所有部分都是同时开始膨胀的。但宇宙的所有不同部分怎么能做到同时开始膨胀呢？谁下的命令？

　　第五个问题是关于宇宙中物质的分布。在非常大的尺度上，物质分布均匀得令人惊讶。在超过100亿光年的尺度上，物质分布偏离完美均匀的程度小于万分之一。长期以来，谁也不知道宇宙为什么会如此均匀。虽然不知其原因，研究者却还要把这当成原理。标准宇宙学的一个基石就是"宇宙学原理"，它断言宇宙一定是均匀的。然而，这一原理没有多大的帮助，因为宇宙中很明显有偏离均匀的情况，例如恒星、星系和其他的物质结团。因此，我们必须既能解释宇宙为什么在大尺度上如此均匀，又能给出某种可以产生星系的机制。

最后一个问题就是我所说的唯一性问题。爱因斯坦抓住了这一问题的实质，他说："真正让我感兴趣的是，上帝在创造世界的时候有没有其他选择。"的确，自然界物理常数的微小改变就能使宇宙以完全不同的方式展现出来，例如，许多流行的基本粒子理论认为时空最初的维数要比四维（三个空间维和一个时间维）多得多。为了使理论计算与我们所在的物理世界相符合，这些模型主张所有额外维度已被紧致化了，即缩小到一个很小的尺度上，因而被隐藏起来。但是人们可能会问，为什么紧致化刚好让时空停止在四维，而不是二维或五维。

此外，其他各维蜷曲的方式也是重要的，因为它决定了自然界各常数的值和粒子的质量。在某些理论中，紧致化可以按照几十亿种不同的方式进行。几年前，要问为什么时空只有四维，为什么引力常数如此之小，或者为什么质子几乎比电子要重2000倍等这些问题，似乎是没有意义的。现在，随着基本粒子物理学的发展，回答这些问题对于理解我们世界的构造来说已经是至为关键了。

这些问题（以及我尚未提到的其他问题）都是极为费解的。而在自复制暴胀宇宙理论框架内，其中许多难题都能找到答案，这很振奋人心。

暴胀模型的基本特征来源于基本粒子物理学。因此，我会带读者到这一领域——特别是弱相互作用和电磁相互作用的统一理论——去做一次短暂的旅行。这两种基本作用力都是通过粒子发挥作用的。光子传递电磁力；W粒子和Z粒子则传递弱力。光子是无质量的，而W和Z粒子则是非常重的。光子与W和Z粒子之间有着明显的差别，物理学家为了消弭差异，统一弱相互作用和电磁相互作用，引入了标量场。

虽然标量场并不是日常生活中能接触到的东西，但有一个我们熟悉的类似物，就是电势，例如电路中的电压。只有在电势分布不均匀（例如在电池的两极之间）或者电势随时间变化的情况下，才会出现电场。如果整个宇宙有着相同的电势，比如说其值为110伏，则任何人都不会注意到它；这个电势似乎只是另一种真空态。同样，一个恒定的标量场看来是一种真空：我们看不到它，即使我们被它所围绕。

这些标量场充满宇宙，并通过影响基本粒子的性质显示其存在。如果标量场同W粒子和Z粒子发生相互作用，这些粒子就会变重。那些同标量场不发生相互作用的粒子，如光子，则仍然是轻的。

因此，为了描述基本粒子，物理学家从这样一种理论开始着手，在该理论中，所有粒子最初都是轻的，并且弱相互作用和电磁相互作用之间不存在任何本质差别。它们的差异仅在更晚的时候，即宇宙逐渐膨胀并被各种标量场充满的时候才出现。这个把各种基本作用力分开的过程被称为对称破缺。出现于宇宙中的标量场，其强度是一个特定的值，大小是由其势能曲线最小值的位置决定的。

就像在粒子物理学中的作用一样，标量场在宇宙学中也起着关键的作用。这些标量场提供了导致宇宙极快速膨胀的机制。诚然，根据广义相对论，宇宙的膨胀速率大约正比于其密度的平方根。如果宇宙中充满着普通物质，随着膨胀其密度会迅速减小。因此，宇宙膨胀也会因密度减小而迅速减慢。但是，由于爱因斯坦提出的质能等效性，标量场的势能也对膨胀有影响。在某些情况下，势能的减小比普通物质密度的减小要慢得多。

势能的稳定性可导致宇宙产生一个极快速膨胀的阶段，即暴胀阶段。即使只考虑最简单的标量场理论，也有可能出现暴胀。这种标量场的势能在场强为零处达到最小值。这样，标量场越大，势能也就越大。根据爱因斯坦的引力理论，此标量场的能量必定会使宇宙极

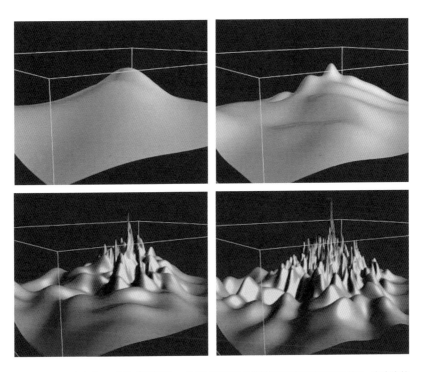

由计算机产生的一系列图像显示出一个标量场的演化导致了许多暴胀区域的出现。在宇宙的大多数地方，标量场减小（表现为凹陷和谷）。在其他地方，量子涨落导致标量场增大，用尖峰表示。在这些地方宇宙会快速膨胀，导致暴胀区域形成。我们生活在一个空间已不再暴胀的谷中。

创世第八日

新的宇宙学理论是极不寻常的，而且也是很难加以描述的。旧的大爆炸模型能够普及的主要原因之一，就是它可以把宇宙想象成一个在所有方向上向外膨胀的气球，这是比较容易理解的。但理解一个永恒自我复制的分形宇宙结构却要困难得多。计算机模拟对理解这种模型有一定帮助，在这里，我将介绍一个这样的模拟。这个模拟是我与我的儿子一起设计运行的。

我们的模拟从一个二维的宇宙切片开始，这个宇宙中充满了几乎完全均匀的标量场。我们计算了在暴胀开始后我们这个区域内每一点的标量场是如何变化的。然后我们将相当于已冻结的量子涨落的正弦波加入到了上述结果中。

通过重复这个流程，我们得出了一系列显示暴胀宇宙中标量场分布情况的图像。(为了方便观看，计算机缩小了原始区域，没有随着暴胀区膨胀。)这些图像揭示出，在原始区域的主要部分，标量场在缓慢地减小。我们就生活在宇宙的这一部分内。冻结在几乎完全均匀的场之上的小涨落最终令微波背景辐射温度出现了扰动，也就是宇宙背景探测器发现的那些。在图像的其他部分显示了正在增长的山峰，它们相当于导致极快速暴胀的巨大能量密度。因此，每一个峰都可以视为能产生一个暴胀"宇宙"的新的"大爆炸"。

在我们加入另一个标量场之后，宇宙的分形结构就变得更为明显，为了使情况变得更有趣，我们考虑了一个标量场势能有三个不同的最小值（用不同颜色表示）的理论。在宇宙的一个二维切片中，在山峰附近这些颜色随时都在变化，这表明标量场从一个能量最小值迅速地跳跃到另一个能量最小值。在那里，物理定律尚未固定下来，但是在山谷处（那里的膨胀速率是缓慢的），各颜色就不再变动。我们就生活在一个这样的区域中。其他的区域离我们非常遥远，如果你从一个区域跨越到另一个区域，基本粒子的性质和它们相互作用规律就会发生改变——或许你在这样做之前应该慎重考虑一下。

在另一组图像中，我们沿着另一种粒子物理理论的路线探索了暴胀宇宙的类分形结构。描述这些图像的物理意义更为困难。奇特的颜色图案（下图左）相当于在轴子理论中能量的分布情况。我们把它称为康定斯基（Kandinsky，著名的俄罗斯抽象派艺术家）宇宙。从另一个角度看去，我们模拟的结果有时就像爆发的恒星一样（下图右）。

第一组模拟是我们在几年前做的，当时我们说服了美国的硅图（Silicon Graphics）公司借给我们一台他们功能最强的计算机，期限为一周。进行模拟是一个辛苦的工作，直到第七天我们才完成第一组计算工作，并首次看到代表暴胀区域的那些正在生长的山峰。我们能够在它们之间飞行，并且能欣赏我们的宇宙在其最初形成时刻的景象。我

们注视着发光的屏幕，非常高兴，我们看宇宙是好的！但是我们的工作没持续多久。第八天，我们就把计算机送回了，而且这台计算机千兆容量的硬盘被撞坏了，我们创造的宇宙也随之消逝了。

现在我们使用不同的方法（以及另一台硅图的计算机）继续进行我们的研究工作。不过，我们或许可以玩一个更有趣的游戏。我们可以尝试在实验室中创造宇宙，而不是在计算机屏幕上观察宇宙。即使往好了说，这种想法也在很大程度上是空想，但某些人（包括古斯和我在内）并不想完全排除这种可能。要这样做的话，我们必须以某种方式压缩一些物质，从而让量子涨落触发暴胀。在混沌暴胀模型框架内进行的简单估算表明，不到1毫克的物质就可以创造一个永久自复制宇宙。

我们尚不知道这一过程是否可能。可能导致新宇宙产生的量子涨落理论是非常复杂的。而且即使有可能"烘焙"出新宇宙，我们又能用这些新宇宙干些什么呢？我们能否向它们的居民发送信息呢？（在这些居民眼里，他们的微宇宙就像我们眼里的宇宙那样大）可否想象我们自己的宇宙是由一位黑客物理学家所创造的呢？有朝一日，我们可能会找到答案。

快速地膨胀。当标量场达到其势能的最小值时，膨胀就减慢下来。

有一种办法可以帮我们形象地理解这种标量场，就是想象一个沿着大碗内壁滚下来的球（见223页图）。碗底代表势能的最小值，球的位置相当于标量场的值。当然，描述膨胀宇宙中标量场变化的方程要比描述碗内球运动的方程组复杂一些。描述标量场运动的方程中有一个相当于摩擦（即黏性）的附加项。这种摩擦类似于碗内盛有糖浆。这种液体的黏度取决于标量场的势能：球在碗内的位置越高，液体就越稠。因此，如果标量场最初很大，则能量的下降将会极慢。

标量场势能下降得缓慢，这对宇宙的膨胀速率来说意义重大。下降如此之慢，以至于在宇宙膨胀过程中，标量场的势能几乎是恒定的。这一特点与普通物质形成鲜明对比，在膨胀宇宙中后者的密度是迅速减小的。由于标量场的巨大势能，宇宙会继续以极快的速度膨胀，比未引入暴胀理论的传统宇宙理论预言的速度大得多。在这样的一个区域里，宇宙的大小呈指数增长。

这一自我维持的、指数式快速膨胀的阶段持续时间并不长，可能只有 10^{-35} 秒。一旦标量场的势能衰减，黏度就接近于消失，膨胀也就随之结束。如同球到达碗底时一样，标量场接近其势能的最小值时也会开始振荡。当标量场振荡时，它会失去能量并将能量以基本粒子的形式释放出来。这些粒子彼此相互作用，最终在某一平衡温度稳定下来。从这时开始，就可以用标准的大爆炸理论来描述宇宙的演化了。

计算一下暴胀结束后宇宙的大小时，就可以清楚地看出暴胀理论和旧的大爆炸宇宙论之间的主要区别。即使宇宙在暴胀开始之时只有 10^{-33} 厘米大小，但在暴胀了 10^{-35} 秒之后，就大到了令人难以置信程度。根据某些暴胀模型，以厘米为单位的话，宇宙的大小可达到 $10^{10^{12}}$ 厘米——1后面跟着一千亿个0。具体数字取决于所用的暴胀模型，但是大多数模型所得出的宇宙都要比可观测宇宙（10^{28}厘米）大许多个数量级。

这种极快速的膨胀立即解决了旧宇宙学理论的大多数难题。由于所有不够均匀的部分都被拉伸了$10^{10^{12}}$倍，所以我们的宇宙看来就是平直和均一的了。原始单极子和其他不该出现的"缺陷"则被大幅度稀释。（最近我们发现，单极子本身可以暴胀，因此实际上可以将它们自身从可观测宇宙中排除掉）宇宙已变得如此之大，以至于我们现在仅能看到很微小的一部分。所以，如同一个巨大充气气球表面的一个很小的区域一样，我们这部分宇宙看来是平直的。正因为如此，我们无须要求宇宙的所有部分都是同时开始膨胀的。一个区域，即使大小仅相当于自然界的最小可能长度10^{-33}厘米，也能绰有余裕地产生我们现在所看到的一切了。

虽然在概念上看来很简单，但暴胀理论实际上并不简单。科学家很早就开始尝试得出宇宙有一个指数式膨胀的阶段。不幸的是，由于政治方面的原因，该理论的历史仅有部分为读者所知。

暴胀理论的第一个现实模型是于1979年由莫斯科朗道理论物理研究所的阿列克谢·A.斯塔罗宾斯基（Alexei A.Starobinsky）提出的。斯塔罗宾斯基模型在俄罗斯天体物理学家中引起了轰动，在接下来的两年时间中它都是苏联所有宇宙学会议上讨论的主题。但他的模型是相当复杂的（它基于一个有关量子引力中反常现象的理论），并且对暴胀实际上怎样开始语焉不详。

1981年，麻省理工学院的艾伦·古斯提出，处于某一中间阶段的炽热宇宙可能呈指数式膨胀。他的模型来自于将早期宇宙的演化解释成一系列相变的理论。这一理论是由达维德·A.基尔日尼茨（David A.Kirzhnits）和本文作者于1972年在莫斯科的列别捷夫物理研究所提出的，根据这个理论，随着宇宙的膨胀和冷却，它会凝聚成不同的形态。水蒸气也经历这类相变。当水蒸气变冷时，它会凝结成水，如果再继续冷却，水又变成冰。

古斯的理论认为，宇宙是在处于不稳定的过冷状态时发生暴胀的。相变过程中经常会出现过冷现象。例如，在适当的条件下，水在摄氏零度之下仍为液体。当然，过冷的水最终会凝固，这相当于暴胀时期结束之时。利用过冷现象来解决大爆炸理论的诸多难题，这个想法很有吸引力。不幸的是，正如古斯本人所指出的那样，他的模型中暴胀后的宇宙变得非常不均匀。在研究这个模型一年之后，古斯终于在一篇与哥伦比亚大学的埃里克·J.温伯格（Erick J.Weinberg）共同署名的文章中放弃了该模型。

1982年，本文作者提出了所谓的新暴胀宇宙模型，宾夕法尼亚大学的安德烈亚斯·阿尔布雷克特和保罗·斯坦哈特也于晚些时候发现了这种模型。这种模型摆脱了古斯模型所遇到的主要难题。但它仍相当复杂，并且不太现实。

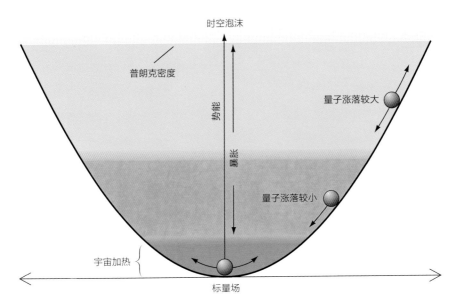

暴胀宇宙中的标量场可以比作在大碗内沿着内壁滚下来的一个小球。碗沿对应于宇宙的普朗克密度,当标量场势能高于它时,量子涨落很大,时空呈"泡沫"状。在碗沿之下(绿色区域),量子涨落较大,但仍能确保宇宙自我复制。如果球留在碗内,就会进入势能较低的区域(橙色),在这个区域它下滑得非常缓慢。当球接近势能最小值(紫色区域),暴胀就会停止,它会继续左右振荡,加热宇宙。

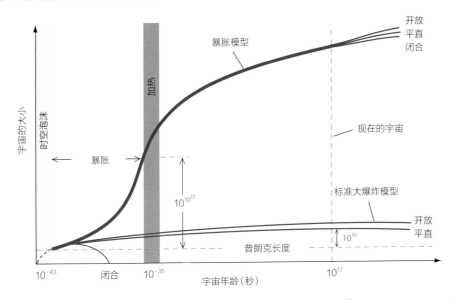

混沌暴胀模型中的宇宙演化过程与标准大爆炸理论不同。暴胀把宇宙放大了 $10^{10^{12}}$ 倍,即使是直径只有 10^{-33} 厘米(普朗克长度)的一块区域,也会变得比整个可观测宇宙都要大。暴胀理论也预言宇宙会是非常平直的,在这样的宇宙中,平行线永远都是"平行"的。(在闭合宇宙中,平行线会相交,在开放宇宙中则会彼此分离)与暴胀理论不同,旧的大爆炸理论只让大小相当于普朗克尺度的宇宙增大到 0.001 厘米,而且它预言的空间几何性质也是截然不同的。

一年之后，我才认识到，在许多基本粒子理论中，暴胀是一个自然涌现的特征。这些理论中，包括上面讨论过的最简单的标量场模型，根本不需要量子引力效应、相变、过冷乃至宇宙最初温度极高的标准假设。物理学家只要考虑早期宇宙中标量场的所有可能种类和数值，然后查看是否有一种标量场能导致暴胀。未发生暴胀的区域仍然是很小的，而发生了暴胀的那些区域则呈指数式膨胀并几乎占据了整个宇宙。由于早期宇宙中各标量场都可取任意值，因而我将这一模型称为"混沌暴胀"（Chaotic Inflation）。

从很多角度看，混沌暴胀都可以说是很简单，因此很难理解为什么我们没能更早地得到这个想法。我认为其原因纯粹是心理上的。大爆炸理论的辉煌成功催眠了宇宙学家。我们曾假定，整个宇宙是同时形成的，宇宙最初是炽热的，标量场一开始就处于接近其势能最小值的状态。而一旦我们放宽这些假定，我们立刻就会发现，暴胀并不是理论工作者为了解决他们所遇到的难题而引入的一个奇异现象。它是在多种基本粒子理论中都会出现的一种通常状态。

宇宙的快速膨胀能同时解决许多困难的宇宙学问题，这看来似乎太过理想，让人难以相信。的确，如果所有的非均匀现象都因扩张而消除掉了，那么星系又是怎样形成的呢？答案是，暴胀在消除先前存在的非均匀性的同时，又制造出了一些新的非均匀性。

这些新的非均匀性的出现是由于量子效应。根据量子力学，真空并不是完全空的。真空充满着微小的量子涨落。这些涨落可以看成是波，即物理场的波动。这些波具有所有可能的波长，并在所有方向上运动。我们探测不到这些波，因为它们只是短暂地存在，并且很微弱。

在暴胀宇宙中，真空结构变得更为复杂。暴胀会迅速地拉伸这些波。而一旦其波长变得足够大，波的起伏就开始受到宇宙空间曲率的影响。这时，由于标量场的黏度（回想一下含有摩擦项的标量场方程），这些波会停止运动。

最先冻结的是那些波长较长的波。随着宇宙的继续膨胀，新的量子涨落又会被拉伸，然后也被冻结，叠加在其他已冻结的波上面。在这一阶段，我们已经不能再把这些波称为量子涨落。它们中大多数的波长都已经非常大了。由于这些波既不运动也不消失，所以它们在某些区域增大了标量场的值，而在另一些区域又使标量场的值减小，因此导致了不均匀性。标量场的这些扰动又引起了宇宙的密度扰动，这些扰动对于以后星系的形成是至为关键的。

暴胀理论除了能解释我们世界的许多特征外，还做出了若干重要的、可检验的预言。首先，暴胀预言宇宙应是极平直的。宇宙的平直性可根据实验加以检验，因为平直宇宙的密度与其膨胀速度存在简单的关系。迄今的观测数据都与这一预言相符合。

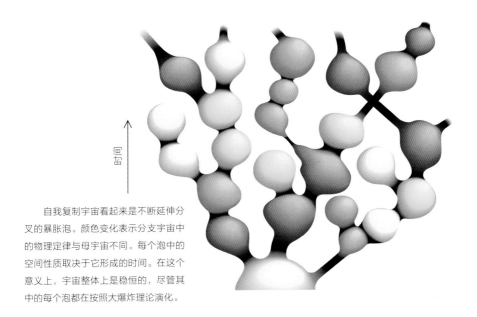

自我复制宇宙看起来是不断延伸分
叉的暴胀泡。颜色变化表示分支宇宙中
的物理定律与母宇宙不同。每个泡中的
空间性质取决于它形成的时间。在这个
意义上，宇宙整体上是稳恒的，尽管其
中的每个泡都在按照大爆炸理论演化。

　　另一个可检验的预言与暴胀期间产生的密度扰动有关。这些密度扰动能影响宇宙中物
质的分布。此外，与之相伴还会有引力波产生。无论是密度扰动还是引力波都会在宇宙微
波背景辐射中留下它们的印记。它们可以使宇宙不同地方的宇宙微波背景辐射温度略有不
同。1992年，宇宙背景探测器（COBE）观测到了这种"空间中的波纹"，此后其他若干实
验进一步证实了该观测结果。

　　尽管COBE的观测结果与暴胀的预言相一致，但要宣称COBE已证实了暴胀理论，或
许还为时过早。不过，该卫星在现有精度水平上所得的结果绝对足够证伪大多数暴胀模
型，而这并未发生。目前，没有其他理论既能解释为什么宇宙如此均匀，同时又能预言由
COBE所发现的"空间中的波纹"。

　　不过，我们仍应保持开放的心态。仍然有可能出现某些新的观测数据与暴胀理论相矛
盾。例如，如果观测数据告诉我们，宇宙的密度与平直宇宙对应的临界密度显著不同，暴
胀理论就会面临真正的挑战。（如果这种问题真出现了，我们还是有办法解决的，但相当
复杂）

　　另一个问题则纯粹源于理论。暴胀模型是以基本粒子理论为基础的，而该理论本身也
不是完全确定的。该理论的某些模型（最引人注目的是超弦理论）并不能自然而然地得出
暴胀。由超弦模型得出暴胀，可能需要引入一些全新的概念。我们肯定还应继续研究其他
可能的宇宙学理论。然而，许多宇宙家还是认为，暴胀或者与之很相似的某种机制绝对是

必需的。随着粒子物理理论的快速演变，暴胀理论本身也在变化。新的暴胀模型清单中包括持续暴胀、自然暴胀、混合暴胀等等。每个模型都具备某种可通过观测或实验来加以检验的独有特征。不过大多数模型还是基于混沌暴胀的模型。

下面到了本文最有趣的部分：永恒存在、自我复制的暴胀理论。这一理论是很自然的推导结果，但看来前途光明，并且在混沌暴胀模型的框架下得出了最具戏剧性的结果。

正如我已经谈到的那样，人们可以把暴胀宇宙内标量场的量子涨落看成是波。这些波最初在所有可能的方向上运动，然后互相叠加地冻结起来。每一个冻结的波都稍微增大了宇宙某些区域的标量场，同时又减小了另外一些区域的标量场。

现在，考虑宇宙中那些新冻结的波使得标量场持续增大的区域。这些区域是极罕见的，但它们的确存在，而且可能极为重要。宇宙中这些标量场突增到足够大的稀有区域，会以越来越高的速度呈指数式膨胀。标量场突增得越高，宇宙膨胀得就越快。很快这些稀有区域的体积就会远远超过其他区域。

根据这一理论可以得出，如果宇宙至少含有一个足够大的暴胀区，它就会不停地产生新的暴胀区。每个特定位置的暴胀都会迅速结束，但其他许多地方仍将继续暴胀。这些区域的总体积将无止境地增大。实质上，一个暴胀宇宙会生长出其他的暴胀泡，而这些泡接下来又会产生新的暴胀泡。

我称这个过程为永恒暴胀，它作为一种连锁反应会持续进行下去，产生出一个类似分形的宇宙模式。在这个模型中，总的来说宇宙是永生的。宇宙的每一特定部分都可能来自过去的某一个奇点，有可能在将来的某一奇点结束。但是，整个宇宙的演化没有终点。

宇宙最初的起源则比较难以确定。有可能宇宙的所有部分都同时诞生于一个初始的大爆炸奇点。然而，这一假设已经不再是那么必要了。此外，在我们的宇宙树上，暴胀泡的总数随着时间的推移是呈指数增长的。因此，大多数暴胀泡（包括我们自己的这部分宇宙在内）都会长得远离宇宙树的主干。尽管从实用观点来看，这一模型使初始大爆炸的存在与否变得几乎无关紧要了，但我们可以把每一个暴胀泡的形成时刻看成是一个新的大爆炸。从这个角度来看，暴胀已不再如我们过去认为的那样是大爆炸理论的一部分。相反，大爆炸是暴胀理论的一部分。

在考虑宇宙的自我复制过程时，人们不可避免地会拿它进行类比，尽管相似性只是停留在最表面上。你可能会想到，这一过程是否类似于我们的经历呢？过去的某个时刻，我们出生了。最终，我们会死亡，我们的全部思想、感觉和记忆都会消失。但有人生活在我们出生之前，也有人生活在我们死后，而且人类作为一个整体，如果足够聪明的话，是能长久生存下去的。

暴胀理论表明,宇宙也可能会发生类似的过程。这样的事实可能会让你更乐观一点——即使我们的文明灭亡了,在宇宙的其他一些地方也会有生命一次又一次地、以所有可能的形式出现。

情况是否会变得更为古怪呢? 答案是肯定的。到此为止, 我们考虑的是只有一个标量场的最简单暴胀模型, 它仅有一个势能的最小值。同时, 一些基本粒子理论提出了多种标量场供选择。例如, 在弱、强和电磁相互作用的统一理论中, 至少还有另外两种标量场。这些标量场的势能可以有若干不同的最小值。这意味着, 同一个理论可能有不同的真空态, 不同的真空态对应着不同类型的基本相互作用对称破缺, 其结果就是不同的低能物理定律 (在极高能量下粒子的相互作用与对称破缺无关)。

标量场的这些复杂情况意味着, 宇宙在暴胀之后可分裂成各具不同低能物理定律的指数膨胀区域。要注意的是, 即使整个宇宙最初具有一个特定的势能最小值, 也就是开始于同一状态, 这种分裂也会发生。实际上, 大的量子涨落会导致标量场从它们的势能最小值跃迁出来。也就是说, 它们能把某些球从碗内摇晃出来, 让它们落入另一个碗内。每一个碗都有着另外一套粒子相互作用定律。在某些暴胀模型中, 量子涨落如此之强烈, 甚至空间和时间的维数也会发生改变。

如果这类模型是正确的, 仅仅依靠物理学是无法对我们所在宇宙的性质做出完整解释的。同一个物理定律可以得出若干个具备不同特性的宇宙区域。根据这类模型, 我们之所以位于这样一个具有我们熟知的物理定律的四维区域内, 并不是因为其他具备不同维数和不同特性的区域不可能存在或存在概率太低, 仅仅是由于我们这样的生命形态在其他区域内不可能存在。

这是否意味着, 要了解宇宙中我们这部分区域的所有特性, 除了物理学知识外还需要深入研究我们本身的性质, 或许甚至还包括我们意识的性质呢? 这肯定是暴胀理论的最新进展所得出的一个最出乎意料的结论。

暴胀理论演变出了一个全新的宇宙模型, 它显然不同于旧的大爆炸理论, 甚至也不同于暴胀理论最初的那些版本。在这一新宇宙模型中, 宇宙看来既是混沌的又是均一的, 既是膨胀的又是静止的。我们的宇宙家园在增大、波动, 并且以所有可能的形式永恒地复制其自身, 好像是在调整自己, 来供养所有可能的生命类型。

我们希望, 最新的暴胀理论的某些部分在未来能经受住考验。这一新理论的其他部分应该会进行大幅度的修改, 以符合新的观测数据和一直在变化的基本粒子理论。不管怎样, 过去这些年, 宇宙学的发展已不可逆转地改变了我们对宇宙结构和命运的认识, 以及对我们自己所在地方的认识。

暗宇宙里的隐秘生活

冯孝仁（Jonathan Feng）

一位理论物理学家，在粒子物理学和宇宙学的交叉领域专门从事暗物质研究工作。现为美国加利福尼亚大学欧文分校物理学及天文学教授。他戏称自己上辈子是吹小号的。

马克·特罗登（Mark Trodden）

研究粒子物理学和宇宙学。他是美国宾夕法尼亚大学粒子宇宙学研究中心副主任，也是著名物理学博客Cosmic Variance的作者之一。在没有为宇宙冥思苦想的时候，他经常会坐在繁忙的厨房里品尝红酒。

精彩速览

- 两条互不相干的理由让科学家相信，宇宙中充斥着某种未知形式的物质——暗物质。一是恒星、星系和气体云团的运动方式，就好像它们受到了不可见物质引力的牵引；二是放射性衰变等过程提出的难题，可以用一些迄今未知的粒子来合理解释。
- 通常认为暗物质由WIMP构成，这种粒子几乎不与可见世界发生相互作用。孤僻是它的必要条件。
- 或者至少可以说，这是常见的假设。暗物质有没有可能实际上拥有丰富精彩的内部生活？努力想弄明白暗物质由什么东西构成的粒子物理学家认为，它们能够通过一大堆作用力发生互动，其中就包括某种我们的眼睛完全不可见的"光"。

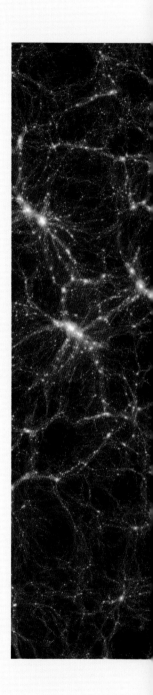

1846年9月23日，德国柏林天文台台长约翰·戈特弗里德·伽勒（Johann Gottfried Galle）收到一封信，一封即将改变天文学发展进程的信。寄这封信的是一个法国人，名叫奥本·勒威耶（Urbain Le Verrier）。他一直在研究天王星（Uranus）的轨迹，得出了如下结论——天王星的轨迹无法用当时已知的、作用于其上的引力来完全解释。于是勒威耶提出，必定存在一个当时尚未被观测到的天体，它的引力干扰了天王星轨道，而且干扰方式刚好能够解释观测到的异常运动。就在当天晚上，伽勒将望远镜瞄向了勒威耶指明的方向，发现了太阳系的第八大行星——海王星（Neptune）。

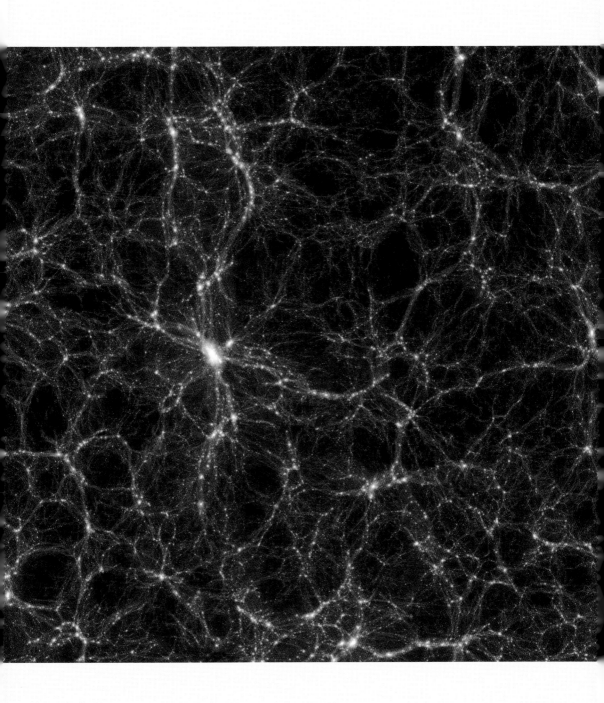

历史在现代宇宙学中再度上演——天文学家观测到宇宙中的异常运动，推测存在新的物质，然后努力去寻找它们。这次扮演天王星角色的是恒星和星系，我们看到它们正以一种不应该有的方式在运动，扮演海王星角色的则是我们推断存在却迄今未能观测到的东西，现在暂时被称为暗物质（dark matter）和暗能量。根据我们看到的那几类异常现象，我们能够搜集到一些与它们有关的基本事实。暗物质似乎是一片不可见粒子的海洋，它们充斥在空间各处，密度并不均匀；暗能量则均匀分布，就好像与空间本身的结构交织在了一起。科学家还没能再现伽勒当年的壮举——将望远镜指向天空，便明确无误地瞥见了未被看到的目标，但令人心动的线索及暗示，比如粒子探测器里的神秘信号，数量却在不断增长。

尽管海王星是作为暗中影响天王星的一股神秘力量而被发现的，但它本身也是一颗令人着迷的星球。这样的情况会在暗物质和暗能量身上再现吗？尤其是暗物质，科学家开始考虑这样一种可能性——暗物质并非只是为解释可见物质异常运动而发明出来的抽象概念，而是宇宙隐藏起来的另一面，内部有着丰富精彩的活动。它或许由许多种不同的粒子构成，通过自然界中的全新作用力发生相互作用——这样一个完整的宇宙，静悄悄地与我们自己的宇宙交织在了一块。

宇宙隐暗面

这些想法与科学家一贯沿用的如下假设有所出入，即暗物质和暗能量是宇宙中最不擅长"交际"的东西。自从20世纪30年代天文学家首次推断暗物质存在以来，他们就把"不与其他东西相互作用"当成了暗物质的招牌属性。天文观测暗示，暗物质的总质量是普通物质的6倍。星系和星系团全都被巨大的暗物质球包裹，天文学家称之为"暗物质晕"（dark matter halo）。如此大量的物质居然能避开直接检测，天文学家据此推论：暗物质必定由几乎不与普通物质互动、当然彼此间也几乎不发生相互作用的粒子构成。它们唯一的作用，就是为发光物质搭建引力"脚手架"。

天文学家认为，暗物质晕在宇宙早期率先形成，然后才把普通物质吸引了进来。普通物质由于拥有一系列丰富多样的互相作用能力而发展出了错综复杂的结构，毫无生气的暗物质却依然停留在原始状态。至于暗能量，它唯一的作用似乎就是加速宇宙膨胀，而且现有证据表明，自宇宙诞生以来，暗能量就完全没有发生过任何变化。

推动人们对"暗物质可能会更有生气"产生预期的，与其说是天文研究，倒不如说是对原子内部运作机制和亚原子粒子微观世界的细致探索。粒子物理学家有这样一个传统：能够在已知物质的行为当中看出未知物质形式的蛛丝马迹。他们的证据提供了完全独立于宇宙中异常运动的另一条线索。

对于暗物质而言，这条思路最早可以追溯到20世纪初放射性 β 衰变的发现。为了解释放射性 β 衰变这种现象，当时的意大利理论学家恩里科·费米（Enrico Fermi）假定，自然界中存在一种新的作用力和一类新的作用力传递粒子，是它们导致了原子核的衰变。新的作用力类似于电磁力，新的粒子则类似于光子——不过有一个至关重要的不同点。光子没有质量，因而运动能力超强，费米却主张这些新粒子必须很重。它们的质量会限制它们的活动范围，这样才能解释为什么这种作用力能够导致原子核分裂，却无法在其他情况下被人察觉。为了能够再现出观测到的放射性同位素的半衰期（half-life），这些新粒子必须很重——大约是质子质量的100倍，换算成粒子物理学里的标准单位，就是大约100 GeV（十亿电子伏特）。

这种新的作用力现在被称为弱核力，假想中的弱核力传递粒子则是W粒子和Z粒子，已经在20世纪80年代被人发现。它们本身并不是暗物质，但它们的性质暗示了暗物质的存在。按照粒子物理学家的经验来推测，它们不应该有这么重才对。这么大的质量暗示，有东西在对它们施加影响——新的粒子导致它们承担了更多的质量，就好像一位朋友老是诱惑你再多吃一块蛋糕一样。大型强子对撞机的一项任务就是要寻找这些粒子，它们的质量应该跟W粒子和Z粒子的质量相当。事实上，物理学家认为排着队等待被发现的粒子或许多达好几十种——按照超对称（Supersymmetry）原理，每种已知粒子都有一种未知粒子与它对应。

在这些假想的粒子当中，有一大类被统称为弱相互作用大质量粒子（weakly interacting massive particle，WIMP）。之所以起这个名字，是因为这些粒子只通过弱核力发生相互作用。由于跟主宰着日常世界的电磁力完全"绝缘"，这些粒子根本是看不见的，也几乎不会对普通粒子产生任何直接的影响。因此，它们成了今天宇宙中暗物质的完美候选者。

不过，这些粒子能否真正解释暗物质，还取决于它们的数量有多少。而这，正是粒子物理学观点真正吸引眼球之处。与其他任何种类的粒子一样，WIMP也是在宇宙大爆炸的"烈焰"中产生的。在宇宙的极早期，高能粒子碰撞既能创造WIMP，也能摧毁WIMP，因而在任意时刻，都会有一定数量的WIMP存在。这一数量会随时间而变，具体取决于受宇宙膨胀驱动的两个相互抵触的效应。第一个效应是宇宙这锅"原汤"的冷却，这会降低可用于产生WIMP的能量，因此它们的数量会减少。第二个效应是粒子的稀释，这会降低粒子碰撞发生的频率，直到碰撞实际上不再发生为止。到了此时，也就是大爆炸后大约10纳秒（nanosecond，十亿分之一秒），WIMP的数量便被冻结了下来。宇宙不再拥有创造

WIMP粒子所需的高能量，也不再具备摧毁它们所需的高密度。

根据WIMP的预期质量以及它们的相互作用强度（这决定了它们彼此湮灭的发生频率），物理学家很容易就能计算出应该会有多少WIMP被保留下来。令人惊讶的是，这样计算出来的WIMP数量不多不少，在质量和相互作用强度的估算精度之内，刚好能够解释今天宇宙中的暗物质。如此不同寻常的吻合，被科学家称为"WIMP巧合"（WIMP coincidence）。为解决粒子物理学领域的百年难题而被提出的粒子，就这样干净利落地解释了宇宙学的观测事实。

这条证据链同样暗示，WIMP几乎不发生相互作用。简单估算一下就能够预言，从你开始阅读这本书时算起，已经有将近十亿个这样的粒子从你的身体里穿过，除非你极其幸运，否则不会有任何一个粒子产生任何可以识别的影响。平均需要一年的时间，你才有可能遇到一个WIMP，被你细胞里的原子核散射，释放出极其微弱的能量。为了有希望检测到这样的事件，物理学家建起了粒子探测器，长期监测大量的液体或者其他物质。天文学家还在寻找星系中的辐射爆发现象，这可能标志着在星系中盘旋的WIMP发生了罕见的碰撞及湮灭事件。寻找WIMP的第三种方法，则是在地球上的实验室里尝试着去合成它们。

比 WIMP 更孤僻

科学界正投入巨大精力专注于搜寻WIMP，或许给人留下了这样的印象：这些粒子是理论上暗物质的完美候选者。果真如此吗？事实上，粒子物理学领域最近取得的一些进展，已经揭露了其他的可能性。这些研究暗示，WIMP只是浮于水面之上的冰山一角。潜藏在水面之下的，可能是一些隐秘的世界，它们都有着自己的物质粒子和作用力。

这些进展之一，就是提出了比WIMP更"孤僻"的粒子。理论暗示在大爆炸后1纳秒中诞生的WIMP可能是不稳定的。短则几秒、长则数天之后，它们就会衰变成一类新的粒子，质量差不多，但不会再通过弱核力发生相互作用——引力是它们与外部自然界发生联系的唯一方式。物理学家开玩笑地称它们为超级WIMP（Super-WIMP）。

这一进展的重点在于，是这些粒子，而不是WIMP，构成了今天宇宙中的暗物质。超级WIMP能够避开直接观测式搜索，但仍有可能推断出它们的存在，因为它们会在星系形状上留下"泄露天机"的印记。星系形成之初，超级WIMP会高速运动，速度接近光速。它们需要一段时间才能停下脚步，而只有在此之后，星系才有可能开始形成。这么一延迟，在宇宙膨胀把物质稀释之前，留给星系中心吸积物质的时间就会减少。因此，暗物质晕中心的密度应该就能揭示，构成暗物质的到底是WIMP还是超级WIMP。这也是天文学家正在检验的方法。此外，WIMP衰变成超级WIMP的过程应该会产生光子或电子等副产物，这些粒子能够把轻原子核撞碎。有证据表明，宇宙中的锂元素比理论预期的要少，超级WIMP模型是解释这一差异的唯一办法。

超级WIMP模型还为实验物理学家可能观测到的现象开创了全新的可能。比方说，如果构成暗物质的是超级WIMP而非WIMP，那后者就没必要非得是"暗"的不可，也没必要非得这么"孤僻"——它可以带一个电荷。不管它带什么电荷，都不会对宇宙的演化产生影响，因为这种粒子很快就衰变掉了。然而，带电荷的WIMP在探测器里会非常扎眼。如果实验物理学家能够重新创造出它们的话，粒子探测器会把它们标记为"加强版"电子：拥有与电子一样的电荷，质量却至少大了10万倍，这样的粒子会华丽丽地穿过探测器，在身后留下一条壮观的轨迹。

暗作用力与隐秘世界

超级WIMP模型给我们上了重要的一课：无论是从理论上还是从观测上，暗物质都没有任何理由像天文学家倾向于假定的那样毫无生气。一旦承认这些看不见的粒子可能拥有超出标准WIMP模型范畴的性质，考虑各种各样的可能性就成了一件自然而然的事情。有没有可能存在一整套看不见的粒子？会不会有一个跟我们一模一样的隐秘世界，包含着我们看不见的电子和质子，构成我们看不见的原子和分子，再构建起我们看不见的行星和恒星，甚至演化出我们看不见的人类呢？

存在一个跟我们一模一样的隐秘世界，这种可能性早就被细致地探讨过了。这样的讨论最早可以追溯到1956年，当时杨振宁和李政道在后来获得诺贝尔奖的那篇论文上，对此展开过一段即兴讨论。后来又有更多科学家加入到了讨论当中，包括澳大利亚墨尔本大学（University of Melbourne）的罗伯特·富特（Robert Foot）和雷蒙德·沃尔卡斯（Raymond Volkas）。这个想法确实令人心动。被我们当作暗物质的东西，会不会真的是一个跟我们一模一样的隐秘世界存在的证据？那里会不会有我们看不见的物理学家和天文学家，正透过他们的望远镜观察他们的世界，而且也在困惑他们的暗物质是什么——而实际上，他们的暗物质正是我们自己呢？

遗憾的是，基本的观测事实表明，隐秘世界不可能跟我们看得见的这个世界一模一样。首先，暗物质的数量是普通物质的6倍。其次，如果暗物质的行为与普通物质一样，暗物质晕会像银河系里的银盘一样扁平——这会对它们的引力产生重大影响，却从来没有被观测到。最后，如果存在跟我们世界里一模一样的隐秘粒子，宇宙膨胀会受到影响，改变早

谁潜伏在阴影中

现代科学仪器已经揭露宇宙中存在不可见的物质和能量，但构成它们的东西到底是什么，还没有浮出水面。

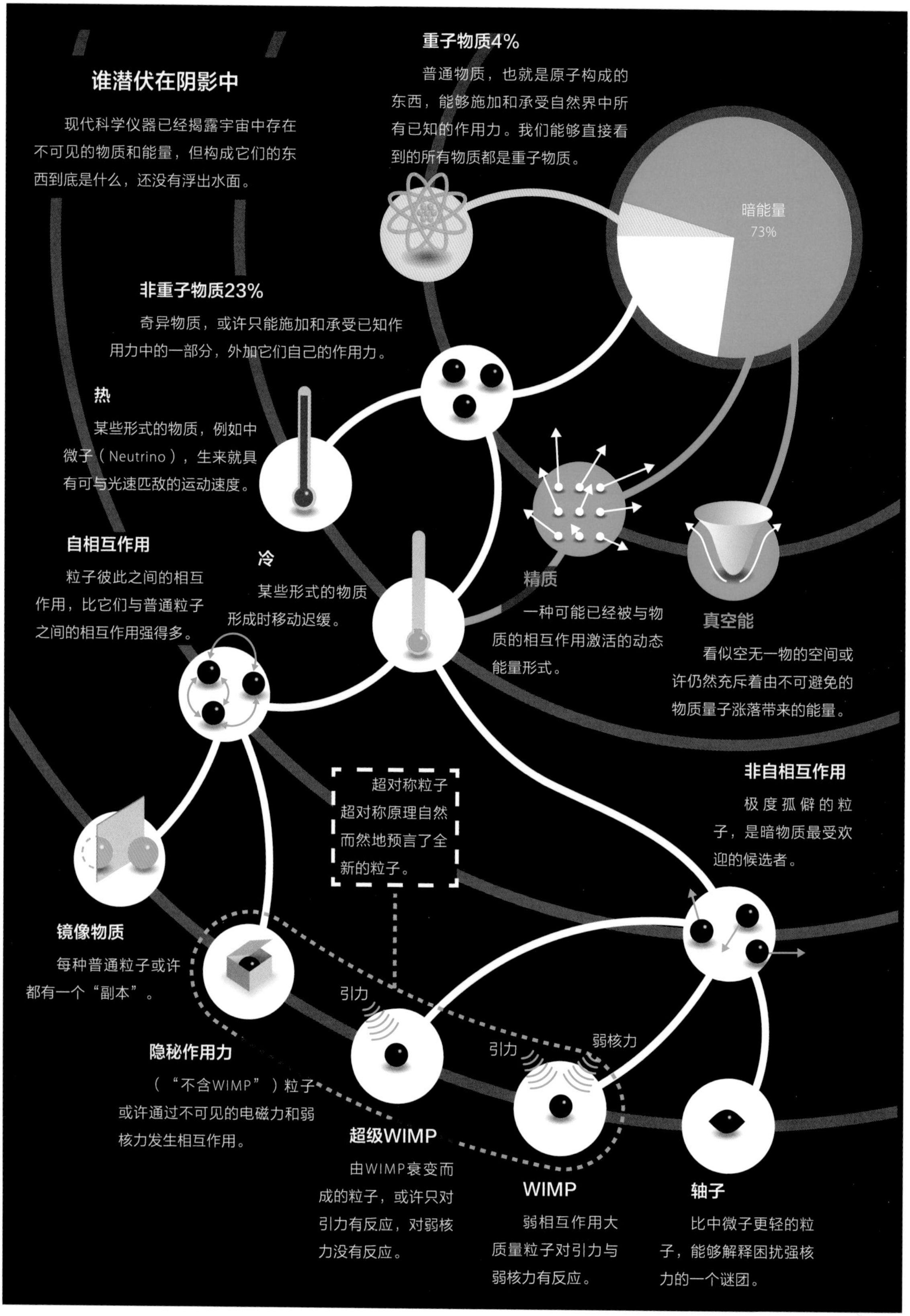

重子物质4%

普通物质，也就是原子构成的东西，能够施加和承受自然界中所有已知的作用力。我们能够直接看到的所有物质都是重子物质。

暗能量 73%

非重子物质23%

奇异物质，或许只能施加和承受已知作用力中的一部分，外加它们自己的作用力。

热

某些形式的物质，例如中微子（Neutrino），生来就具有可与光速匹敌的运动速度。

自相互作用

粒子彼此之间的相互作用，比它们与普通粒子之间的相互作用强得多。

冷

某些形式的物质形成时移动迟缓。

精质

一种可能已经被与物质的相互作用激活的动态能量形式。

真空能

看似空无一物的空间或许仍然充斥着由不可避免的物质量子涨落带来的能量。

非自相互作用

极度孤僻的粒子，是暗物质最受欢迎的候选者。

超对称粒子
超对称原理自然而然地预言了全新的粒子。

镜像物质

每种普通粒子或许都有一个"副本"。

引力

隐秘作用力

（"不含WIMP"）粒子或许通过不可见的电磁力和弱核力发生相互作用。

引力

弱核力

超级WIMP

由WIMP衰变而成的粒子，或许只对引力有反应，对弱核力没有反应。

WIMP

弱相互作用大质量粒子对引力与弱核力有反应。

轴子

比中微子更轻的粒子，能够解释困扰强核力的一个谜团。

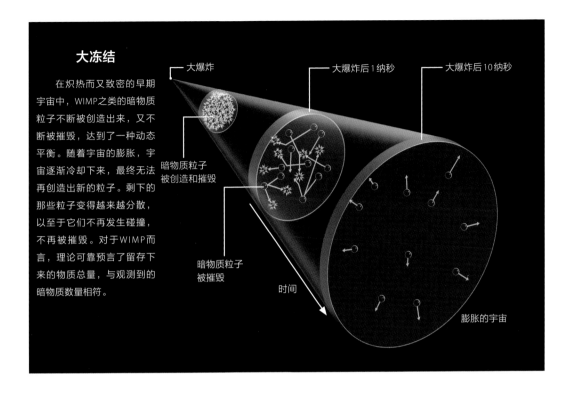

大冻结

在炽热而又致密的早期宇宙中，WIMP之类的暗物质粒子不断被创造出来，又不断被摧毁，达到了一种动态平衡。随着宇宙的膨胀，宇宙逐渐冷却下来，最终无法再创造出新的粒子。剩下的那些粒子变得越来越分散，以至于它们不再发生碰撞，不再被摧毁。对于WIMP而言，理论可靠预言了留存下来的物质总量，与观测到的暗物质数量相符。

大爆炸

大爆炸后1纳秒

大爆炸后10纳秒

暗物质粒子被创造和摧毁

暗物质粒子被摧毁

时间

膨胀的宇宙

期宇宙中氢和氦的合成；宇宙中元素构成的测量结果排除了这种可能性。这些证据都对存在我们看不见的隐秘人类提出了强有力的反对。

也有科学家认为，隐秘世界可能确实是由多种粒子和作用力构成的一个复杂网络。在一系列研究中，包括冯孝仁（本文作者之一）和美国夏威夷大学马诺阿分校的（University of Hawaii at Manoa）雅松·库马尔（Jason Kumar）在内的一些科学家发现，推导出WIMP模型的同一个超对称理论框架，还允许存在其他一些不同的模型，那些模型中没有WIMP，却存在许多其他类型的粒子。不仅如此，在许多不存在WIMP的模型当中，这些粒子彼此间还会通过最新假设的多种暗作用力（dark force）发生相互作用。我们发现，这样的暗作用力会改变早期宇宙中粒子被创造和摧毁的速率，不过同样，这些数字经过计算之后，可以剩下适当数量的粒子用来解释暗能量。这些模型预言，伴随暗物质一同出现的，或许是一种隐秘的弱核力，甚至更不同寻常，是一种隐秘的电磁力，这意味着暗物质或许会发射和反射隐秘光。

当然，这种隐秘光我们是看不见的，因此暗物质依然是暗的。不过，暗作用力能够产生非常显著的效应。比方说，两团暗物质云对穿时，暗作用力能够扭曲暗物质云的形状。天文学家已经在著名的子弹星系团（Bullet Cluster）中搜寻过这种效应，这个天体正是由两个对穿的星系团构成的。观测表明，星系团短暂的混合没有给暗物质带来太大的干扰，暗示任何暗作用力都不会非常强大。研究者目前正在其他天体中继续展开搜寻。

暗作用力还让暗物质粒子能够彼此交换能量和动量，这一过程倾向于使暗物质均匀化，导致原本不对称的暗物质晕变成球形。这种均匀化过程在被称为"矮星系"（dwarf galaxy）的小星系中表现应该最为显著，那里的暗物质运动缓慢，粒子总是逗留在彼此附近，微弱的效应也有时间积累起来。如果观测到小星系的暗物质晕整体上要比大星系的更圆一些，这或许就是泄露天机的信号，表明暗物质在通过暗作用力发生互动。天文学家才刚刚开始进行此类研究。

从暗物质到暗能量

同样令人心动的另一种可能性是，暗物质与暗能量会发生相互作用。现有的大多数理论将它们当成是互不相关的两样东西，但没有任何真正的理由表明它们非得如此不可。物理学家现在已经在考虑它们可能会如何相互影响了。他们希望两者之间的关联能够缓解一些宇宙学难题，比如"巧合问题"（coincidence problem）——为什么宇宙中暗能量和暗物质的密度刚好差不多？暗能量的密度大约是暗物质的3倍，但两者完全可以相差1000倍甚至100万倍。如果暗物质通过某种方式导致了暗能量的出现，这样的巧合就可以理解了。

与暗能量的关联或许会让暗物质粒子彼此之间通过一些普通粒子无法做到的方式发生互动。最近提出的一些模型允许，有时候甚至要求，暗能量对暗物质施加一种不同于它们施加在普通物质上的作用力。在这种作用力的影响下，暗物质会倾向于跟任何已经与它交织在一起的普通物质拉开距离。2006年，美国加州理工学院的马克·卡米翁科沃斯基（Marc Kamionkowski）和当时任职于加拿大多伦多理论天体物理研究所的迈克尔·凯斯登（Michael Kesden）提议，在已经被较大的近邻星系扯得四分五裂的矮星系里寻找这种效应。以正在被银河系肢解的人马座矮星系（Sagittarius dwarf galaxy）为例，天文学家认为它的暗物质和普通物质已经涌入银河系。卡米翁科沃斯基和凯斯登计算后发现，如果施加在暗物质和普通物质上的作用力相差超过4%，那么无论谁强谁弱，这两种物质都会逐渐疏远到一种能够被观测到的程度。然而，到现在为止，观测数据没有显示出任何疏远的迹象。

另一个想法是，暗物质和暗能量之间的关联会改变宇宙中物质结构的成长，这取决于包括暗物质和暗能量在内的宇宙组分，而且相当灵敏。包括特罗登（本文作者之一）及其

各种各样的"衰人"

超级WIMP是标准WIMP模型之外被人提出的第一类暗物质粒子。这个术语故意取了反讽之意：这些粒子被称为超级WIMP，不是因为它们比WIMP更强大，而是因为它们更"懦弱"：它们只通过引力作用与普通物质发生互动。

	重子	WIMP	超级 WIMP
引力	☑	☑	☑
电磁力	☑	☐	☐
弱核力	☑	☑	☐
强核力	☑	☐	☐
可能的暗作用力	☐	☑	☑

在WIMP模型（下图左列）中，WIMP直接为星系形成提供种子。而在超级WIMP模型（下图右列）中，WIMP衰变成超级WIMP，再由超级WIMP为星系形成提供种子——相对于WIMP模型有所延迟。

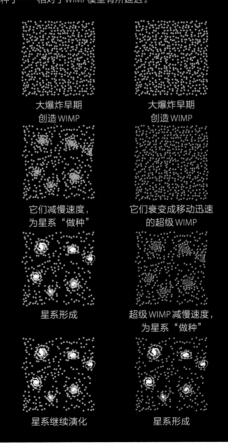

大爆炸早期
创造 WIMP

大爆炸早期
创造 WIMP

它们减慢速度，
为星系"做种"

它们衰变成移动迅速
的超级 WIMP

星系形成

超级 WIMP 减慢速度，
为星系"做种"

星系继续演化

星系形成

怎样去看不可见之物

迄今为止，天文学家对暗物质的所有了解，都来源于它对可见物质施加的引力影响。但是，如果想查明暗物质到底是什么，他们就必须直接检测它。这并不容易，因为暗物质按照定义就是不可见的物质，注定是难以捉摸的。尽管如此，仍有数以千计的研究人员在寻找暗物质，因为确定了它的身份，就相当于发现了占宇宙1/4的成分。他们的大多数努力都集中于寻找WIMP，寻找这些粒子的湮灭、散射和产生是三种常见的搜寻策略。

湮灭

两个WIMP相遇时，它们会相互湮灭，留下一团其他粒子，比如电子、正电子和中微子等。这样的湮灭不可能非常普遍，否则现在就不会有WIMP留下来了。幸运的是，现有实验设备足够灵敏，哪怕只有极少一部分WIMP发生湮灭，也足以被察觉。

高空气球和卫星上的探测器曾经寻找过电子和正电子。2011年，航天飞机将阿尔法磁谱仪带上国际空间站，它被安置在那里搜寻正电子。其他的观测站，比如日本的超级神冈（Super-Kamiokande）和南极的冰立方（IceCube），则在监视中微子。

直接检测

暗物质在穿过星系的同时，应该也会从地球中穿过。在罕见的情形下，一个WIMP会撞到一个原子核，导致原子核弹跳，就像一颗台球被母球击中一样。虽然这种弹跳的能量几乎无法察觉，但有可能落在灵敏探测器的检测范围之内。低温技术可以减慢原子核的自然振动，让任何弹跳都更容易被检测到。堆积在探测器里的能量掌握着关键信息，能够确定暗物质的基本性质。DAMA和CoGeNT这两项实验已经宣称发现了一个信号（下图），但后续的XENON和超级CDMS之类的其他实验什么都没观测到。这样或那样的新实验正在迅速改进它们的灵敏度，这一领域有望在不久的将来做出令人兴奋的发现。

产生

暗物质或许可以在粒子对撞机中产生，比如日内瓦附近欧洲核子研究中心的大型强子对撞机，这个超大型实验装置让质子以极高的能量对撞。暗物质的产生就是暗物质湮灭的反演：如果暗物质可以湮灭成普通粒子，那它就可以通过普通粒子的碰撞而产生。暗物质产生的标志，就是碰撞中似乎有能量和动量消失，这意味着对撞已经产生了一些孤僻的粒子，又在探测器没有记录到的情况下逃走了。这些设计用来揭露亚原子世界秘密的巨型实验装置，最终可能会发现在宇宙中占据主导的物质形式。

宣称已经检测到暗物质粒子的实验

实验简称	CDMS	DAMA	CoGeNT	PAMELA
全称是什么	Cryogenic Dark Matter Search（低温暗物质搜寻）	DArk MAtter（暗物质）	Coherent Germanium Neutrino Technology（相干锗中微子技术）	Payload for Antimatter Matter Exploration and Light-nuclei Astrophysics（反物质－物质探测与轻核天体物理学载荷）
在哪里	美国明尼苏达州苏丹矿	意大利格兰萨索山地下实验室	美国明尼苏达州苏丹矿	搭载在俄罗斯卫星上
发现了什么	两次弹跳事件	弹跳事件数目的年际变化	多次弹跳事件	检测到过多正电子
为什么信号可能是真的	直接的、符合预期的暗物质信号	具有统计学意义	对超低能弹跳事件灵敏	直接的、符合预期的暗物质湮灭信号
为什么可能不是真的	无统计学意义	明显被其他结果排除	可能由普通的核物理过程产生	可以用其他天体物理学源头来解释
哪些实验会后续观测	超级CDMS，XENON	XENON，MAJORANA验证实验	XENON，MAJORANA验证实验	阿尔法磁谱仪

银色子弹

著名的子弹星系团是天文学家手中最令人信服的暗物质存在的证据之一。它实际上是一对相撞的星系团。碰撞并没有影响星系里的恒星（可见光图像），因为在星系团尺度下，恒星实在是太小了，但星际气体云狠狠地碰撞在了一起，释放出X射线（粉色）。暗物质（蓝色）的引力扭曲了背景天体发出的光，暴露了它自身的存在。暗物质与恒星依然交融在一起——表明不论是什么粒子构成了暗物质，它们都非常不喜欢发生相互作用。

同事——雷切尔·比恩（Rachel Bean）、埃亚纳·弗拉纳根（Eanna Flanagan）和美国康奈尔大学伊斯特万·拉斯洛（Istvan Laszlo）在内的一些研究者，最近已经利用这种关联，排除了一大类理论模型。

尽管这些计算结果"毫无结果"，但理论上存在一个复杂隐秘世界的情形现在已经深入人心，以至于许多科学家认为，如果真的证明暗物质不过是一团团毫无差别的WIMP，反倒会令人大跌眼镜。毕竟，可见物质由一大堆各种各样的粒子构成，发生着由更深层次优美对称原理决定的多种相互作用，没有迹象表明，暗物质和暗能量会有任何不同。我们或许不会遇到暗恒星、暗行星或者暗人类，但就像我们很难想象没有了海王星、冥王星（Pluto）和一大堆更偏远天体的太阳系会是一个完整的太阳系一样，或许有朝一日，我们也将很难想象没有一个错综复杂而且令人着迷的隐秘世界的宇宙会是一个完整的宇宙。

组装量子宇宙

扬·安比约恩（Jan Ambjorn）

丹麦皇家学会会员，也是哥本哈根尼尔斯·玻尔研究所和荷兰乌得勒支大学的教授。他做泰国菜的手艺也名声在外。

耶日·尤尔凯维奇（Jerzy Jurkiewicz）

波兰国立克拉科夫雅盖隆大学（Jagiellonian University）物理研究所复杂系统理论部的负责人。他履历丰富，曾在哥本哈根尼尔斯·玻尔研究所工作。他在哥本哈根的海边领略到了航海的魅力。

雷娜塔·洛尔（Renate Loll）

荷兰乌得勒支大学的教授，她在那里领导着欧洲规模最大的量子引力研究组。此前，她曾供职于德国马普引力物理研究所。在难得的闲暇时光，洛尔喜欢弹奏室内音乐。

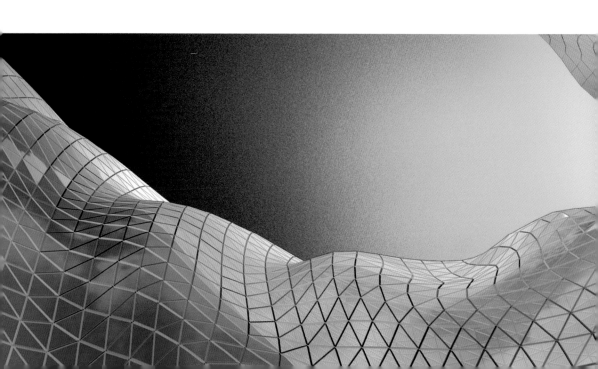

精彩速览

- 众所周知，量子理论和爱因斯坦的广义相对论相互矛盾，彼此格格不入。物理学家一直试图让两者和谐共处，合并为一种量子引力理论，但收效甚微。
- 一种新方法不用引入任何奇异成分，却提供了一条全新的途径，将现有的物理定律应用于时空的基本"微粒"。这些"微粒"按照固有定律构建时空结构，就像晶体中的分子一样。
- 这种方法表明，我们熟知的四维时空可以从一些基本要素中动态涌现。它还暗示，时空在小尺度上会平滑地蜕变成奇异的分形结构。

时间和空间由何而来？它们如何构成平滑的四维时空，为我们的物理世界提供舞台布景？在最小的尺度上，它们又是什么样子？诸如此类的问题横亘在现代科学的边缘，激励着人们去追寻量子引力理论，实现将爱因斯坦的广义相对论与量子理论统一起来的长久梦想。广义相对论描述时空形状如何在大尺度上千变万化，从而产生出我们所感受到的引力。相反，量子理论描述原子及亚原子尺度上的物理定律，完全不考虑引力效应。量子引力理论的目标则是，在最小的尺度（比如已知最小基本粒子之间的空隙）上，用量子规则来描述时空本质，并尝试用一些"基本组分"来解释时间和空间。

超弦理论（Superstring）常被形容为量子引力理论的最佳候选理论，但到目前为止，它还无法回答上述关键问题中的任何一个。不仅如此，超弦理论还遵循自身内在逻辑，提出了一个层次更加繁杂的体系，其中不仅包含许多奇异成分，它们之间的关系也错综复杂，能够产生众多可能存在的时空结构，数量多得令人眼花缭乱。即便如此，超弦理论仍是理论物理学界最受追捧的"超级高速公路"。

然而过去几年，我们几位合作者已经开发出另外一条康庄大道。这个替代理论的配方十分简单：找一些最基本的"时空砖瓦"，按照众所周知的量子引力理论的原理（很正常的那种）堆积在一起，充分搅拌后让它们自发沉淀——这样就构建出了一个量子时空。整个过程简单明了，甚至在笔记本电脑上就可以模拟。

换句话说，如果我们把空无一物的时空看作某种"非物质"实体，由数量庞大且细小而没有结构的"砖瓦"构成，再按量子引力理论的简单原理，让这些"砖瓦"发生相互作用，它们就能自发形成一个整体，在很多方面看起来与可观测宇宙如出一辙。这个过程有些类似于分子结合成晶体或非结晶固体。

因此，时空也许更像一盘小炒，而不是精心装点的结婚蛋糕。此外，与其他量子引力理论相比，我们的配方显得非常稳定。就算我们在模拟中变更一些细节，结果也几乎不会有什么改变。这种稳定性让我们相信自己走对了路子。如果情况相反，最终结果对多如恒河之沙的"时空砖瓦"中每一块的确切位置都十分敏感，我们就会得到数量同样庞大且形状各异的时空结构，且每一种出现的可能性都相同——如此一来，我们就根本无从解释宇宙为什么会是现在这副模样了。

类似的自组装和自组织机制在物理学、生物学及其他科学领域中普遍存在。一大群欧椋鸟在空中的飞行模式就是一个优美的范例。每只鸟都只与身边少数几只鸟互有联系，并没有领头鸟告诉它们应该如何飞行，然而鸟群依然构成了一个整体共同飞行。鸟群所拥有的整体特性很难从单只鸟的飞行模式中看出来。这种整体特性自然显现的过程被称为"涌现"（emergent）。

量子引力简史

用某种涌现过程来解释时空量子结构的尝试，到目前为止成果寥寥。这些尝试都以欧几里得量子引力学为基础。欧几里得量子引力学是20世纪70年代末兴起的一个研究课题，后来通过物理学家史蒂芬·霍金的畅销书《时间简史》（A Brief History of Time）而广为人知。这个理论的基础是量子力学的一个基本原理：态叠加（Superposition）。任何一个

三角形拼图

为了弄清楚空间如何塑造自己，物理学家首先要对空间形状进行描述。他们把三角形及其高维等价物拼接起来，可以模拟任何一个弯曲形状。空间上某一点的曲率，可以通过围绕该点的三角形所拼成的总角度而反映出来。对于平直空间，这个角度刚好是360度，但是对弯曲空间来说，这个角度就可能大于360度，也可能小于360度。

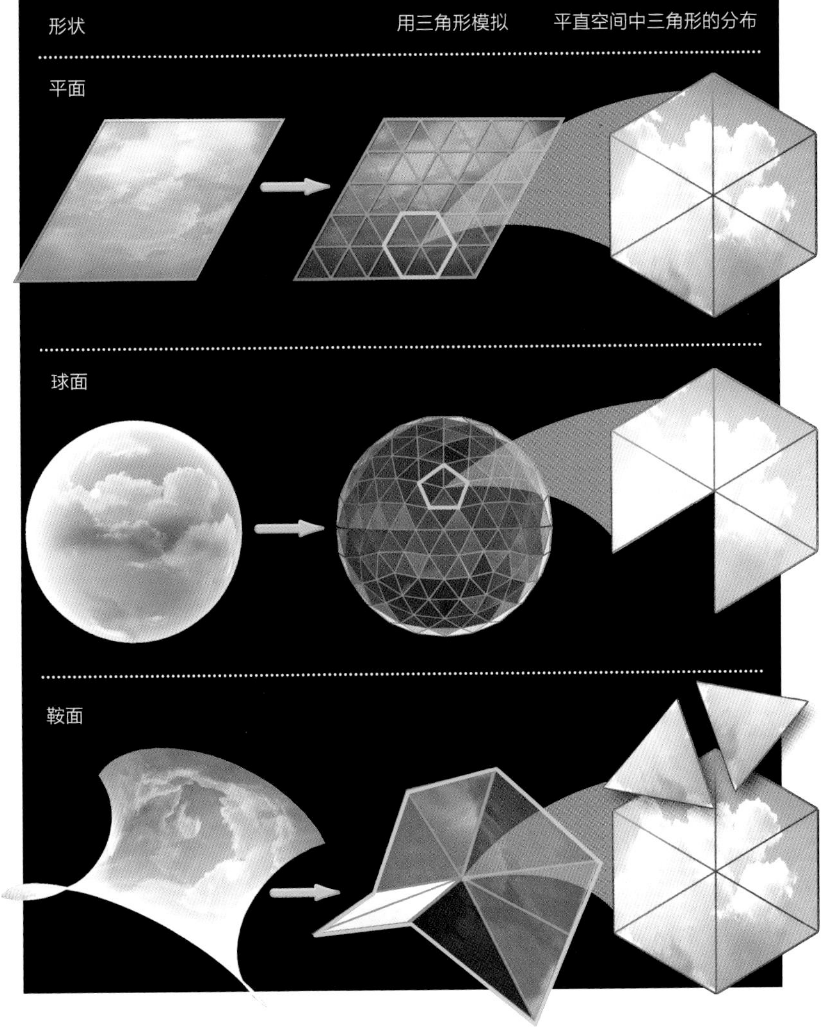

形状	用三角形模拟	平直空间中三角形的分布

平面

球面

鞍面

物体，无论是经典的还是量子的，都处在某个状态之中；这个状态由该物体的物理属性决定，比如说位置和速度。在经典理论中，物体的状态可以由一系列确定的数字来描述，但在量子理论中，物体的状态要复杂得多——它是该物体所有可能出现的经典状态的叠加。

　　举例来说，一个台球沿着一条位置和速度在任意时刻都精确可知的轨迹运动。但是对于比台球小得多的电子来说，用精确可知的运动轨迹来描述它的运动就不够好了。电子的运动要用量子规则来描述，也就是说电子可以同时具有很多不同的速度，且同时处于很多不同的位置。当一个电子不受任何外力从A点运动到B点时，它并非只选择从A到B的直线路径，而是同时选择A、B之间所有可能的路径。这种"同时选择所有可能路径"的定性说法可以翻译成精确的数学语言，利用诺贝尔奖得主理查德·费曼提出的公式，把所有可能性加权平均后，得到一个量子叠加态。

平均形状

　　时空可能拥有无数种形状。根据量子理论，我们最有可能观测到的形状，是所有可能形状的叠加，也就是加权平均。在用三角形构造形状时，理论学家根据每种形状的构造方式，给它们赋予一定的权重。本文作者发现，要让最后结果与实际观测吻合，这些三角形必须遵循一定的规则。确切地说，这些三角形必须内含时间箭头。

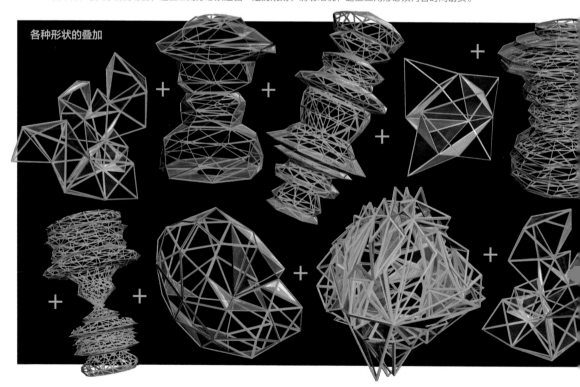

各种形状的叠加

利用这种数学描述，我们可以计算出在直线轨道以外的任意位置范围和速度范围内找到该电子的概率；而按照经典力学，我们应该预期电子只会沿这条直线轨道运动。粒子的运动模式对这条单一清晰轨道的偏离又被称为"量子涨落"（Quantum Fluctuation），这正是粒子所呈现出的明显的量子力学特性。我们考虑的物理体系越小，量子涨落就越重要。

欧几里得量子引力学将态叠加原理应用于整个宇宙。此时，叠加在一起的就不再是粒子运动的可能路径，而是整个宇宙随时间演化的所有可能的方式——确切地说，是时空可能具有的各种形状。为了方便研究，物理学家通常只考虑时空的常见形状和大小，而不去考虑每种情况下可以想象的每一种扭曲变形。

20世纪八九十年代，随着计算机模拟能力的增强，欧几里得量子引力学在处理技巧上取得了很大的飞跃。这些计算机模型用微小的"时空砖瓦"来表示弯曲的时空几何。为了方便起见，这些"砖瓦"被取成三角形。三角形网格可以有效逼近弯曲表面，因此在电脑动画中被频繁使用。对于时空来说，基本"砖瓦"是三角形的四维等价物，也就是所谓的"四维单形"（four-simplex）。就像把许多三角形的各个边粘接起来可以得到一张二维曲面一样，把四维单形的各个"面"粘接起来，就可以得到一个四维时空。（四维单形的一个"面"

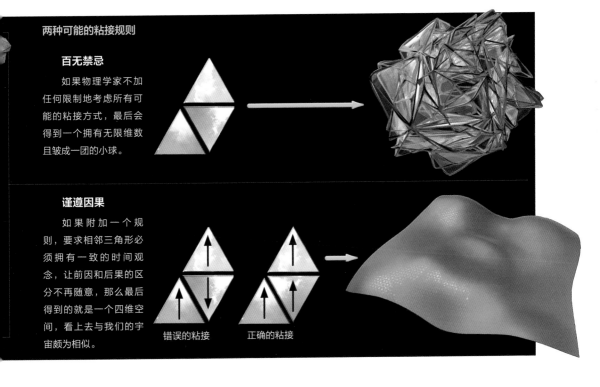

两种可能的粘接规则

百无禁忌

如果物理学家不加任何限制地考虑所有可能的粘接方式，最后会得到一个拥有无限维数且皱成一团的小球。

谨遵因果

如果附加一个规则，要求相邻三角形必须拥有一致的时间观念，让前因和后果的区分不再随意，那么最后得到的就是一个四维空间，看上去与我们的宇宙颇为相似。

错误的粘接　　正确的粘接

实际上是一个三维的四面体。）

这些微小的"砖瓦"本身并没有直接的物理意义。如果你能够拿一台超强显微镜观察真实的时空，你不会看到任何微小的三角形。它们仅仅是一个近似手段，只有把每一块"砖瓦"想象成大小为零时，它们的整体性质才能提供真正与物理有关的信息。在这种极端想象之下，我们一开始构建时空所用的"砖瓦"究竟是三角形、四方形、五边形或是其他各种各样的形状，都不会对结果产生任何影响。

这种对小尺度的各种细节并不敏感的性质又被称为"普适性"（universality）。在研究气体和液体中分子运动规律的统计力学中，普适性是一个众所周知的现象：无论气体和液体由哪种成分构成，它们的行为方式都大同小异。当系统由许多发生相互作用的组分构成，且整个系统的尺度远大于单独组分的尺度时，这个系统的许多性质便会显现出普适性。仍然以欧椋鸟群为例，单只鸟的颜色、大小、翼展和年龄就与鸟群整体的飞行模式完全无关。仅有少数微观细节能够在宏观尺度上反映出来。

皱成一团的宇宙

有了这些计算机模拟，量子引力学家开始探索时空形状（特别是极小尺度上高度弯曲的时空）相互叠加的效应，这是经典相对论无法处理的。这种"非微扰"（Nonperturbative）方法是物理学家最感兴趣的，但在计算只能依靠纸和笔的过去，这种方法根本不可能实现。

遗憾的是，这些模拟表明，欧几里得量子引力学在处理过程中明显漏掉了某个重要因素。量子引力学家发现，四维宇宙的非微扰叠加本身具有不稳定性。小尺度上时空弯曲的量子涨落代表着被叠加的不同宇宙对整体平均的贡献，它们并不能相互抵消构建出一个大尺度上平滑的经典宇宙。相反，这些量子涨落往往会相互增强，导致整个空间皱缩成一个具有无限维数的小球。在这样一个空间中，即使整个空间体积无限，其中任意两点的间隔仍然非常小。在某些情况下，空间会走向另一个极端，变得极度稀薄、极度延展，就像一张拥有许多枝杈结构的塑料薄膜。这两种情况都不可能构建出我们的真实宇宙。

在重新检查那些将物理学家引入死胡同的假设之前，我们要花点时间考虑一下上述结果的一个古怪之处。我们采用的"砖瓦"是四维的，但是它们构建的整体却是一个拥有无限维数的空间（皱缩宇宙）或者一个二维世界（塑料薄膜宇宙）。一旦允许真空中出现大规模量子涨落，就连维数这么基本的参数也会发生变化。这样的结果在经典引力理论中是不可想象的，因为经典理论中维数总是事先给定的。

另一个暗含的结果可能会让科幻迷感觉有些沮丧。科幻故事中常常会出现虫洞，就像附着在宇宙"茶壶"上的细把手，可以成为一条捷径连通本来相隔遥远的两个区域。虫洞之所以让人着迷，是因为它有可能实现时间旅行和超光速信号传递。尽管这些现象从未被观测到，但是物理学家推测，在目前仍然未知的量子引力学中，虫洞或许是可以存在的。不过，从欧几里得量子引力学的计算机模拟负面结果来看，虫洞存在的可能性微乎其微。虫洞会带来非常巨大的变化，以至于它们往往倾向于主宰宇宙态叠加，并让叠加变得不稳定，最后的结果是量子宇宙无法长大，最多只能是内部高度互连的一小块时空。

那些计算机模拟无法构建出我们真实的宇宙，问题出在哪里呢？我们尝试寻找欧几里得量子引力学中的疏漏之处，最终找到了那个为了让这盘"小炒"色香味俱全而必不可少的关键所在：宇宙必须包含物理学家所称的"因果律"（Causality）。因果律意味着空无一物的时空本身拥有某种结构，让我们可以明确无误地区分事件的原因和结果。这是经典的狭义相对论和广义相对论本身所固有的属性。

欧几里得量子引力学本身并不包含因果律。"欧几里得"一词意味着，在处理时间和空间的过程中，两者是完全相同的。参与欧几里得态叠加的宇宙具有四个空间方向，而不是通常的一维时间加三维空间。因为欧几里得宇宙里没有明确的时间概念，因此不具备将事件按特定顺序排列的结构；生活在这些宇宙中的人，日常用语中不会有"原因"和"结果"之类的词汇。霍金和其他采用这种方法研究量子引力理论的学者曾说过"时间是幻象"——无论从数学的角度还是从日常用语的角度，这种说法都颇有道理。他们曾希望，因果律这一大尺度性质，能够从不具有因果结构的微观量子涨落中涌现。但是，计算机模拟打破了他们的希望。

那种在构建宇宙时放弃因果律，希望它能在态叠加过程中重新出现的做法是行不通的，因此我们决定在构建宇宙的更早阶段引入因果结构。我们采用的方法在术语中称为"因果动态三角剖分"（Causal Dynamical Triangulation）。在这种方法中，我们先给每个单形指定一个从过去指向未来的时间箭头，然后强制执行因果粘接规则：两个单形在粘接时必须保证它们的时间箭头指向相同。这些单形必须拥有一个共同的时间概念，该时间按照这些时间箭头稳步流动，永不停歇或者反向流动。随着时间的推移，空间保持整体形状不变，既不能破裂成没有联系的碎块，也不能形成虫洞。

1998年发展出这套方法之后，我们在一些高度简化的模型中证明，因果粘接规则可以产生出不同于欧几里得量子引力学的大尺度形状。这些结果鼓舞人心，但并不等同于证明这些规则足以使一个完整的四维宇宙稳定存在。因此在2004年，当计算机上运行的第一次大型四维单形因果叠加模拟即将得出结果时，我们着实捏了一把汗：最终构建的时空在大尺度距离上会是一个四维延展结构，还是一个皱缩小球或者一张塑料薄膜呢？

最终的时空维数是4（确切地说，是4.02±0.1），可以想象当时我们有多高兴。这是有史以来第一次有人从"第一性原理"（first principles，这里指完全从量子力学基本原理出发）推导出实际观察到的维数。到目前为止，将因果律放回到量子引力理论模型之中，是能够消除时空几何叠加不稳定性的唯一已知的良方。

大尺度时空

这只是我们正在进行的一系列计算机模拟实验中的第一次，我们希望从这些计算机模拟中提取出量子时空的物理和几何属性。我们的下一步是研究大尺度上的时空形状，并检验模拟结果与真实时空是否吻合——也就是说，是否与广义相对论的预言一致。在非微扰量子引力理论模型中，这样的检验极具挑战性，因为这种模型并未假定时空应该具有哪种特定的形状。事实上，这种检验十分困难，包括弦理论（除了一些特例）在内的大多数量子引力候选理论都对此力不从心。

我们发现要让我们的模型有效，还必须从一开始就引入宇宙学常数。这是一种不可见的非物质实体，哪怕空间中不包含任何其他形式的物质和能量，宇宙学常数也照样存在。这样的要求是个好消息，因为宇宙学家已经发现了宇宙学常数对应的能量存在的观测证据。此外，涌现的时空遵从物理学家所说的德西特几何（de Sitter geometry），这恰恰是爱因斯坦宇宙学方程的一个解，描述了一个空无一物却包含宇宙学常数的宇宙。既不考虑任何对称性，也不考虑特定的几何结构，用完全随机的方式将微观"砖瓦"组装在一起，竟然得到了一个形状与遵循德西特几何的时空高度一致的大尺度时空——这一切真的很神奇。

我们的方法取得的一个重要成就是，让一个拥有正确物理形状的四维宇宙从第一性原理中涌现了出来。这个引人注目的结果是否与某些目前仍然未知的时空基本"原子"间的相互作用有关，这是接下来我们打算研究的课题。

在确信量子引力理论模型能够通过一系列经典检验之后，我们开始着手另一类实验，去探索爱因斯坦经典理论无法预测的独特的时空量子结构。其中一项扩散过程的模拟实验我们进行了很多次。这个实验类似于将一滴墨水滴入宇宙的叠加态中，观察它如何扩散，如何被量子扰动搅乱。一段时间之后，我们测量这滴墨水的大小，就能确定空间的维数（见249图文框）。

结果令人大吃一惊：空间维数取决于时空的尺度。换句话说，让这个扩散过程只进行一小会儿观测到的时空维数，不同于持续扩散很长时间后得到的时空维数。就算是我们这些专门研究量子引力的人也很难想象，时空怎么能随着观察者手中放大镜倍率的不同而平

空间的全新维数

日常生活中所说的维数，指的是确定某一物体的位置所需的最小测量次数。我们需要知道经度、纬度和海拔高度，才能确定地球上的一个位置。维数的这种定义暗示，空间是平滑的，并且服从经典物理定律。

但是如果空间并非如此循规蹈矩呢？如果空间形状由日常经验无法描述的量子过程决定，情况又会如何？此时，物理学家和数学家必须发展出更加复杂抽象的维数定义。维数甚至不必是整数，比方说分形——一种在所有尺度上看起来都一样的图形，它们的维数就可以不是整数。

整数维数

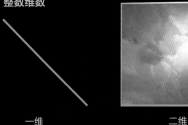

一维　　　　　　　　二维　　　　　　　　三维　　　　　　　　四维

分形维数

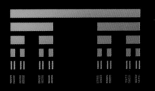

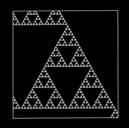

康托尔集（Cantor Set）

画一条线段，去掉中间 1/3，然后依此重复下去直到无穷，最后得到的分形结构比一个点要大，但是比一条连续的直线要小，它的豪斯多夫维数（参见下方）是 0.6309。

谢尔宾斯基镂垫（Sierpiński Gasket）

从一个三角形中重复切割出更小的三角形直到无穷，最后得到的图形介于一维的线和二维的面之间，它的豪斯多夫维数是 1.5850。

门格海绵（Menger Sponge）

从一个立方体中重复切割出更小的立方体直到无穷，最后得到的分形结构介于二维面和三维体之间，它的豪斯多夫维数是 2.7268，与人类大脑的维数接近。

广义的维数定义

豪斯多夫维数（Hausdorff Dimension）

由德国物理学家费利克斯·豪斯多夫（Felix Hausdorff）在 20 世纪初创立。这种定义的基本出发点是，一个区域的体积 V 取决于它的线性尺度 r。对于常见的三维空间来说，体积 V 正比于 r_3，这里的指数给出了空间维数。这里所说的"体积"，可以泛指其他对整体大小的度量，比方说面积。谢尔宾斯基镂垫的 V 正比于 $r_{1.5850}$，表明这个镂垫不能完全覆盖任何面积。

光谱维数（Spectral Dimension）

这种定义描述物体如何在介质中随时间扩散，无论是一滴墨水滴进水缸还是一种疾病在人群中扩散传播。水缸中的每个水分子或人群中的每个人都有一定数量的其他水分子或其他人与它最为靠近，这个数量决定了墨水或疾病扩散传播的速度。在三维介质中，一滴墨水的体积随时间的 3/2 次方扩散。如果这滴墨水滴到谢尔宾斯基镂垫上，它就必须渗过异常曲折的形状，因此它的扩散速度就会减慢——按时间的 0.6826 次方扩散，对应的光谱维数为 1.3652。

使用维数定义

一般来说，计算维数的方法不同，最后得到的维数也不同，因为不同方法考察的是几何的各个不同侧面。某些几何图形的维数是不固定的。比如，扩散过程有时候远比按时间的多少次方传播要复杂得多。

量子引力学的计算机模拟关注的是光谱维数。这些模拟设想往量子时空的某块"砖瓦"中滴一滴东西，让它从此处开始随机行走。一段时间之后，它所走过的时空"砖瓦"数目的总和，就可以揭示出时空的光谱维数。

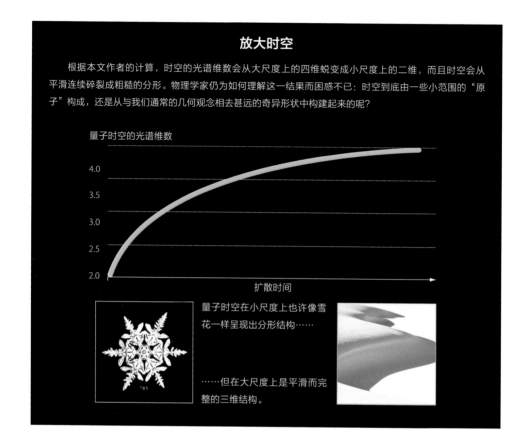

放大时空

根据本文作者的计算，时空的光谱维数会从大尺度上的四维蜕变成小尺度上的二维，而且时空会从平滑连续碎裂成粗糙的分形。物理学家仍为如何理解这一结果而困惑不已：时空到底由一些小范围的"原子"构成，还是从与我们通常的几何观念相去甚远的奇异形状中构建起来的呢？

量子时空的光谱维数

4.0
3.5
3.0
2.5
2.0

扩散时间

量子时空在小尺度上也许像雪花一样呈现出分形结构……

……但在大尺度上是平滑而完整的三维结构。

滑地改变维数。显然，一个小物体感受到的时空与一个大物体感受到的时空是完全不同的。对于那个小物体来说，宇宙拥有某些类似于分形（Fractal）的结构。分形是一类奇异的空间，大小这个概念在这种空间中根本不存在。它具有自相似性，也就是说无论在什么尺度上，它看上去都一样。这意味着，这种空间中不存在标尺，也没有其他拥有特定大小的物品可以充当衡量标准。

要小到什么程度才能感受到不同的时空呢？至少在 10^{-34} 米的尺度之上，量子宇宙还可以用经典的四维德西特几何来很好地描述，不过量子涨落会变得越来越显著。在如此之小的尺度上经典理论仍然有效，这确实很令人惊讶。对于极早期宇宙和极遥远未来的宇宙来说，这一点有着非常重要的意义。两种极端情况下的宇宙基本上都空无一物。在宇宙极早期，引力的量子涨落或许异常强烈，物质根本排不上号，只能像一叶扁舟飘摇在翻滚的量子涨落海洋中自身难保。数万亿年之后，由于宇宙的快速膨胀，物质将变得极为稀薄，因此也发挥不了什么作用。我们的方法能够解释这两种情况下的宇宙形状。

　　如果尺度变得更小，时空的量子涨落就会更加强大，甚至让经典而直观的几何概念土崩瓦解。时空的维数会从经典的四维下降到大约二维。尽管如此，就目前我们所知，这种情况下的时空仍然是连续的，不会出现任何虫洞。此时的时空并不像已故物理学家约翰·惠勒和许多其他人所想象的那样，会变成一片不断翻滚的时空泡沫。时空几何将遵循一套非标准且非经典的规则，但距离这个概念仍然存在。我们目前正在探索更为精细的尺度。宇宙有可能在某一尺度之下变得自相似，无论怎么缩小看上去都一样。如果是这样，时空就不会由弦或"时空原子"构成，而是一个无限单调的地方：在某个尺度之下，时空结构将不断重复，无穷无尽。

　　很难想象，物理学家如何用比我们所用方法更少的参数和处理技巧，去构建一个具有实际意义的量子宇宙。我们还需要进行很多检验和模拟实验，去理解物质在宇宙中的行为模式，理解物质如何反过来决定宇宙的整体形状。与所有量子引力候选理论一样，我们的最终目标是，用微观量子结构做出可以通过观测加以检验的预言。这一预言是否与观测结果一致，才是决定我们的量子引力理论模型是否正确的最终检验标准。